21 世纪全国高职高专土建立体化系列规划教材

建筑施工组织与进度控制

主　编　　张廷瑞

副主编　　陆生发　　毛玉红　　叶　平

参　编　　王晓翠　　杨文领　　杨　晶

　　　　　关永冰　　刘　伟

主　审　　项建国

北京大学出版社

PEKING UNIVERSITY PRESS

内 容 简 介

本书反映国内外建筑施工组织与进度控制的新技术、新工艺、新方法。本书内容共分 10 个单元，主要包括概述、工程概况和施工部署、施工方案选择、横道图进度计划、网络图进度计划、施工准备与资源配置、施工现场平面布置、施工组织设计实施、施工进度计划控制和典型案例与训练。

本书采用全新体例编写，除附有大量工程案例外，还增加了知识链接、特别提示及观察思考等模块。此外，每章还附有复习思考题供读者练习。

本书可作为高等职业学校工程监理、工程造价等土建类专业的教材，也可作为土建类其他层次职业教育相关专业的培训教材和土建工程技术人员的参考书。

图书在版编目（CIP）数据

建筑施工组织与进度控制/张廷瑞主编. —北京：北京大学出版社，2012.9
（21 世纪全国高职高专土建立体化系列规划教材）
ISBN 978 - 7 - 301 - 21223 - 3

Ⅰ.①建⋯　Ⅱ.①张⋯　Ⅲ.①建筑工程—施工组织—高等职业教育—教材②建筑工程—施工进度计划—高等职业教育—教材　Ⅳ.①TU72

中国版本图书馆 CIP 数据核字（2012）第 215504 号

书　　　名：建筑施工组织与进度控制
著作责任者：张廷瑞　主编
策 划 编 辑：赖　青　王红樱
责 任 编 辑：王红樱
标 准 书 号：ISBN 978 - 7 - 301 - 21223 - 3/TU · 0284
出　版　者：北京大学出版社
地　　　址：北京市海淀区成府路 205 号　　100871
网　　　址：http://www.pup.cn　　http://www.pup6.cn
电　　　话：邮购部 62752015　发行部 62750672　编辑部 62750667　出版部 62754962
电 子 邮 箱：pup_6@163.com
印　刷　者：三河市博文印刷有限公司
发　行　者：北京大学出版社
经　销　者：新华书店
　　　　　　787 毫米×1092 毫米　16 开本　19 印张　438 千字
　　　　　　2012 年 9 月第 1 版　　2015 年 7 月第 4 次印刷
定　　　价：36.00 元

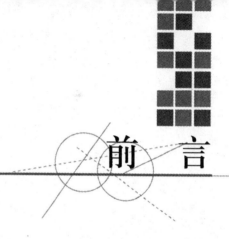

前　言

　　为适应 21 世纪职业技术教育发展需要，培养建筑行业具备施工管理知识的专业技术管理应用型人才，我们结合当前建筑施工发展的前沿问题编写了本书。

　　本书内容共分 10 个单元，主要包括概述、工程概况和施工部署、施工方案选择、横道图进度计划、网络图进度计划、施工准备与资源配置、施工现场平面布置、施工组织设计实施、施工进度计划控制和典型案例与训练。此外，为便于读者学习和应用，还在相关链接内容中增加了《建筑施工组织设计规范》GB/T 50502—2009 条款。

　　本书内容可按照 48～80 学时安排，推荐学时分配：单元 1 3～4 学时，单元 2 4～8 学时，单元 3 6～10 学时，单元 4 8～12 学时，单元 5 8～12 学时，单元 6 3～4 学时，单元 7 4～8 学时，单元 8 4～6 学时，单元 9 6～12 学时、单元 10 2～4 学时。教师可根据不同的使用专业灵活安排学时，课堂重点讲解每章主要知识模块，章节中的知识链接和复习思考题等模块可安排学生课后阅读和训练。

　　本书突破了已有相关教材的知识框架，注重理论与实践相结合，采用全新体例编写。内容丰富，案例翔实，并附有多种类型的复习思考题供读者选用。

　　本书可作为高职高专院校建筑工程类相关专业的教材和指导书，也可以作为土建施工类及工程管理类等专业执业资格考试的培训教材。

　　本书由浙江建设职业技术学院张廷瑞担任主编，浙江建设职业技术学院陆生发、毛玉红及台州职业技术学院叶平担任副主编，全书由张廷瑞负责统稿。本书具体章节编写分工为：浙江建设职业技术学院张廷瑞编写单元 1、单元 9，台州职业技术学院叶平编写单元 2，浙江建设职业技术学院陆生发编写单元 3，浙江建设职业技术学院王晓翠编写单元 4，内蒙古建筑职业技术学院杨晶编写单元 5，浙江建设职业技术学院毛玉红编写单元 6，滨州职业学院刘伟编写单元 7，浙江建设职业技术学院杨文领编写单元 8，济南工程职业技术学院关永冰编写单元 10。浙江建设职业技术学院项建国对本书进行了审核，浙江省建设投资集团有限公司施炯对本书的编写工作也提供了很大的帮助，在此一并表示感谢。

　　本书在编写过程中，参考和引用了国内外大量文献资料，在此谨向原书作者表示衷心感谢。由于编者水平有限，本书难免存在不足和疏漏之处，敬请各位读者批评指正。

编　者

2012 年 5 月

目 录

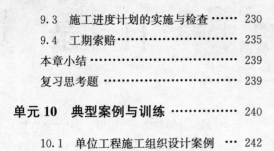

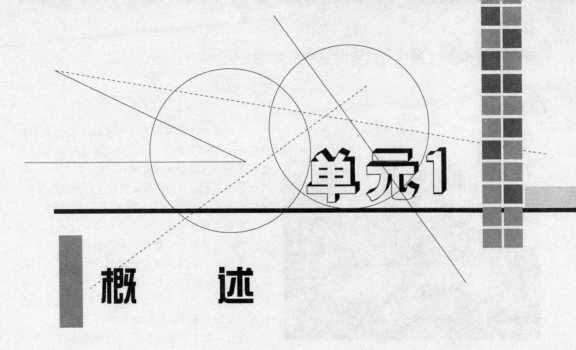

单元1

概　　述

教学目标

了解建筑施工组织的概念、掌握建筑施工组织与进度控制的基本任务；掌握基本建设程序和建筑施工程序，掌握建筑施工组织设计的内容及重要性。

教学要求

知识要点	能力要求	相关知识	所占分值（100分）	自评分数
建筑施工组织与进度控制的基本任务	熟悉建筑施工组织与进度控制的基本任务	建筑施工、施工组织设计、进度管理	15	
基本建设程序和建筑施工程序	(1) 掌握基本建设程序 (2) 掌握建筑施工程序 (3) 熟练利用施工程序进行施工管理	建筑工程施工管理、基础、主体、装饰工程施工	20	
建筑产品及其生产的特点	(1) 熟悉建筑产品特点 (2) 熟悉建筑生产特点。	建筑施工特点、建筑环境特点	20	
建筑施工组织的概念	熟练掌握建筑施工组织的概念	组织结构学、组织行为学、项目管理	15	
建筑施工组织设计概念及分类	掌握建筑施工组织设计概念及分类	投标竞争、投标前施工组织设计、投标后的施工组织设计	30	

章节导读

图 1.1　某楼房倒塌图

上海某在建住宅小区的一幢 13 层楼房突然整体倒塌如图 1.1 所示。对于建筑质量问题经过调查结果如下，原勘测报告经现场补充勘测和复核，符合规范要求；原结构设计经复核符合规范要求。大楼所用 PHC 管柱经检测质量符合规范要求。

倾覆主要原因是，楼房在施工地下车库工程时没有按照建筑施工程序，先深后浅的原则，而且在楼房一侧在短期内堆土高达 10m，另一侧正在开挖 4.6m 深的地下车库基坑，两侧压力差导使土体产生水平位移，过大的水平力超过了桩基的抗侧能力，导致房屋倾倒。

通过事故可以看出如果事先按照先深后浅的原则组织施工或者其他的加固措施也许事故完全可以避免。

今天学习建筑施工组织与进度控制主要是通过对建筑施工进行全过程管理，按照事先编制的施工组织设计进行施工，学会编制进度计划和掌握进度控制方法。

1.1　本课程的基本任务和研究对象

引例

现代建筑工程施工是一项包含技术和资源复杂的活动，受到周围环境和本身力量的约束很大，施工企业及劳动力技术及素质相差也是比较大。GB/T 50502—2009《建筑施工组织设计规范》实行，标志着建筑工程施工管理和建筑施工组织设计的编制一定要遵循一定的规范。

施工组织总设计包含 6 部分内容：工程概况、总体施工部署、施工总进度计划、总体施工准备与主要资源配置计划、主要施工方法、施工总平面布置。

单位工程施工组织设计包含 6 部分内容：工程概况、施工部署、施工进度计划、施工准备与资源配置计划、主要施工方案、施工现场平面布置

【观察思考】

通过某施工工地或网络的方式，了解单位工程施工组织设计的内容，并与《建筑施工组织设计规范》相比较分析它们之间的差异。

1.1.1　建筑施工组织与进度控制的基本任务

建筑施工组织与进度控制的基本任务是按照客观规律科学地组织施工和有效地进行管理和控制，建筑施工组织与进度控制的基本任务具体表现在以下几个方面：

（1）积极为施工创造必要的条件，做好施工的各项准备工作。

（2）严格贯彻、执行国家的方针政策、法律法规、规范规程，从工程的全局出发，做好施工部署。

（3）在施工中确保工程质量、缩短施工周期、安全生产、降低物耗、文明施工，为企

业创造出社会信誉。

(4) 综合考虑、合理规划和布置施工现场平面。

(5) 选择最优的施工方案，取得最佳的经济和安全效果。

(6) 合理安排施工顺序，制定主要技术、组织措施，确定施工进度计划。

(7) 运用先进、科学管理组织施工，把施工中的各单位、各部门、各阶段以及各项目之间的关系更好地协调起来，从而做到人尽其力、物尽其用。

(8) 编制施工组织总设计、单位工程施工组织设计、施工方案。

(9) 施工组织设计的审核、进度计划的审核。

(10) 施工实际进度检查与调整，保证正常与顺利施工，确保工程按要求工期完成。

1.1.2 建筑施工组织与进度控制的研究对象

建筑施工需要大量材料和劳动力。一个建筑物或一个建筑群的施工，是由许多工种工程(土方工程、砌体工程、钢筋混凝土工程、结构安装工程、防水工程、装饰工程等)采用不同的施工顺序共同完成的。构件生产采用不同的方式；运输工作可以采用不同的工具和方式；工地上的机械设备、仓库、预制场、搅拌站、办公房屋、水电线路等可以有不同的布置方案；开工前的一系列施工准备工作可以用不同的方法解决；每一个工种工程的施工都可以采用不同的施工方案、不同的劳动组织和施工组织方法来完成。对于这一系列的问题，如何根据工程的性质、规模和各种客观条件，从技术和经济统一的全局出发，对各种问题的统筹考虑，作出科学的、合理的全面部署，编制出指导施工的施工组织设计，是一项带全局性和战略性的任务。

建筑施工组织与进度控制是研究建筑产品(一个建筑项目或单位工程等)的生产即施工过程中各生产要素(劳动力、建筑材料、施工机具、施工方法、资金、环境等)之间的合理组织和有效控制问题。一个建设项目或单位工程可以采用不同的施工方法、不同的施工顺序和不同的施工进度，因此，建筑施工组织与进度控制就是针对工程施工的条件复杂性、变化多样性、内在规律性，探讨与研究合理组织施工和进行有效的进度控制，为达到工程建设的最优效果，寻求最合理的统筹安排与系统管理客观规律的一门学科。

1.1.3 基本建设程序和建筑施工程序

1. 基本建设程序

基本建设程序是指拟建建设项目在建设过程中各个工作必须遵循的先后次序。它是我国多年来的基本建设实践经验和科学总结，是建设项目在整个建设过程中必须遵循的客观规律。基本建设程序主体单位是建设单位。

基本建设程序，一般可划分为决策、准备、实施 3 个阶段。

1) 决策阶段

这个阶段是根据国民经济长期、中期发展规划，对建设项目进行可行性研究，完成可行性研究报告和编制计划任务书(又称设计任务书)等两个步骤。

2) 准备阶段

这个阶段主要是根据批准的计划任务书，进行勘察设计，完成设计文件、做好建设准备、编制建设计划等 3 个步骤。

3）实施阶段

这个阶段主要是根据设计图纸进行施工，完成建筑安装施工、做好生产或使用准备、进行竣工验收并交付生产或使用等3个步骤。

2. 建筑施工程序

建筑施工程序是指建设工程项目在整个施工过程中必须遵循的先后顺序，它是多年来建筑工程施工实践经验的总结，反映了整个建筑施工阶段必须遵循的客观规律。不论是一个建设项目还是一个单位工程的施工，通常分为3个阶段进行，即施工准备阶段、施工过程阶段、竣工验收阶段。建筑施工程序的主体单位是施工企业。一般建筑施工程序按以下步骤进行。

（1）承包施工任务，签订施工合同。施工单位承包工程的方式一般有两种：受建设单位(业主)直接委托而承包或者通过投标而中标承包。不论是采用哪种方式承包任务，施工单位都要核查其施工项目是否有批准的正式文件，审查通过的施工图纸，投资是否落实到位等。

承接施工任务后，建设单位与施工单位应根据有关规定签订施工承包合同。施工承包合同应规定承包的内容、要求、工期、质量、造价、安全及材料供应等，明确合同双方应承担的义务和职责及应完成的施工准备工作。施工合同应采用书面形式，经双方法定代表人签字盖章后具有法律效力，必须共同履行。

（2）编制具有工程针对性的施工组织设计。签订施工合同后，施工单位应全面了解工程性质、规模、特点及工期要求等，进行场址勘察、技术经济和社会调查，收集有关资料，编制施工组织总设计或单位工程施工组织设计。

（3）落实施工准备，提出开工报告。根据施工组织设计的规划，对施工的各单位工程，应抓紧落实各项施工准备工作，如会审图纸，落实劳动力、材料、构件、施工机具及现场"三通一平"等。具备开工条件后，提出开工报告，并经审查批准，即可正式开工。

（4）精心组织施工，加强科学管理。施工过程是施工程序中的主要阶段，应从整个阶段现场的全局出发，按照施工组织设计精心组织施工，加强各单位、各部门的配合与协作，协调解决各方面的问题，使施工活动顺利开展。在施工过程中，应加强技术、材料、质量、安全、进度等各项管理工作，按工程项目管理方法，落实施工单位内部承包的经济责任制，全面做好各项经济核算与管理工作，严格执行各项技术、质量检验制度。

施工阶段是直接生产建筑产品的过程，所以也是施工组织工作的重点所在。这个阶段需要进行质量管理，以保证工程符合设计与使用的要求；抓好进度控制，使工程如期竣工；落实安全措施，不发生工程安全事故；并做好成本控制，以增加经济效益。

（5）工程验收，交付生产使用。这是施工的最后阶段，在交工验收前，施工单位内部应先进行验收，检查各分部分项工程的施工质量，整理各项交工验收的技术经济资料。在此基础上，由建设单位组织竣工验收合格后，报政府主管部门备案，办理验收签证书，并交付使用。

竣工验收也是施工组织工作的结束阶段，这一阶段主要做好竣工文件资料的准备工作和组织好工程的竣工收尾，同时也必须搞好施工组织工作的总结，以便积累经验，不断提高管理的水平。

【观察思考】

通过对身边一些建筑工地施工情况的调查，单位工程施工包含哪部分内容？各部分之间是怎样的一个施工过程？哪些部分需要编制专项施工方案？

1.2 建筑产品及其施工的特点

 引例2

人们周围的建筑屋按照使用功能可以分为民用建筑、公共建筑、工业建筑、农业建筑，按承重结构的材料分为木结构、砖石（砌体）结构、钢筋混凝土结构、钢结构、混合结构。如果按照层数来划分可以分为表1-1中的建筑。

表1-1 民用建筑按高度与层数分类

名称	低层	多层	中高层	高层	超高层
住宅建筑	1～3	4～6	7～9	≥10层	>100m 或 40层
公共建筑				>24m	>100m 或 40层

通过建筑的类型可以看出建筑施工有高层和多层施工，有地下和高空施工，有砌砖、混凝土和钢结构施工等。因此需要多种施工方法和多种资源、很长的时间才能完成工程项目的施工。

1.2.1 建筑产品的特点

由于建筑产品的使用功能、平面和空间组合、结构和构造等特殊性，以及建筑材料的品种繁多和材料物理性能的特殊性，决定了建筑产品所具有的特性。其具体特点如下。

1. 空间固定性

一般的建筑产品均由自然地面以下的基础和自然地面以上的主体等部分组成（地下建筑全部在自然地面以下）。基础承受主体的全部荷载，并传给地基；同时将主体固定在地基上。任何建筑产品都是在选定的地点上建造和使用，与选定地点的土地不可分割，从建造开始直至拆除均不能移动。所以，建筑产品的建造和使用地点在空间上是固定的。

2. 产品多样性

建筑产品不但要满足各种使用功能的要求，而且还要体现出不同地区的风格、受到物质、文明影响，同时也受到地区的自然条件诸因素的限制，使建筑产品在规模、结构、构造、型式、基础和装饰等诸方面变化纷繁，因此建筑产品的类型多样。

3. 体形庞大性

建筑产品，为了满足其使用功能的需求，并结合建筑材料的物理力学性能，需要大量的物质资源，占据广阔的平面与空间，因而建筑产品的体形庞大。

4. 构造复杂性

建筑产品由材料、构配件、设备、零部件等组装而成为庞大实物体系，它不仅综合了建筑物在艺术风格、建筑功能、结构构造、装饰做法等方面的技术成就，而且也综合了工艺设备、配套安装、智能服务等各类设施的先进水平，从而使建筑产品数量多并且相互交叉错综复杂。

1.2.2 建筑产品施工的特点

建筑产品地点的固定性、类型的多样性、体形庞大和复杂性等主要特点，决定了建筑产品施工的特点与一般工业产品生产的特点相比较具有自身的特殊性。其具体特点如下。

1. 流动性

建筑产品地点的固定性决定了参与产品生产的工人、材料、构配件等是不断流动性的。一般的工业产品都是在固定的工厂、车间内进行生产，而建筑产品的生产是在不同的地区、不同的现场、不同单位工程、不同部位组织工人、机械围绕着同一建筑产品进行生产。因此，应使建筑产品的生产在地区与地区之间、现场之间和单位工程不同部位之间流动。

2. 个别性

建筑产品地点的固定性和类型的多样性决定了产品生产的个别性。一般的工业产品是在一定的时期里，统一的工艺流程中进行批量生产，而具体的一个建筑产品应在国家或地区的统一规划内，根据其使用功能，在选定的地点上单独设计和单独施工。即使是选用标准设计、通用构件或配件，由于建筑产品所在地区的自然、技术、经济条件的不同，也使其以及建筑产品的结构或构造、建筑材料、施工组织和施工方法等也要因地制宜加以修改，从而使各建筑产品生产具有个别性。

3. 地域性

由于建筑产品的固定性决定了同一使用功能的建筑产品因其建造地点的不同必然受到建设地区的自然、技术、经济和社会条件的约束，使其结构、构造、艺术形式、室内设施、材料、施工方案等方面均各异。因此建筑产品的生产具有地域性。

4. 周期长

建筑产品的固定性和体形庞大的特点决定了建筑产品生产周期长。因为建筑产品体形庞大，使得最终建筑产品的建成必然耗费大量的人力、物力和财力。同时，建筑产品的生产全过程还要受到工艺流程和生产程序的制约，使各专业、工种间必须按照合理的施工顺序进行配合和衔接。又由于建筑产品地点的固定性，使施工活动的空间具有局限性，从而导致建筑产品生产具有生产周期长、占用流动资金大的特点。

5. 露天作业

建筑产品地点的固定性和体形庞大的特点，决定了建筑产品生产露天作业方式。因为形体庞大的建筑产品不可能在工厂、车间内直接进行施工，即使建筑产品生产达到了高度的工业化水平的时候，也只能在工厂内生产其各部分的构件或配件，仍然需要在施工现场内进行总装配后才能形成最终建筑产品。因此建筑产品的施工具有露天作业的特点。

6. 高空作业

由于建筑产品体形庞大，决定了建筑产品施工具有高空作业多的特点。特别是随着城市现代化的发展，高层建筑物的施工任务日益增多，使得建筑产品施工高空作业的特点日益明显。

7. 施工组织协作的综合复杂性

由上述建筑产品生产的诸特点可以看出，建筑产品生产的涉及面广。在建筑企业的内部，它涉及工程力学、建筑结构、建筑构造、地基基础、水暖电、机械设备、建筑材料和施工技术等学科的专业知识，要在不同时期、不同地点和不同产品上组织多专业、多工种的综合作业。在建筑企业的外部，它涉及各不同种类的专业施工企业，及城市规划、征用土地、勘察设计、消防、公用事业、环境保护、质量监督、科研试验、交通运输、银行财政、机具设备、物质材料、电水热气的供应、劳务等社会各部门和各领域的复杂协作配合，从而使建筑产品生产的组织协作关系综合复杂。

1.2.3 建筑产品特点与建筑施工的关系

建筑产品及其生产的特点可知，不同的建筑物或构筑物均有不同的施工方法，就是相同的建筑物或构筑物，由于所处的地理位置和施工单位的不同其施工方法也不可能完全相同，所以建筑施工没有完全一致的、固定不变的施工方法可供选择。因此建筑施工管理者必须详细研究工程特点、地区环境和施工条件，从施工的全局和技术经济的角度出发，遵循施工工艺的要求，合理地安排施工过程的空间布置和时间排列，科学地组织物质资源供应和消耗，把施工中的各单位、各部门及各施工阶段之间的关系更好地协调起来。

建筑产品体形庞大，投入生产要素多，投资也较高。在施工阶段中的投资占基本建设总投资的百分之六十以上，远高于计划和设计阶段投资的总和。因此施工阶段是基本建设中最重要的一个阶段，应认真地做好施工组织，为保证施工阶段地顺利进行、实现预期的效果。

建筑产品的特点决定了建筑施工必然是周期长、受自然和社会环境影响因素较多，造成施工进度控制的难度，为了保证工程项目按期投产或交付使用，施工单位的施工计划要服从工期要求。从承担工程任务开始到竣工验收交付使用全部施工过程的计划、组织和控制贯穿于施工的全过程，最基础、最重要的工作就是科学地进行协调，做好施工组织和控制工作。

随着不同地域、国际合作项目的增多，建筑施工企业的竞争能力、应变能力、盈利能力、技术开发能力和扩大再生产能力等能力是企业得以生存和发展的基础，建筑施工企业的计划与决策、组织与指挥、控制与协调和教育与激励等职能是企业实现目标的前提，由此可见，施工企业的经营管理素质和水平的提高、经营管理目标的实现，都离不开全过程的施工组织，这也充分体现了施工组织对施工企业的现代管理的重要性。

【观察思考】

观察高层建筑施工过程，建筑施工所选用了什么方法？什么材料？什么机械设备？

1.3 建筑施工组织设计的概念

 引例 3

某工地施工的井字架拆除时发生倒塌事故，造成了 21 人死亡。分析主要原因是有些工程项目对分项工程既不编写施工方案没有编制拆除方案，没有考虑有关规定的要求，盲目采用人工拆除，也不做技术交底，有章不循，冒险蛮干，又不设置任何防止架体倾倒的设施，造成了架体倒塌。

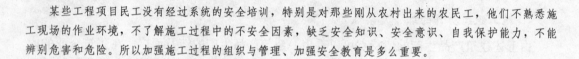

　　某些工程项目民工没有经过系统的安全培训，特别是对那些刚从农村出来的农民工，他们不熟悉施工现场的作业环境，不了解施工过程中的不安全因素，缺乏安全知识、安全意识、自我保护能力，不能辨别危害和危险。所以加强施工过程的组织与管理、加强安全教育是多么重要。

【观察思考】

　　建筑工地施工时所采用的劳动力有什么？不同的劳动力所从事的作业有哪些？

1.3.1　建筑施工组织的概念

　　建筑施工，就需要有建筑材料、施工机具及具有一定生产劳动经验和掌握专业技能的劳动者，并且需要把所有这些生产要素按照建筑施工的技术和组织以及设计文件的要求，在空间上按照相互的位置，在时间上按照先后的顺序，在数量上按照不同的比例，将它们合理地组织起来，让劳动者在统一的组织管理下进行活动，即由不同的劳动者运用不同的施工方式、不同的施工机具对不同的建筑材料进行加工。只有通过建筑施工活动，才能建造出各种工厂、住宅、公共建筑、道路、桥梁等建筑物或构筑物，以满足人们的生产和生活的需要。

　　建筑施工组织是根据建设主管部门批准的建设项目文件、设计文件（施工图）和工程承包合同，对建筑安装工程项目从开工到竣工交付使用，所进行的计划、组织、控制等活动的统称。建筑施工组织是施工管理中的主要组成部分，是施工企业投标文件和施工管理活动的主要内容，它所处的地位与作用直接关系着整个项目的经营成果。简言之，建筑施工组织是根据施工过程中直接使用的建筑工人、施工机械和建筑材料与构件等的组织活动。也可以说，它是把一个施工企业的生产管理范围缩小到一个施工现场（区域）上对一个个工程项目的管理和活动。

1.3.2　建筑施工组织设计概念及分类

1. 建筑施工组织设计概念

　　建筑施工组织设计是规划和指导拟建工程项目从施工准备到竣工验收全过程的一个综合性的技术经济文件，是沟通工程设计和施工之间的桥梁。它既要体现拟建工程的设计和使用要求，又要符合建筑施工的客观规律，编制施工组织设计统筹规划，充分研究工程的客观规律和施工特点，科学组织施工对施工的全过程起战略部署或战术安排的作用。建筑施工组织设计既是施工准备工作的重要组成部分，又是做好施工准备工作的主要依据和重要保证。

2. 施工组织设计的分类

　　建筑市场上建筑施工企业一般通过投标竞争获得承包施工任务，当建筑施工企业中标后，再按照承包方式与建设单位签订建设工程施工承包合同，建筑施工组织设计是施工企业投标和施工阶段指导施工的重要文件。

　　建筑施工组织设计按中标前后的不同分为投标前的施工组织设计（通常简称"标前设计"）和投标后的施工组织设计（通常简称"标后设计"）。前者是满足编制工程投标文件和中标后签订施工承包合同的需要；后者主要是满足工程项目施工准备和施工的需要。

1) 投标前的施工组织设计

投标前的施工组织设计是指在投标之前由施工企业编制的施工项目管理规划，作为编制投标书和进行签约谈判的依据。施工单位为了使投标书具有竞争力以实现中标，必须编制标前施工组织设计，对投标书所要求的内容进行筹划和决策，并附入投标文件之中。标前施工组织设计的水平既是能否中标的关键因素，又是总承包单位进行分包招标和分包单位编制投标书的重要依据。它还是承包单位进行合同谈判、提出要约和承诺的根据和理由，是拟定合同文本相关条款的基础资料。它应当由公司技术或经营部门进行编制，其内容包括以下几个部分。

（1）施工方案。包括主要分部工程的施工方法选择，施工机械选用，劳动力投入，主要材料和半成品的使用方法。

（2）施工进度计划。包括工程开、竣工日期，施工进度计划表及说明。

（3）主要技术组织措施。包括关键分部和分项工程的质量、进度、安全、防治环境污染等方面的技术组织措施。

（4）施工平面布置图。包括施工现场道路、施工机械、临时用水、临时用电的布置，现场办公室、施工棚，宿舍等临时设施的布置等。

（5）其他有关投标和签约谈判需要的设计技术文件。

2) 投标后的施工组织设计

投标后的施工组织设计是在施工工程中标，签订施工承包合同以后编制的，作为具体指导施工全过程的技术、经济文件。

投标后的施工组织设计根据工程范围和对象，可以分为三类：施工组织总设计（施工组织大纲）、单位工程施工组织设计和分部（分项）工程施工作业设计。这三类施工组织设计是由大到小、由整体到局部、由战略部署到战术安排的关系，但各自要解决问题的范围和侧重点等要求有所不同。

（1）施工组织总设计（施工组织大纲）。是以一个建设项目或建筑群为编制对象，用以规划整个拟建工程施工活动的技术经济文件。它是整个建设项目施工任务总的战略性的部署安排，涉及范围较广，内容比较概括。它一般是在初步设计或扩大初步设计批准后，由总承包单位负责，并邀请设计单位、施工分包单位参加编制。如果编制施工组织设计条件尚不具备，可先编制一个施工组织大纲，以指导开展施工准备工作，并为编制施工组织总设计创造条件。

施工组织总设计的主要内容包括工程概况、施工部署与施工方案、施工总进度计划、施工准备工作及各项资源需要量计划、施工总平面图、主要技术组织措施及主要技术经济指标等。

由于大、中型建设项目施工工期往往需要几年，施工组织总设计对以后年度施工条件变化的预见很难达到十分精确的地步，所以一般编制年度施工组织设计，用以指导当年的施工布置和组织施工。

（2）单位工程施工组织设计。是以一个单位工程或一个不复杂的单项工程（如一个厂房、仓库、构筑物或一幢公共建筑、宿舍等）为对象而编制的。它是根据施工组织总设计的规定和具体实际条件对拟建工程对象的施工工作所做的战术性部署，内容比较具体、详细，它是在全套施工图设计完成并交底、会审完后，根据有关资料，由工程项目技术负责人组织编制的。

单位工程施工组织设计的主要内容包括工程概况、施工方案与施工方法、施工进度计划、施工准备工作及各项资源需要量计划、施工平面图、主要技术组织措施及主要经济指标等。

对于常见的小型民用工程等可以编制单位工程施工方案，它内容比较简化，一般包括施工方案、施工进度、施工平面布置和有关的一些内容。

（3）分部（分项）工程施工作业设计。是以某些新结构、新工艺、技术复杂的或缺乏施工经验的分部（分项）工程为对象（如大型吊装工程、复杂的基础工程以及有特殊要求的高级装饰工程等）而编制的，用以指导和安排该分部（分项）工程施工作业的完成。

分部（分项）工程施工作业设计的主要内容包括施工方法、技术组织措施、主要施工机具、配合要求、劳动力安排、平面布置、施工进度等。它是编制月、旬作业计划的依据。

【观察思考】

通过对建筑工地的了解，资料的查阅，建筑工程在施工时单位工程施工组织设计的编制、审核由哪些人来完成？一个工地除施工组织设计外，还有哪些其他的施工方案？

3. 施工组织设计的主要作用

（1）体现实现工程建设计划、设计和和约要求，衡量设计方案的可能性和经济性。

（2）按客观规律组织建筑施工活动，建立正常的施工秩序，有计划、有目标地开展各项施工过程。

（3）使参与施工的活动人员做到心中有数，主动调整施工中的薄弱环节，及时处理可能出现的问题，保证施工顺利进行。

（4）施工组织设计是施工准备工作的重要组成部分，也是及时做好其他有关施工准备工作的依据，因为它规定了其他有关施工准备工作的内容和要求，所以对施工准备工作也起到保证作用。

（5）施工组织设计是对施工活动实行科学管理的重要手段，是编制工程概、预算的依据之一；是施工企业整个生产管理工作的重要组成部分；是编制施工生产计划和施工作业计划的主要依据。

（6）建筑施工组织设计是检查工程质量、施工进度、投资（成本）三大目标的依据，也是建设单位与施工单位之间履行合同、处理关系的主要依据。

因此，编好建筑施工组织设计，对于按科学规律组织施工，建立正常的施工秩序，有计划地开展各项施工过程，对于及时做好各项施工准备工作，保证劳动力和各种资源的均衡供应和使用，对于协调各施工单位之间、各工种之间、各种资源之间以及空间布置与时间安排之间的关系，对于保证施工顺利进行，按期按质按量完成施工任务，取得更好的施工经济效益等，都将起到重要、积极的作用。

1.3.3 建筑施工组织设计重要性

建筑施工组织设计是规划和指导拟建从施工准备到竣工验收的施工全过程中各项活动的技术、经济和组织的综合性文件。它的重要性主要表现在以下几个方面。

1. 从建筑产品及其施工的特点来看

由于建筑施工的流动性、复杂性和工期长的特点，这就要求工程施工前必须编制出一个科学合理的施工组织设计；由于建筑施工的个别性和单件性，而每一个建筑物或构筑物的施工方法都是各不相同的，没有完全统一的、固定不变的施工方法可供选择，因此必须根据不同的拟建工程，编制不同的施工组织设计。这样就必须详细研究工程的特点、地区的环境和施工的条件，从施工的全局和技术经济的角度出发，遵循施工工艺的要求，合理地安排施工过程的空间布置和时间排列，科学地组织物资的供应和消耗，把施工中的各单位、各部门及各施工阶段之间的关系更好地协调起来。

2. 从建筑施工在工程建设中的地位来看

基本建设程序一般划分为计划决策阶段、设计阶段和施工实施阶段，其中施工实施阶段是基本建设中最重要的阶段，施工实施阶段的投资占基本建设总投资的60％以上。因此，认真地编制好施工组织设计，对确保建筑施工的顺利进行，实现基本建设的预期效果，都有非常重要的意义。

3. 从施工企业的管理目标来看

（1）施工企业的施工计划与施工组织设计的关系。对于现场型的施工企业来说，企业的施工计划和施工组织设计是一致的，施工组织设计是企业施工计划的基础；对于区域型施工企业来说，当拟建工程为重点工程、有工期要求的工程或续建工程时，施工组织设计对企业施工计划起决定性和控制性作用。

（2）施工企业的投入、产出与施工组织设计的关系。建筑施工企业经营管理目标的实施过程就是从承担工程任务开始到竣工验收、交付使用的全部施工过程，并对其进行计划、组织和控制的投入、产出过程的管理；施工组织设计则是统筹安排施工企业生产的投入、产出过程的基础和关键。

（3）施工企业的现代化管理与施工组织设计的关系。施工企业的现代化管理主要体现在经营管理素质和经营管理水平两个方面。编制施工组织设计，并对其进行贯彻、检查和调整等经营管理过程，则是发挥企业经营管理素质和提高经营管理水平的关键过程，施工组织设计的水平高，则反映出施工企业经营管理的素质和水平较高，反之亦然。所以，施工组织设计的水平如何，对能否实现企业经营管理目标起着重要的作用。因此，施工组织设计对施工企业的现代化管理起着非常重要的作用。

4. 从产生工程索赔的依据来看

施工组织设计在工程索赔中是关键性的依据。然而有相当一部分的承包方并未意识到其重要作用；往往不重视施工组织设计的编制，采用拿来主义照抄照搬，而没有根据工程的特点有针对性地编写施工组织设计。此外，有些施工单位执行施工组织设计时不严格，没有确实把施工组织设计作为工程施工指导文件。这样就可能造成下面的3种现象。

（1）承包方在索赔发生时，没有可以进行工程索赔的依据。

（2）承包方提起的索赔数额无有效合理的依据支持，导致无法索赔得到所有损失款项。

（3）承包方由于不按照施工组织设计进行施工，延误工期而被业主提出索赔。

5. 从施工企业投标竞标的优势来看

投标报价的方法决定了企业只有靠自己的优势、靠过硬的"内功"吸引业主，可以说能否中标取决于报价是否合理，而恰当的报价又取决于施工组织设计方案的优劣。一般来

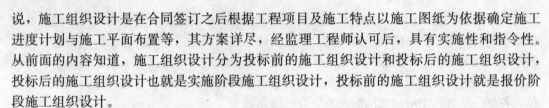

说，施工组织设计是在合同签订之后根据工程项目及施工特点以施工图纸为依据确定施工进度计划与施工平面布置等，其方案详尽，经监理工程师认可后，具有实施性和指令性。从前面的内容知道，施工组织设计分为投标前的施工组织设计和投标后的施工组织设计，投标后的施工组织设计也就是实施阶段施工组织设计，投标前的施工组织设计就是报价阶段施工组织设计。

与实施阶段施工组织设计相比，报价阶段施工组织设计的特点是针对性与竞争性。针对性是指力求与业主的招标文件条款——对应，积极响应与稳妥的承诺；竞争性即重点是谋求中标。

从 FIDIC 条款看：详细的施工组织设计及施工计划是在中标后一定时间内进行的，招标不是按施工图而是按"初步扩大设计"，这就迫使企业要有超前意识，此阶段的施工组织设计要求比较粗，但粗中求细。如对施工方案、工艺措施只要求可行并不要求细化；工期网络计划可以是控制性的；质量等级可以是目标性的等。

1.3.4 施工组织的基本原则

在建筑施工中，科学有序地组织高效率的施工是非常重要的。作为指导施工全局的施工组织设计，必须其贯彻执行国家有关建筑施工的方针政策，推广应用先进的科学与管理技术，保证质量与工期，降低成本提高效益，因此要遵循若干基本原则。这些原则从管理科学角度看，其实就是施工组织的原理与方法。主要的基本原则如下。

1. 按照合同工期竣工并交付使用

1）工期定额与合同规定工期

建筑工程从破土动工到工程竣工、验收合格所需用的持续时间，称为工期。工期一般以日历天表示。由于工程的性质、规模、施工条件、施工所处地区、施工组织管理等各种因素的不同，因而工期不会相同；即使设计相同，施工条件不同，工期也各异。

合同工期是指施工单位与建设单位签订工程施工合同时，双方协议具有法律效力的工期。合同工期一般略小于工期定额。有些招标单位盲目压缩工期，是不合理的，有时是技术上、组织上不可能做到的，工程的甲乙双方都需遵守国家的工期定额。

2）按合同规定的工期竣工交工的重要意义

工程一旦签订了合同，经有关部门确认，即具有法律效力，就必须按合同中规定的工期竣工交工。其重要意义在于实现合同工期，也就是确保工程按期交工，使工程如期投入使用，发挥效益；若拖延工期，企业及国家均受损失。从企业自身角度看，按合同工期竣工可以促进企业提高管理水平，可以激励职工克服困难，信守合同，提高企业信誉，增强企业的竞争能力。按合同工期竣工交工应成为企业全体职工共同奋斗的目标。

2. 合理安排施工程序与施工顺序

建筑施工是基本建设程序中的关键步骤，而建筑施工本身也有其自己的规律性。施工全过程的各个阶段及步骤的先后顺序称为施工程序。从整个建设项目的角度看，施工程序主要指签订工程合同、做好施工准备、组织正常施工、工程竣工验收交工这四大阶段；从单位工程角度看，施工程序是指施工工艺过程，分部分项工程的先后次序。

（1）按一定规律合理安排施工程序。大中型建设项目施工程序安排的合理性取决于建设单位投产的要求、设计技术资料的提供和施工单位的能力。合理安排施工程序，大致要做好下述几个方面的工作。

① 及时完成施工准备工作，为工程开工创造条件。

② 按甲方投产的顺序安排总进度。

③ 先场外工程后场内工程，先全场性工程后单位工程，先主干工程后分支工程，地下工程应先深后浅，排水工程应先下游后上游。

（2）施工工过程和施工顺序。单位工程施工顺序主要是从施工技术与组织上考虑。一般应服从先地下后地上、先主体后支部、先结构后装修、先土建后设备的大顺序。

3. 尽可能采用流水计划和网络计划技术组织施工

施工组织要采用科学的组织管理方法，流水计划与网络计划是重要的现代管理方法。流水作业的最显著的优点在于专业化分工及生产的连续性、均衡性与节奏性。网络计划最显著的优点是工艺顺序的严格逻辑性、关键路线的揭示及时差的利用，从而达到某种目标的优化。

4. 冬、雨季的施工项目要恰当安排

（1）冬季施工注意事项。冬季施工最大的特点是地基土冻结，混凝土及砂浆被冻硬，室外气温过低工人操作不便。为了实现合同工期，有时必须进行冬期施工，做好冬季施工前的准备工作，有时增加保温防冻的费用是不可避免的。但在安排施工项目时应将某些施工不便或增加费用过高的工程项目安排在冬季之前完成，如土方工程、基础工程、外抹灰、屋面防水工程、道路工程等。

（2）雨季施工注意事项。雨季施工的最大特点是场地积水、排水不快，大雨时被迫停工，土方工程容易塌陷，以及凝结的混凝土、砂浆被雨水冲走。要做好雨季到来前的准备工作，增加雨季施工措施，并且把不宜在雨季施工的工程提前完成，如土方基础工程、防水工程、室外饰面工程。

5. 推广先进的施工技术与管理方法

发展、推广应用科学技术与管理方法以提高建筑工业化水平，是国家的方针政策，这些政策要落实体现在施工组织设计中；但是要结合实际情况因地制宜地推广应用，其要点有以下几个方面。

（1）贯彻工厂预制、现场预制和现场浇筑相结合的方针，选择最适当地预制装配方案或现场机械化浇筑方案，不能盲目追求装配化程度的提高。

（2）贯彻先进机械、简易机械和改良工具相结合的方针，恰当选择机械装备、租赁机械或机械化分包单位施工等多方式施工，不能片面强调机械化程度指标的提高。

（3）积极学习新技术、新材料、新工艺、新设备，努力为新结构的推行创造条件。

（4）积极学习先进的技术与方法。只要能提高效率与效益，应有选择地学习和采用西方先进的管理方法。

6. 合理编制施工计划，组织全局平衡、均衡连续施工

（1）全局平衡、均衡连续施工的意义。全局平衡的基本思想是：全面规划协调各种施工力量和施工要素，诸如人力、物力、财力、技术信息等条件，为一个共同的目的——按

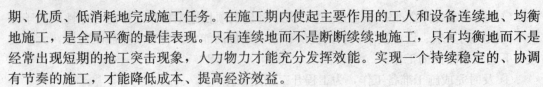

期、优质、低消耗地完成施工任务。在施工期内使起主要作用的工人和设备连续地、均衡地施工，是全局平衡的最佳表现。只有连续地而不是断断续续地施工，只有均衡地而不是经常出现短期的抢工突击现象，人力物力才能充分发挥效能。实现一个持续稳定的、协调有节奏的施工，才能降低成本、提高经济效益。

（2）全局平衡、均衡施工的基本措施。正确安排施工项目的开竣工顺序，编制好施工总进度计划及单位工程的控制性进度计划。

7. 技术经济分析，确保质量，安全施工，降低成本，提高工效

工程质量是决定建设项目成败的关键指标，也是企业在竞争中生存与发展的根本所在，"百年大计，质量第一"不应仅是一种口号，而应该成为企业全体职工的行动信条。严格按图施工，贯彻执行各种技术规范、规程和标准，推行全面质量管理，建立一整套保证工程质量的体系，是确保工程质量的基本做法。

安全施工是一项综合性管理，是施工单位管理的重要组成部分。探索和研究如何消除施工过程各种有害的、不安全的因素，制定科学合理的安全制度，保障劳动者安全健康，促进工程施工顺利进行。

努力降低成本，提高经济效益是企业经营管理的重要目的。在施工中推广先进的生产技术与管理方法，是提高劳动生产率、降低材料和能源消耗、缩短工期、避免返工浪费等行之有效的措施。

8. 利用各种工程设施为施工服务，文明施工

（1）施工过程中需要设置一定的为施工服务的临时设施，如道路、仓库、堆场、临时建筑等，为减少临时设施费用，规划一定要合理，应尽量利用已有的建筑能提供的条件。

（2）文明施工是指施工组织管理科学，生产秩序正常，施工现场场容规范化的一种管理活动。文明施工的基本条件包括如下内容：有整套施工组织设计，有健全的施工指挥系统和岗位责任制，工序衔接交叉合理，有明确的成品保护措施，各种材料、半成品、机具、设备堆放整齐。施工场地平整，供水、排水、供电良好及道路畅通，有良好的施工安全措施等。文明施工能提高生产效率，调动劳动者的积极性，是搞好施工的主要条件之一。

 知识链接

施工组织设计的编制和审批应符合下列规定

（1）施工组织设计应由项目负责人主持编制，可根据需要分阶段编制和审批。

（2）施工组织总设计应由总承包单位技术负责人审批；单位工程施工组织设计应由施工单位技术负责人或技术负责人授权的技术人员审批；施工方案应由项目技术负责人审批；重点、难点分部（分项）工程和专项工程施工方案应由施工单位技术部门组织相关专家评审，施工单位技术负责人批准。

（3）由专业承包单位施工的分部（分项）工程或专项工程的施工方案，应由专业承包单位技术负责人或技术负责人授权的技术人员审批；有总承包单位时，应由总承包单位项目技术负责人核准备案。

（4）规模较大的分部（分项）工程和专项工程的施工方案应按单位工程施工组织设计进行编制和审批。

专项施工方案

《建设工程安全生产管理条例》（国务院第393号令）中规定：对下列达到一定规模的危险性较大的分

部(分项)工程编制专项施工方案,并附具安全验算结果,经施工单位技术负责人、总监理工程师签字后实施。

(1) 基坑支护与降水工程。

(2) 土方开挖工程。

(3) 模板工程。

(4) 起重吊装工程。

(5) 脚手架工程。

(6) 拆除、爆破工程。

(7) 国务院建设行政主管部门或者其他有关部门规定的其他危险性较大的工程。

对前款所列工程中涉及深基坑、地下暗挖工程、高大模板工程的专项施工方案,施工单位还应当组织专家进行论证、审查。

本 章 小 结

(1) 建筑施工组织与进度控制是研究建筑产品的生产即施工过程中各生产要素(劳动力、建筑材料、施工机具、施工方法、资金、环境等)之间的合理组织和有效控制问题。

(2) 基本建设程序是指拟建建设项目在建设过程中各个工作必须遵循的先后次序。基本建设程序,一般可划分为决策、准备、实施3个阶段。基本建设程序主体单位是建设单位。

(3) 建筑施工程序是指建设工程项目在整个施工过程中必须遵循的先后顺序,通常分为3个阶段进行,即施工准备阶段、施工过程阶段、竣工验收阶段。建筑施工程序的主体单位是施工企业。

(4) 由于建筑产品的使用功能、平面和空间组合、结构和构造等特殊性,以及建筑材料的品种繁多和材料物理性能的特殊性,决定了建筑产品所具有的特性:空间固定性、产品多样性、构造复杂性、体形庞大性。

(5) 建筑施工组织设计是规划和指导拟建工程项目从施工准备到竣工验收全过程的一个综合性的技术经济文件,是沟通工程设计和施工之间的桥梁。建筑施工组织设计按中标前后的不同分为投标前的施工组织设计和投标后的施工组织设计。

(6) 施工组织的基本原则是:必须按照合同规定的工期竣工,交付使用;合理安排施工程序与施工顺序;尽可能采用流水作业法和网络计划技术组织施工过程;冬、雨季的施工项目要恰当安排;根据工程特点推广先进的施工技术与管理方法;合理地编制施工计划,组织全局平衡、均衡连续的施工;技术经济分析,确保质量,安全施工,降低成本,提高工效;合理地利用各种工程设施为施工服务,文明施工。

复习思考题

1. 建筑施工组织的概念是什么?建筑施工组织基本任务有哪些?

2. 建筑施工组织与进度控制研究对象是什么?

3. 建筑产品的特点及建筑产品生产的特点各是什么?

4. 施工组织设计的是如何分类的?

5. 基本建设程序、建筑施工程序是什么? 各主体单位是什么单位?

6. 施工组织的基本原则是什么?

7. 根据 GB/T 50502—2009《建筑施工组织设计规范》,熟悉单位工程施工组织设计的内容有哪些?

8. 单位工程施工顺序有哪些?

9.《建设工程安全生产管理条例》中规定:对哪些达到一定规模的危险性较大的分部(分项)工程编制专项施工方案?

10. 参观实际工程,查阅、收集实际工程的单位施工组织设计,指出设计中存在的问题。

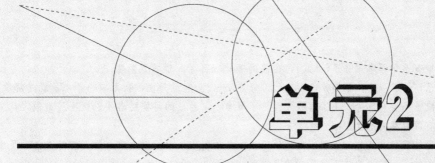

单元2

工程概况和施工部署

掌握工程概况和施工部署的主要内容和编制方法，熟悉施工准备工作的基本流程，了解现场施工管理组织形式。

教学要求

知识要点	能力要求	相关知识	所占分值 （100分）	自评 分数
工程概况	掌握工程概况的主要内容及编制方法	工程主要情况、各专业设计简介和工程施工条件等	30	
施工部署	掌握施工部署的主要内容及编制方法	工程施工目标、进度安排、施工流水段、工程施工的重点和难点、分包工程施工单位的选择等	30	
施工准备工作的基本流程	熟悉施工准备工作的基本流程	施工准备工作的分类、要求和基本流程	20	
现场施工管理组织形式	了解现场施工管理组织形式	直线制、职能制、直线职能制、矩阵制等	20	

章节导读

春秋战国时期著名的军事家孙子(孙武),在他的著作《孙子·谋攻篇》中说:"知己知彼,百战不殆;不知彼而知己,一胜一负;不知彼,不知己,每战必殆。"意思是说,在军事纷争中,既了解敌人,又了解自己,百战都不会有危险;不了解敌人而只了解自己,胜败的可能性各半;既不了解敌人,又不了解自己,那只有每战都有危险。

编写工程概况的目的是使施工管理人员了解工程本身的特点,并根据施工合同、招标文件以及施工队伍自身的客观条件作出适当的施工部署,确定进度、质量、安全、环境和成本等目标。

今天学习的工程概况和施工部署就是要通过系统的学习去了解它们的主要内容及编制方法,尤其是要明确工程主要施工内容、施工顺序及其进度安排,合理划分施工流水段,分析工程施工的重点和难点,做好新技术、新工艺、新材料和新设备的开发和使用,以及简要说明主要分包工程施工单位的选择要求和管理方式等,这些工作对完成工程预定目标是非常重要的。

2.1 工 程 概 况

 引例Ⅰ

某集团公司冷轧薄板技术改造工程工程概况

1. 工程构成状况

本工程为连续热镀锌车间主厂房、退火—平整车间主厂房工程。连续热镀锌车间长 384m,轴宽 30m;退火平整车间长 384m,轴宽 36m;两跨平行连接,轴宽 66.0m。建筑面积 27280m²;属丁、戊类火灾危险性生产厂房,耐火等级为二级;设计室内地坪标高±0.000 相当海拔绝对标高71.80m。厂房采用独立杯口基础,柱距 18.0m,基础底面积 6.0m×8.0m~11.4m,基础埋深(±0.00m 以下)4.5~10m,设计要求地基处理后地基承载力 fak≥260kPa,柱基础共计 69 个;钢筋混凝土矩形基础梁;柱子为钢管混凝土双支柱;吊车梁、屋架、天窗、托架、走道板均为钢结构。

外墙面 1.2m 以下到基础顶面为 240mm 厚砖墙;1.2m 以上外墙外侧采用 0.6mmV125 彩色压型钢板,波高 35mm,外墙内侧采用 0.5mm 厚 V125 彩色压型钢板,波高 35mm,中间铺 80mm 厚玻璃丝面卷,(r<0.5kN/M³);天窗挡风板外墙采用 0.6mm 厚角驰Ⅲ型彩色压型钢板,波高 76mm,内墙面0.2m 以下到基础梁顶面采用 240mm 厚砖墙,车间内墙面 0.2m 以上采用 0.5mm 厚 V125 彩色压型钢板,波高 35mm;屋面及天窗屋面外侧采用 0.8mm 角驰Ⅲ型彩色压型钢板,波高 76mm,内侧采用0.6mm 角驰Ⅲ型彩色压型钢板,波高 76mm,中间铺 80mm 厚玻璃丝面卷,包角板、泛水板为0.8mm、1.0mm 厚彩色压型平钢板;地面为钢纤维混凝土面层;门窗为电动及手动铝合金保温卷帘门、塑钢窗。

2. 建设地区自然条件状况

施工场区地形平坦,自然地面标高 70.50~72.82m,相对高差 2.30m,平均标高 71.6m。南低北高,中部自然地面与设计室内地坪标高相当。

场区地貌为第四系全新统冲洪积—粉质粘土,表层为耕植土。

主要地下水赋存于第 4 层中砂混粘性土和第 5 层圆砾粘土中,初见水位埋深介于绝对标高 61.200~67.150m 之间,稳定水位绝对标高介于 64.950~67.65m 之间。

工程概况应包括工程主要情况、各专业设计简介和工程施工条件等。为了弥补文字叙述的不足，一般需绘制拟建工程的平面图、立面图、剖面简图等，图中主要说明轴线尺寸、总长、总宽、总高及层高等主要建筑尺寸；还应附以主要工程量一览表说明主要工程的任务量见表2-1。

表2-1 主要工程量一览表

序号	分部分项工程名称	单位	工程量

2.1.1 工程主要情况

工程主要情况是对拟建工程项目的主要特征的描述。一般应包括下列内容：工程名称、性质和地理位置；工程的建设、勘察、设计、监理和总承包等相关单位的情况；工程承包范围和分包工程范围；施工合同、招标文件或总承包单位对工程施工的重点要求；其他应说明的情况。这部分内容可根据实际情况列表说明，见表2-2。

表2-2 工程建设概况一览表

工程名称		工程地址	
建设单位		勘察单位	
设计单位		监理单位	
质量监督部门		总承包单位	
主要分包单位		建设工期	
合同工期		总投资额	
工程用途			

2.1.2. 各专业设计简介

各专业设计简介应包括下列内容建筑设计简介、结构设计简介、机电及设备安装专业设计简介。

1. 建筑设计简介

应依据建设单位提供的建筑设计文件进行描述，包括拟建工程的建筑面积，平面形状和平面组合情况，层数、层高、总高度、总长度和总宽度等尺寸，建筑功能、建筑特点、建筑耐火、防水及节能要求等，并应简单描述工程的主要装修做法，建筑设计概况一览表见表 2-3。

表 2-3 建筑设计概况一览表

占地面积			首层建筑面积			总建筑面积	
层数	地上		层高	首层		地上面积	
	地下			标准层		地下面积	
				地下			
装饰	外墙						
	楼地面						
	墙面	室内			室外		
	顶棚						
	楼梯						
	电梯厅	地面		墙面		顶棚	
防水	地下						
	屋面						
	厕浴间						
	阳台						
	雨篷						
保温节能							
绿化							
其他需说明事项							

2. 结构设计简介

应依据建设单位提供的结构设计文件进行描述，包括结构形式、地基基础形式、结构安全等级、抗震设防类别、主要结构构件类型及要求等。具体描述基础构造特点及埋置深度，桩基础的根数及深度，主体结构的类型，墙、柱、梁、板的材料及截面尺寸，预制构件的类型、重量及安装位置，楼梯构造及形式等，可根据实际情况列表 2-4 说明。

表 2-4 结构设计概况一览表

地基基础	埋深		持力层		承载力标准值	
	桩基	类型	桩长	桩径	间距	
	箱、筏	底板厚		顶板厚		
	独立基础					

（续）

	结构形式				
主体	主体结构尺寸	梁	板	柱	墙
抗震设防等级				人防等级	
混凝土强度等级及抗渗要求		基础	墙		垫层
		梁	板		地下室
		柱	楼梯		屋面
钢筋					
特殊结构					
其他需说明事项					

3. 机电及设备安装专业设计简介

应依据建设单位提供的各相关专业设计文件进行描述，包括给水、排水及采暖系统、通风与空调系统、电气系统、智能化系统、电梯等。各个专业系统的做法要求，可根据实际情况列表 2-5 说明。

表 2-5 设备安装概况一览表

给水	冷水		排水	雨水	
	热水			污水	
	消防			中水	
强电	高压		弱电	电视	
	低压			电话	
	接地			安全监控	
	防雷			楼宇自控	
				综合布线	
空调系统					
采暖系统					
通风系统					
消防系统					
电梯					

2.1.3 工程施工条件

工程主要施工条件应包括下列内容：项目建设地点气象状况；工程施工区域地形

和工程水文地质状况；工程施工区域地上、地下管线及相邻的地上、地下建（构）筑物情况；与工程施工有关的道路、河流等状况；当地建筑材料、设备供应和交通运输等服务能力状况；当地供电、供水、供热和通信能力状况；其他与施工有关的主要因素。

工程概况是对整个建设项目的总说明和总分析，是对拟建工程所作的一个简单扼要、突出重点的文字介绍。请你收集一些工程项目的施工组织设计，看看工程概况是怎样描述的？和下面的要求一致吗？

这部分文字叙述不宜过多，力求简洁、突出文字说明，附有必要的图表，以便全面准确地反映工程概况；针对工程特点和施工现场、施工单位的具体情况对工程施工条件加以说明，作为生产施工的依据，也便于在施工组织中，尽可能地利用已经具备的施工条件为工程建设服务；也为施工准备工作计划提供了依据。

2.2 施 工 部 署

某工程根据招标文件的各项要求，施工单位通过施工现场场地踏勘了解建筑物的建筑情况和位置状况，针对本工程为高层建筑，位于市区繁华地段，施工场地相对狭小等存在的客观原因，结合以往施工经验，特确定以下部署原则。

(1) 根据本工程既定的质量目标和施工工期目标，结合本工程实际特点，进行施工阶段分解，确定各阶段部署目标。

(2) 加强施工过程中的动态管理，针对各工序和环节，合理安排劳动力和施工准备的投入，在确保每道工序工程质量的前提下，立足抢时间，争速度，科学地组织流水施工及交叉施工，严格遵守各项规章制度，严肃确定施工调度工作，有计划、有步骤、有目标的严格合理分配班组施工任务，严格控制关键工序的施工工期，确保按期、优质、高效地完成工程施工任务。

施工部署重点解决下述问题。

2.2.1 确定工程施工目标

工程施工目标应根据施工合同、招标文件以及本单位对工程管理目标的要求确定，包括进度、质量、安全、环境和成本等目标。各目标是一个相互关联的整体，它们之间既存在着矛盾，又存在着统一。进行工程项目管理时，必须充分考虑工程项目各施工目标之间的对立统一关系，注意统筹兼顾，合理确定进度、质量、安全、环境和成本等目标，防止发生盲目追求单一目标而冲击或干扰其他目标的现象。

知识拓展

"鲁班杯"是我国建筑工程质量的最高荣誉奖，"钱江杯"是浙江省优质建筑工程奖，"西湖杯"

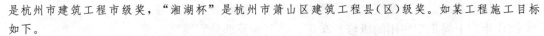

是杭州市建筑工程市级奖，"湘湖杯"是杭州市萧山区建筑工程县(区)级奖。如某工程施工目标如下。

工程质量目标：确保"西湖杯"，力争"钱江杯"。

工程工期目标：650 日历天，并在完工前 3 个月为景观绿化提供进场施工条件。

文明施工目标：确保市标化工地，争创省标化工地。

安全管理目标：杜绝重大安全事故发生，安全事故为零。

2.2.2 施工部署中的进度安排和空间组织应符合下列规定

1. 工程主要施工内容及其进度安排、施工顺序应符合的逻辑关系

工程主要施工内容及其进度安排应明确说明，施工顺序应符合工序逻辑关系。

(1) 确定各主要单位工程的施工展开程序和开竣工日期。它一方面要满足上级规定的投产或投入使用的要求，另外也要遵循一般的施工程序，如先地下后地上、先深后浅、先主体后围护、先结构后装修等。

(2) 建立工程的指挥系统，划分各施工单位的工程任务和施工区段，明确主攻项目和辅助项目的相互关系，明确土建施工、结构安装、设备安装等各项工作的相互配合等。

(3) 明确施工准备工作的规划。如土地征用、居民迁移、障碍物清除、"三通一平"的分期施工任务及期限、测量控制网的建立、新材料和新技术的实质和试验、重要建筑机械和机具的申请和订货生产等。

(4) 施工顺序除应符合工序逻辑关系外，还应考虑施工工艺的要求。一般施工顺序为施工准备→测量放线→土方开挖→地下室垫层及砖胎模→底板防水层→地下室底板→地下室墙板及地下室柱→一层梁板→一层柱……内外墙砌筑→内外墙粉刷→屋面、楼地面→门窗、涂料→外围工程→扫尾、清理→竣工验收。

2. 施工流水段划分结合工程具体情况

单位工程施工阶段的划分一般包括地基基础、主体结构、装修装饰和机电设备安装 3 个阶段，施工流水段应结合工程具体情况分阶段进行划分。划分时主要应考虑流水段的工程量大小、数目多少和段界位置，前两者主要是满足施工组织方面的要求，后者主要是满足施工技术方面的要求。

3. 工程展开程序

根据建设项目总目标的要求，确定工程分期分批施工的合理展开程序。

一些大型工业企业项目都是由许多工厂或车间组成的，在确定施工展开程序时，应主要考虑以下几点。

(1) 在保证工期的前提下，实行分期分批建设，既可使各具体项目迅速建成，尽早投入使用，又可在全局上实现施工的连续性和均衡性，减少暂设工程数量，降低工程成本。至于分几期施工，各期工程包含哪些项目，应当根据业主要求、生产工艺的特点、工程规模大小和施工难易程度、资金、技术资源情况由施工单位与业主共同研究决定。按照各工程项目的重要程度，应优先安排的工程项目如下。

① 按生产工艺要求，须先期投入生产或起主导作用的工程项目。

② 工程量大、施工难度大、工期长的项目。

③ 运输系统、动力系统。如厂区内外道路、铁路和变电站等。

④ 生产上需先期使用的机修、车床、办公楼及部分家属宿舍等。

⑤ 供施工使用的工程项目，如采砂（石）场、木材加工厂、各种构件加工厂、等施工附属设施及其他为施工服务的临时设施。

对小型企业或大型企业的某一系统，由于工期较短或生产工艺要求，可不必分期分批建设；也可先建生产厂房，然后边生产边施工。

（2）所有工程项目均应按照先地下、后地上，先深后浅，先干线后支线的原则进行安排。如地下管线和修筑道路的程序，应该先铺设管线，后在管线上修筑道路。

（3）要考虑季节对施工的影响。例如大规模土方工程和深基础施工，最好避开雨季。寒冷地区入冬以后最好封闭房屋并转入室内作业和安装设备。

2.2.3 主要分包工程施工单位的选择要求及管理方式

1. 工程分包

工程分包分为专业工程分包和劳务作业分包

工程分包应遵守有关法律、法规的规定，禁止转包或肢解分包。承包人不得将其承包的全部工程转包给第三人或将其承包的全部工程肢解以后以分包的名义转包给第三人。承包人需要将专业工程进行分包的，可以与发包人协商并在专用合同条款中约定，没有约定的，须经发包人批准同意。承包人不得将工程主体、关键性工作分包给第三人。除专用合同条款另有约定外，未经发包人同意，承包人不得将工程的其他部分或工作分包给第三人。分包人的资格能力应与其分包工程的标准和规模相适应。本公司负责本次招标范围内的土建工程、装饰、给排水工程、电气工程等安装工程。甲方指定分包项目包括中水设备、室外工程等。

2. 主要分包工程施工单位的管理措施

（1）分包工程施工单位进入现场施工必须提交由业主确认为指定分包商的证明文件，并填妥"指定分包商情况登记表"。

（2）分包工程施工单位在所分包工程的施工质量过程控制中应提供本分包工程的质量、计划编制书和施工过程的质量监控要点。

（3）分包工程的进度控制要点如下。

① 编制本分包工程施工进度计划。

② 执行月报制度，按月向总包单位报告本分包工程的执行情况，并提交月度施工作业计划和各种资源与进度配合调度状况。

③ 参加有关分包工作协调会议，做好协调照管工作。

（4）签订本分包工程的安全协议书，完善和健全安全管理各种台账，做好有关安全、消防、现场标准化管理等工作。

【观察思考】

施工部署是在充分了解工程情况、施工条件和建设要求的基础上，对整个建设工程进行全面安排和解决工程施工中的重大问题的方案，是编制施工进度计划的前提。请你试着通过各种途径，了解一些工程项目为了实现预期目标而采取怎样的施工部署？

2.3 施工准备流程

引例 3

某工程地上 10～11 层,地下一层,局部二层,框架—剪力墙结构,总建筑面积约为 81339.8m² (其中地下室面积 20498m²),工程概算造价 14058 万元。场地东临经东路,北接景元商业东街,南面紧靠景辉小区,西邻景元路临街建筑。场地未经平整,大部为种植地,尚有青苗,场地中心部位有一"["形池塘,宽约 10m,另有一南北走向高压线横亘在场地上空。

2011 年 3 月 3 日某施工单位的 12 台桩机及配合施工的挖掘机、钢筋加工机械等进场,进行打桩作业,却在 3 月 17 日与 4 月 1 日两次遭到南面紧邻的景辉小区居民的挠,先后造成两次停工累计达 11 天,造成较大经济损失。经调查,工地南侧的居民以影响他们房屋质量等为借口阻挠施工,在相关部门的协调下,施工单位同意一次性补偿给每户人家一万元,使矛盾得以缓解,工地恢复施工,避免了损失进一步扩大。

2.3.1 施工准备工作的分类

1. 按准备工作的规模和范围分类

1) 全场性施工准备

它是以一个建筑工地为对象而进行的各项施工准备,其目的和内容都是为全场性施工服务的,它不仅要为全场性的施工活动创造有利条件,而且要兼顾单位工程施工条件的准备。全场性施工准备也可称为施工总准备。

2) 单位工程施工条件准备

它是以一个建筑物或构筑物为对象而进行的施工准备,其目的和内容都是为该单位工程服务的,它既要为单位工程做好开工前的一切准备,又要为其分部分项工程施工进行作业条件的准备。

3) 分部分项工程作业条件准备

它是以一个分部分项工程或冬、雨季施工工程为对象而进行的作业条件准备。

2. 按工程所处的施工阶段分类

1) 开工前的施工准备

它是在拟建工程正式开工前所进行的一切施工准备,其目的是为工程正式开工创造必要的施工条件。它既包括全场性的施工准备,又包括单位工程施工条件的准备,带有全局性和总体性。

2) 开工后的施工准备

它是在拟建工程开工后,每个施工阶段正式开始之前所进行的施工准备,带有局部性和经常性。如普通住宅的施工,通常分为基础工程、主体结构工程和装饰工程等施工阶段,每个阶段的施工内容不同,其所需物资技术条件、组织要求和现场布置等方面也不同。因此,必须做好相应的施工准备。

2.3.2 施工准备工作的规划

施工准备工作的顺利完成是建筑施工任务的保证和前提,应根据施工开展程序和主要工程项目施工方案,从思想上、组织上、技术上、物资上、现场上全面规划施工项目全场性的施工准备工作。主要内容如下。

（1）安排好场内外运输、施工用主干道、水、电、气来源及其引入方案。

（2）安排场地平整方案和全场性排水、防洪方案。

（3）安排好生产和生活基地建设。包括预制构件厂、钢筋、木材加工厂、金属结构制作加工厂、机修厂等。

（4）安排建筑材料、成品、半成品的货源和运输、储存方式。

（5）安排好现场区域内的测量工作，设置永久性测量标志，为放线定位做好准备。

（6）编制新技术、新工艺、新材料、新结构的试制试验计划和职工技术培训计划。

（7）冬雨季施工所需的特殊准备工作。

2.3.3　施工准备工作的要求

1. 执行开工报告审批制度

工程开工前，全场性和首批施工的单位工程的施工准备工作都必须达到以下要求。

（1）施工图纸经过会审，图纸中的问题和错误已经修正。

（2）施工组织设计或施工方案已经批准，并已经进行交底了。

（3）施工图预算已经编制和审定。

（4）现场障碍物已清除，施工场地已平整，水、电、路以及排水渠道已能满足开工后的要求。

（5）施工机械和原材料等已经落实并能陆续进场，可保证连续施工的需要。

（6）施工合同已经签定，施工许可证已审批办好。

（7）劳动力已经安排落实，可以按时进场，各种临时设施已经搭设，能满足施工和生活的需要。

（8）现场安全守则、安全宣传牌已建立，安全、消防的必要设施已具备。

具备以上条件，可以正式开工。具备开工条件不等于一切准备工作都已完成，这些准备还是初步的，除此以外还有些准备工作可在施工开始后继续进行。总之，施工准备工作要走在施工之前，同时还要贯穿于整个工程之中。

当施工准备工作达到具备开工条件后，项目经理部应拟定申请开工报告，报送监理工程师审批，由总监理工程师签发开工令。申请开工报告要说明开工前的准备工作情况、具有法律效力的文件的具备情况等。

2. 建立施工准备工作岗位责任制和检查制度

按施工准备工作计划将责任落实到有关部门和相关人员，同时明确各级技术负责人在施工准备工作中应负的责任。

施工准备工作不但要有计划、有分工、有制度，而且还要有布置、有检查，以利于经常督促、发现薄弱环节，不断改进工作。

2.3.4　施工准备工作的流程

施工准备工作的流程是根据施工活动的特点总结出的施工准备工作的规律。按流程办事，可以摸清施工准备工作的主要脉络，了解施工准备工作各阶段的任务及顺序，使施工准备工作收到事半功倍的效果。施工准备工作流程图如图 2.1 所示。

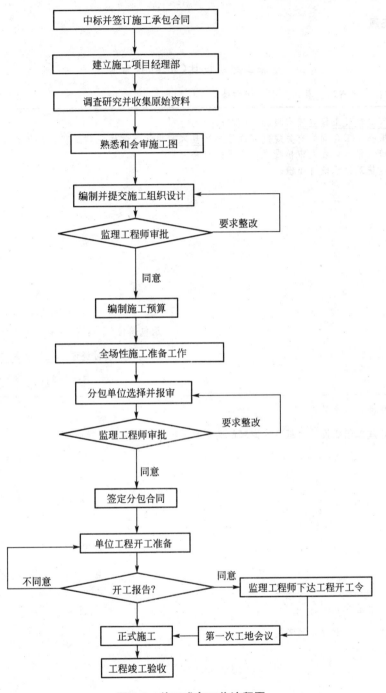

图 2.1 施工准备工作流程图

【观察思考】

通过实习或课余时间收集不同工地在施工过程中的停工资料，分析一下停工的原因。哪些受到自然条件的影响？有没有因为准备工作不充分造成的？而这些又从怎样影响了建筑工程施工进度，施工单位往往采用什么样补救措施？减少由于准备工作不充分对工程进度的影响。

知识拓展

施工组织设计(方案)报审表

工程名称：××省××县××中学教学楼 　　　　　　　　　　编号：2004016

致：××省××建设工程监理有限公司(监理单位)
我方已根据施工合同的有关规定完成了<u>××县××中学教学楼土建工程施工组织设计(方案)</u>的编制，并经我单位技术负责人审核批准，请予以审查。 　　附：土建施工组织设计1份。   　　　　　　　　　　　　　　　承包单位(章)：<u>××省××建筑工程有限公司</u> 　　　　　　　　　　　　　　　　　　项目经理：<u>　林××　</u> 　　　　　　　　　　　　　　　　　　日　　期：<u>××年××月××日</u>
专业监理工程师审查意见： 　　此份土建施工组织设计所编写的内容能满足本工程实际需求，同意使用。   　　　　　　　　　　　　　　　　专业监理工程师：<u>　罗××　</u> 　　　　　　　　　　　　　　　　　日　　期：<u>××年××月××日</u>
总监理工程师审查意见： 　　同意该施工组织设计方案实施。   　　　　　　　　　　　　　项目监理机构：<u>××县××中学教学楼工程监理部</u> 　　　　　　　　　　　　　　　总监理工程师：<u>　　　　　　　　　</u> 　　　　　　　　　　　　　　　日　　期：<u>××年××月××日</u>

2.4 现场施工管理组织形式

引例 4

某工程现场组织机构和专业技术力量配备如下。

为确保优质、高速完成本工程，我公司将派遣一批具有现代管理知识和曾施工过类似工程的管理人员进入现场。项目经理部将成为一支充满活力、专业配套完备、具有全面管理能力的领导班子和核心集体，他们将严格执行公司颁布的《项目管理手册》、《质量保证手册》，进行规范化、系统化、科学化的全面管理。

本工程由具有建设部二级资质并有同类工程经历的同志担任项目经理，统一指挥、组织协调全面工作，对本工程质量、安全、工期、成本全面负责。由具有工程师职称及有同类工程经历的同志担任项目总工程师，全面负责工程施工的技术、质量工作。

项目部设置7个部室：技术部、工程部、经营部、财务部、行政保卫部、物资设备部、机电安装部，其中技术部下设专业工程测量工程师、工程技术人员、工程档案管理人员。

项目经理部是公司授权对本工程全权管理的常设现场管理机构。各分包根据工程需要进场、撤场，在工期安排上服从项目经理部统一安排，在技术质量上接受项目经理部领导。项目经理为项目经理部的总负责人，项目经理将拥有公司授予的在总经理领导下的代表公司对该项目实施策划与组织的全部权力，其签署的有关该项目的文件均为有效，并由公司承担经济法律责任。

2.4.1 直线制现场施工管理组织

直线制组织形式是组织中各种职位按垂直系统直线排列的，权力系统自上而下形成直线控制，统一指挥，下级只接受唯一上级的指令。

项目部无专门职能部门。这种组织形式的特点是组织机构简单，权力集中、权责分明、决策迅速、隶属关系明确。实行没有职能部门的"个人管理"，项目经理负责整个工程项目组织、协调和指导工作，项目经理要具有较广的知识面和较强的技能。

直线制现场施工管理组织构成如图2.2所示，从命令源来讲，每个施工班组只有一个顶头上司，是一元化领导。

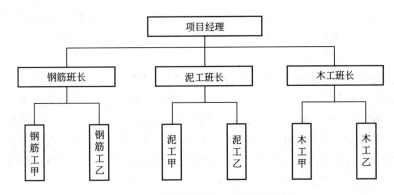

图2.2 直线制现场施工管理组织构成

这样的管理形式适用于项目规模小，技术简单，协作关系较少的工程。

2.4.2 职能制现场施工管理组织

职能制组织形式强调专业分工，是以职能作为划分部门的基础，把相应的管理职责和权力交给职能部门，各职能部门在本职能范围内有权直接指挥下级。这种组织形式的特点是专业分工强，目标控制分工明确，能充分发挥职能机构的专业管理作用及专业人才的作用，有利于项目的专业技术问题的解决。缺点是由于项目部人员受职能部门与项目部门的多重领导，存在着政出多门的弊端，对于上级存在矛盾的指令难以适从；各职能部门之间信息共享程度低，难以协调。

职能制现场施工管理组织构成如图 2.3 所示，从命令源来讲，系多元化领导，易造成职责不清，协调工作多。

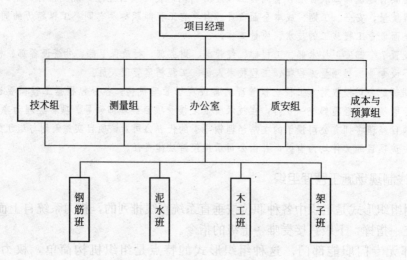

图 2.3 职能制现场施工管理组织构成

这种管理形式适用于专业性较强，不涉及众多部门的施工项目。

2.4.3 直线职能制现场施工管理组织

直线职能制组织结构是现实中运用得最为广泛的一个组织形态，它把直线制结构与职能制结构结合起来，以直线为基础，在各级行政负责人之下设置相应的职能部门，分别从事专业管理，作为该领导的参谋，实行主管统一指挥与职能部门参谋、指导相结合的组织结构形式。

直线职能制是直线制与职能制的结合。它是在项目部内部既有保证施工目标实现的直线部门，也有按专业分工设置的职能部门；但职能部门在这里的作用是作为项目经理的参谋和助手，它不能对下级部门发布命令。这种组织结构形式吸取了直线制和职能制的优点：一方面，各级主管有相应的参谋机构作为助手，以充分发挥其专业管理的作用；另一方面，每一级管理机构又保持了集中统一的指挥。但在实际工作中，直线职能制有过多强调直线指挥，而对参谋职权注意不够的倾向。

直线职能制现场施工管理组织构成如图 2.4 所示，从命令源来讲，由于各职能部门并不能直接向施工班组发布命令，所以仍然属于一元化领导。

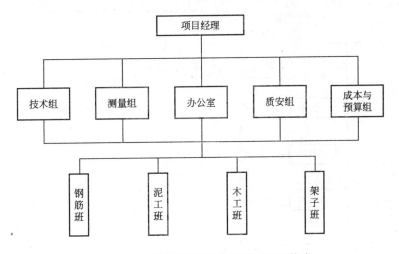

图 2.4 直线职能制现场施工管理组织构成

2.4.4 矩阵制现场施工管理组织

矩阵制组织形式是现代大型工程管理中广泛应用的一种新型组织形式，它吸取了职能式和直线式各自的优点，是在直线职能制垂直形态组织系统的基础上，再增加一种横向的领导系统，力求使多个项目与各职能部门有机地结合。它将各职能部门的专业人员组织在一个项目部内，既可充分发挥职能部门的纵向优势又能发挥项目部的横向优势，使决策问题集中管理，工作效率高，有利于解决复杂难题，有利于工程管理人员专业业务能力的培养和提高。它要求从高层管理的角度明确项目经济的责任与权力，以及各职能部门的作用。它是为了某项目临时组建的半松散型组织，项目人员不独立于职能部门之外，项目结束后，便回到各原职能部门，有利于项目部的动态管理和优化组织。

矩阵制组织形式的特征如下。

（1）按照职能原则和项目原则结合起来建立的项目管理组织，既能发挥职能部门的纵向优势又能发挥项目组织的横向优势，多个项目组织的横向系统与职能部门的纵向系统形成了矩阵结构。

（2）企业专业职能部门是相对长期稳定的，项目管理组织是临时性的。职能部门负责人对项目组织中本单位人员负有组织调配、业务指导、业绩考察责任。项目经理在各职能部门的支持下，将参与本项目组织的人员在横向上有效地组织在一起，为实现项目目标协同工作，项目经理对其有权控制和使用，在必要时可对其进行调换或辞退。

（3）矩阵中的成员接受原单位负责人和项目经理的双重领导，可根据需要和可能为一个或多个项目服务，并可在项目之间调配，充分发挥专业人员的作用。

矩阵制式项目组织的结合部多，组织内部的人际关系、业务关系、沟通渠道等都较复杂，容易造成信息量膨胀，引起信息流不畅或失真，需要依靠有力的组织措施和规章制度规范管理。

矩阵制现场施工管理构成如图 2.5 所示，从命令源来讲，属于二元化领导。

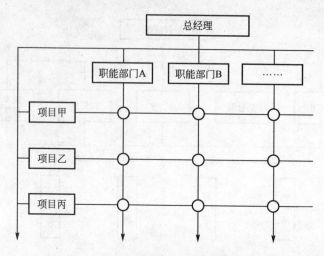

图 2.5　矩阵制现场施工管理组织构成

对于那些大型、复杂的施工项目，需要多部门、多技术、多工种配合施工，在不同施工阶段，对不同人员有不同的数量和搭配需求，宜采用矩阵制式项目组织形式。

【观察思考】

现场施工管理组织形式是指在现场施工管理组织中处理管理层次、管理跨度、部门设置和上下级关系的组织结构的类型。其主要管理组织形式有直线制、职能制、矩阵制、直线职能制等。请想一想，你所接触的工地是采用哪一种组织形式的？

 **特别提示**

工程项目管理的组织形式，对于工程项目管理的实施效果具有决定性的影响。在选择组织形式时，要以实现工程目标为核心，以利于决策指挥和沟通协调为基本点，灵活应用组织形式。对不同的工程项目采用不同的组织形式，即使同一项目，也可在不同建设阶段采用不同的组织形式。随着我国工程建设领域改革的不断深入，已广泛实行了工程招投标，市场竞争日趋激烈，借鉴工程领域已取得的工程项目管理经验，完善与发展工程项目组织形式，对提高工程建设水平和投资效率，促进行业发展具有重要意义。

施工现场由工程总承包公司建立项目经理部负责全面管理工作。项目经理部在项目经理的领导下负责施工项目从开工到竣工的全过程施工生产经营的管理，实行项目经理负责制。项目经理部的部门设置和人员配备要根据整个项目所设计的项目组织形式、施工项目的规模、复杂程度和专业特点设置，以满足工程项目的任务。在一般的工程项目施工过程中，项目经理部应分设工程技术组、采购供应组、合同管理组、财务管理组、行政事务组等几个小组，对作业层发挥好管理和服务双重职能。为保证高效率地运转，项目经理部应围绕计划、责任、监理、核算、奖惩、质量等方面建立工作制度。

 知识拓展

某项目部岗位职责称

1. 项目经理职责

(1) 在公司经理领导下，会同有关部门协商组建项目经理部。

(2) 贯彻实施公司质量方针和质量目标，领导本工程项目部制定项目质量目标和项目经理部管理职责，确保质量目标的实现。

（3）负责组织各种资源，完成本次项目施工合同，对工程质量、施工进度、安全文明施工状况予以控制。

（4）负责对一般质量事故的调查、评审和处置。

（5）领导技术人员完成质量记录和竣工文件的编制和移交，参加工程竣工验收交付工作，并对存在问题予以整修。

（6）以企业法人委托人身份处理与工程项目有关的外部关系，对公司总经理负责。

2. 项目副经理职责

（1）负责组织本工程项目的施工生产，建立项目安全保证体系对施工过程质量负责。

（2）负责优化施工组织工作，领导安全文明施工，组织实施本质量计划，确保满足合同要求和实现质量目标。

（3）分管本项目物资管理和工程分包工作，负责协调施工生产所需的人员、物资和设备的供给。

（4）负责纠正和预防措施的组织实施。

3. 项目技术负责人职责

（1）负责组织本项目质量策划，组织编制质量计划并按规定报批，主持建立项目质量保证体系，将项目质量管理目标分解到各部门、班组和岗位，并对实施情况进行检查监督。负责组织图纸会审、技术交底和质量计划的交底工作。

（2）负责组织贯彻技术规程、规范和质量标准，认真贯彻实施各项管理制度和相关程序，对本项目人员违反操作规程和程序造成的质量问题负有领导责任。

（3）负责文件和资料的管理工作，确保现场使用的文件均为有效版本，指导和检查生产过程的各种质量记录和统计技术应用工作，确保质量记录的完整性、准确性和可追溯性。

（4）定期召开质量例会，并及时向公司主管部门反馈质量信息。

（5）负责审批本工程项目的"紧急放行"和"例外放行"报告。

（6）负责组织动员本项目全体员工积极配合质量体系审核，认真制定纠正和预防措施。

（7）负责检验和试验人员、仪器设备的配备和管理工作。

（8）领导新技术、新材料、新工艺的开发应用和本项目的培训工作，指导项目开展QC小组活动。

（9）领导本项目质量评定和竣工交验工作。

4. 工程技术组职责

（1）贯彻执行质量方针和质量目标，确保施工过程按照质量体系文件要求进行。

（2）负责项目经理部文件和资料控制工作。

（3）参加图纸会审工作，及时将设计变更内容标识在图纸上。

（4）负责编制施工技术方案和作业指导书，并向操作人员交底。

（5）负责工程施工、工程质量和现场文明施工的控制。

（6）参加质量事故调查和分析，制定有关纠正和预防措施并跟踪实施验证。

（7）负责对被列为特殊过程和关键工序的过程实施施工全过程的监控。

（8）负责质量记录的收集、整理、标识、归档、保管和移交工作。

5. 质量安全组职责

（1）贯彻执行质量方针和质量目标。

（2）负责施工过程的检查、验收和质量评定，并将质量检查结果上报工程部。

（3）负责现场施工安全教育、安全检查并做好记录。

（4）负责质量记录的收集、整理、移交工作。

（5）参加一般质量和安全事故的调查评审，并负责上报有关材料。

6. 物资设备组职责

（1）编制物资采购申请计划。

(2) 负责项目分管物资的采购工作。

(3) 负责进场物资的验收、搬运、贮存、标识、保管保养、发放工作。

(4) 负责贮存物资检验和试验状态的标识工作。

(5) 负责物资验证的各种质量证明文件的收集，分类整理和移交。

(6) 搞好部门间协作，做好材料和工具的使用管理工作。

(7) 及时准确地向有关部门提报物资报表。

7. 经营计划组职责

(1) 贯彻执行质量方针和质量目标，执行质量体系文件。

(2) 配合经营计划部做好工程变更或其他特殊情况而影响合同执行时的合同评审工作。

(3) 负责对工程分承包方和劳务分承包方进行评价，并从《合格工程分承包方名录》和《合格劳务分承包方名录》中选定合格分承包方。

(4) 按时完成工程预、决算工作。

8. 项目办公室职责

(1) 执行质量方针和质量目标，执行质量体系文件。

(2) 负责上报项目培训计划，根据人才劳务中心统一安排组织培训。

(3) 主要负责《培训程序》和《过程控制程序》中人员持证上岗的管理工作。

9. 项目试验室职责(暨项目试验员质量职责)

(1) 贯彻执行质量方针和质量目标，执行质量体系文件。

(2) 负责检验和试验产品的取样、养护、送检工作。

(3) 负责产品的试验状态标识工作。

(4) 负责现场计量工作，对检验、测量和试验设备进行维护保养，并按规定要求及时送计量部门校准。

10. 材料员职责

(1) 负责对进场所有物资进行验证，并对物资数量和外观质量进行检验。

(2) 对必须检验和试验的材料，通知试验人员抽样送检。

(3) 做好原材料、成品和半成品的标识和状态标识，并随时检查，保护标识。

(4) 负责物资的堆码、贮存、保管和发放工作。

(5) 负责现场周转材料，工具的使用管理工作。

11. 项目质量检查员职责：

(1) 贯彻执行质量方针和质量目标，执行质量体系文件。

(2) 负责工程项目施工质量检查、监督、评定和验收工作，并负责定期上报质量报表。

(3) 参加质量事故的调查分析和纠正预防措施的实施验证。

(4) 负责质量记录的编写、收集整理和归档。

本 章 小 结

1. 工程概况是对整个建设项目的总说明和总分析，是对拟建工程所作的一个简单扼要、突出重点的文字介绍。工程概况应包括工程主要情况、各专业设计简介和工程施工条件等。

2. 工程主要情况应包括工程名称、性质和地理位置；工程的建设、勘察、设计、监理和总承包等相关单位的情况；工程承包范围和分包工程范围；施工合同、招标文件或总承包单位对工程施工的重点要求；其他应说明的情况等内容。

3. 各专业设计简介应包括建筑设计简介、结构设计简介和机电及设备安装专业设计简介。建筑设计简介应依据建设单位提供的建筑设计文件进行描述，包括建筑规模、建筑功能、建筑特点、建筑耐火、防水及节能要求等，并应简单描述工程的主要装修做法；结构设计简介应依据建设单位提供的结构设计文件进行描述，包括结构形式、地基基础形式、结构安全等级、抗震设防类别、主要结构构件类型及要求等。机电及设备安装专业设计简介应依据建设单位提供的各相关专业设计文件进行描述，包括给水、排水及采暖系统、通风与空调系统、电气系统、智能化系统、电梯等各个专业系统的做法要求。

4. 工程施工条件应包括工程建设地点气象状况；工程施工区域地形和工程水文地质状况；工程施工区域地上、地下管线及相邻的地上、地下建(构)筑物情况；与工程施工有关的道路、河流等状况；当地建筑材料、设备供应和交通运输等服务能力状况；当地供电、供水、供热和通信能力状况；其他与施工有关的主要因素等内容。

5. 施工部署是在充分了解工程情况、施工条件和建设要求的基础上，对整个建设工程进行全面安排和解决工程施工中的重大问题的方案，是编制施工进度计划的前提。施工部署重点解决下述问题：确定工程管理目标；合理进度安排和空间组织；分析工程施工的重点和难点；对于工程施工中开发和使用的新技术、新工艺做出部署；对主要分包工程施工单位的选择要求及管理方式应进行简要说明等。

6. 现场施工管理组织形式是指在现场施工管理组织中处理管理层次、管理跨度、部门设置和上下级关系的组织结构的类型。其主要管理组织形式有直线制、职能制、矩阵制、直线职能制等。总承包单位应明确项目管理组织机构形式，并宜采用框图的形式表示，并确定项目经理部的工作岗位设置及其职责划分。

复习思考题

1. 工程概况编制应包括哪几个方面？它们应具体描述哪些内容？你能否举例说明？
2. 什么是施工部署？施工部署应解决哪些问题？
3. 施工部署中的进度安排和空间组织应符合哪些规定？
4. 对主要分包工程施工单位的选择有哪些要求？
5. 简述施工准备工作流程。
6. 现场施工管理组织形式有哪些？它们的特点和适用范围如何？
7. 项目经理部的工作岗位有哪些？它们的岗位职责是什么？

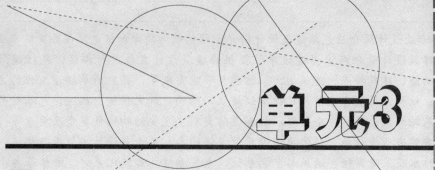

单元3

施工方案选择

教学目标

了解建筑施工组织设计的概念、掌握建筑施工顺序及流程；掌握施工方法和施工机械的选择，掌握建筑流水施工组织。

教学要求

知识要点	能力要求	相关知识	所占分值（100分）	自评分数
建筑施工顺序及流程	熟悉建筑施工基础、主体、装饰、高层、多层厂房等施工顺序	生产工艺流程、施工起点流向、施工顺序	40	
施工方法和施工机械的选择	（1）掌握各种分部工程的施工方法 （2）熟悉施工机械的选择	土方施工、基础施工、主体施工、施工机械	40	
流水施工组织	（1）熟悉施工过程的划分 （2）熟悉流水施工组织	施工过程、流水施工、划分施工段、流水组织	20	

章节导读

施工方案是施工单位进行施工组织的纲领性技术文件，是工程施工阶段保证安全、质量、进度、职业健康与环境保护等满足合同要求、保障企业自身利益的管理文件。施工技术方案的编制应根据工程现场的实际情况，结合工程的特点，经充分的技术分析，进行特殊过程以及重点、难点的识别，确定需要编制的施工技术方案，施工技术方案中选择的施工方法具有先进性、可行性与经济性，并尽量选择那些经过试验、检验过的方法。

今天学习的施工方案就是要通过系统的学习去掌握建筑施工顺序及流程、施工方法和施工机械的选择，更好的进行施工是组织与管理。

施工方案的选择是单位工程施工组织设计的重要环节，是决定整个工程施工全局的关键。施工方案选择的科学与否，不仅影响到施工进度的安排和施工平面布置图的布置，而且将直接影响到工程的施工效率、施工质量、施工安全、工期和技术经济效果，因此必须引起足够的重视。为此必须在若干个初步方案的基础上进行认真分析比较，力求选择出施工上可行、技术上先进、经济上合理、安全上可靠的施工方案。

在选择施工方案时应着重研究以下4个方面的内容：确定施工起点流向，确定各分部分项工程施工顺序，确定流水施工组织，选择主要分部分项工程的施工方法和适用的施工机械。

3.1 建筑工程施工流程

 引例Ⅰ

在开工前进行方案编制时，由于对重点和难点的现场情况不熟悉，无法进行有针对性的方案编制工作，在施工组织设计中可以先制订本工程拟编制的施工技术方案计划(须注明一般或重大施工技术方案)，待熟悉现场情况后，进行方案的编制工作。

3.1.1 施工起点流向

施工起点流向是指拟建工程在平面或竖向空间上施工开始的部位和开展的方向。这主要取决于生产需要、缩短工期、保证施工质量和确保施工安全等要求。一般来说，对单层建筑物，只要按其工段、跨间分区分段地确定平面上的施工起点流向；对多层、高层建筑物，除了确定每层平面上的施工起点流向外，还要确定其层间或单元竖向空间上的施工起点流向，如室内抹灰工程是采用水平向下、垂直向下，还是水平向上、垂直向上的施工起点流向。

确定施工起点流向，要涉及一系列施工过程的开展和进程，应考虑以下几个因素。

(1) 生产工艺流程。生产工艺流程是确定施工起点流向的基本因素，也是关键因素。因此，从生产工艺上考虑，影响其他工段试车投产的工段应先施工。如B车间生产的产品受A车间生产的产品的影响，A车间分为3个施工段(AⅠ、AⅡ、AⅢ段)，且AⅡ段的生产要受AⅠ段的约束，AⅢ段的生产要受AⅡ段的约束。故其施工起点流向应从A车间的工段开始；A车间施工完后；再进行B车间的施工，即 AⅠ→AⅡ→AⅢ→B，如图3.1

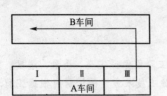

图 3.1 施工起点流向示意图

所示。

（2）建设单位对生产和使用的需要。一般应考虑建设单位对生产和使用要求急的工段或部位先施工。如某职业技术学院项目建设的施工起点流向示意图，如图 3.2 所示。

图 3.2 施工起点流向示意图

（3）施工的繁简程度。一般对工程规模大、建筑结构复杂、技术要求高、施工进度慢、工期长的工段或部位先施工。如高层现浇钢筋混凝土结构房屋，主楼部分应先施工，附房部分后施工。

（4）房屋高低层或高低跨。当有房屋高低层或高低跨并列时，应从高低层或高低跨并列处开始，如在高低跨并列的装配式钢筋混凝土单层工业厂房结构安装中，柱子的吊装应从高低跨并列处开始；屋面防水层施工应按先高后低方向施工，同一屋面则由檐口向屋脊方向施工；基础有深浅时，应按先深后浅的顺序进行施工。

（5）现场施工条件和施工方案。施工现场场地的大小，施工道路布置，施工方案所采用的施工方法和选用施工机械的不同，是确定施工起点流向的主要因素。如土方工程施工中，边开挖边外运余土，在保证施工质量的前提条件下，一般施工起点应确定在离道路远的部位，由远及近地展开施工；柱子吊装采用滑行法还是旋转法，决定了吊装机械的开行路线及结构吊装的施工流向；挖土机械可选用正铲、反铲、拉铲、抓铲挖土机等，这些挖土施工机械本身工作原理、开行路线、布置位置，便决定了土方工程施工的施工起点流向。

（6）分部工程特点及其相互关系。根据不同分部工程及其相关关系，施工起点流向在确定时也不尽相同。如基础工程由施工机械和施工方法决定其平面、竖向空间的施工起点流向；主体工程一般均采用自下而上的施工起点流向；装饰工程竖向空间的施工起点流向较复杂，室外装饰一般采用自上而下的施工起点流向，室内装饰可采用自上而下、自下向上或自中而下、再自上而中的施工起点流向，同一楼层中可采用楼地面→顶棚→墙面和顶棚→墙面→楼地面两种施工起点流向。

3.1.2 确定施工顺序

确定合理的施工顺序是选择施工方案必须考虑的主要问题。施工顺序是指分部分项工程施工的先后次序。确定施工顺序既是为了按照客观的施工规律组织施工和解决工种之间的合理搭接问题，也是编制施工进度计划的需要，在保证施工质量和确保施工安全的前提下，充分利用空间，争取时间，以达到缩短施工工期的目的。

在实际工程施工中，施工顺序可以有多种。不仅不同类型建筑物的建造过程，有着不同的施工顺序；而且在同一类型的建筑物建造过程中，甚至同一幢房屋的建造过程中，也

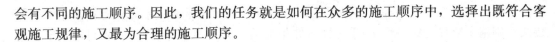

会有不同的施工顺序。因此，我们的任务就是如何在众多的施工顺序中，选择出既符合客观施工规律，又最为合理的施工顺序。

1. 确定施工顺序应遵循的基本原则

（1）先地下后地上。先地下后地上指的是地上工程开始之前，把土方工程和基础工程全部完成或基本完成。从施工工艺的角度考虑，必须先地下后地上，地下工程施工时应做到先深后浅，以免对地上部分施工生产产生干扰，既给施工带来不便，又会造成浪费，影响施工质量和施工安全。

（2）先主体后围护。先主体后围护指的是在多层及高层现浇钢筋混凝土结构房屋和装配式钢筋混凝土单层工业厂房施工中，先进行主体结构施工，后完成围护工程。同时，主体结构与围护工程在总的施工顺序上要合理搭接，一般来说，多层现浇钢筋混凝土结构房屋以少搭接为宜，而高层现浇钢筋混凝土结构房屋则应尽量搭接施工，以缩短施工工期；而在装配式钢筋混凝土单层工业厂房施工中，主体结构与围护工程一般不搭接。

（3）先结构后装饰。先结构后装饰指的是先进行结构施工，后进行装饰施工，是针对一般情况而言的，有时为了缩短施工工期，在保证施工质量和确保施工安全的前提条件下，也可以有部分合理的搭接。随着新的结构体系的涌现、建筑施工技术的发展和建筑工业化水平的提高，某些结构的构件就是结构与装饰同时在工厂中完成的，如大板结构建筑。

（4）先土建后设备。先土建后设备指的是在一般情况下，土建施工应先于水暖煤卫电等建筑设备的施工。但它们之间更多的是穿插配合关系，尤其在装饰施工阶段，要从保证施工质量、确保施工安全、降低施工成本的角度出发，正确处理好相应之间的配合关系。

以上原则可概括为"四先四后"原则，在特殊情况，并不是一成不变的，如在冬期施工之前，应尽可能完成土建和围护工程，以利于施工中的防寒和室内作业的开展，从而达到改善工人的劳动环境，缩短施工工期的目的；又如在一些重型工业厂房施工中，就可能要先进行设备的施工，后进行土建施工。因此，随着新的结构体系的涌现，建筑施工技术的发展、建筑工业化水平和建筑业企业经营管理水平的提高，以上原则也在进一步的发展完善之中。

2. 施工顺序应符合的基本要求

在确定施工顺序过程中，应遵守上述基本原则，还应符合以下基本要求。

（1）必须符合施工工艺的要求。建筑物在建造过程中，各分部分项工程之间存在着一定的工艺顺序关系。这种顺序关系随着建筑物结构和构造的不同而变化，在确定施工顺序时，应注意分析建筑建造过程中各分部分项工程之间的工艺关系，施工顺序的确定不能违背工艺关系。如基础工程未做完，其上部结构就不能进行；土方工程完成后，才能进行垫层施工；墙体砌完后，才能进行抹灰施工；钢筋混凝土构件必须在支模、绑扎钢筋工作完成后，才能浇筑混凝土；现浇钢筋混凝土房屋施工中，主体结构全部完成或部分完成后，再做围护工程。

（2）必须与施工方法协调一致。确定施工顺序，必须考虑选用的施工方法，施工方法不同施工顺序就可能不同。如在装配式钢筋混凝土单层工业厂房施工中，采用分件吊

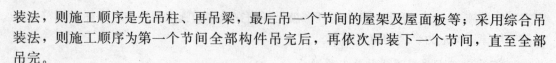

装法，则施工顺序是先吊柱、再吊梁，最后吊一个节间的屋架及屋面板等；采用综合吊装法，则施工顺序为第一个节间全部构件吊完后，再依次吊装下一个节间，直至全部吊完。

（3）必须考虑施工组织的要求。工程施工可以采用不同的施工组织方式，确定施工顺序必须考虑施工组织的要求。如有地下室的高层建筑，其地下室地面工程可以安排在地下室顶板施工前进行，也可以安排在地下室顶板施工后进行。从施工组织方面考虑，前者施工较方便，上部空间宽敞，可以利用吊装机械直接将地面施工用的材料吊到地下室；而后者，地面材料运输和施工就比较困难。

（4）必须考虑施工质量的要求。安排施工顺序时，要以能保证施工质量为前提条件，影响施工质量时，要重新安排施工顺序或采取必要技术组织措施。如屋面防水层施工，必须等找平层干燥后才能进行，否则将影响防水工程施工质量；室内装饰施工，做面层时须待中层干燥后才能进行；楼梯抹灰安排在上一层的装饰工程全部完成后进行。

（5）必须考虑当地的气候条件。确定施工顺序，必须与当地的气候条件结合起来。如在雨期和冬期施工到来之前，应尽量先做基础、主体工程和室外工程，为室内施工创造条件；在冬期施工时，可先安装门窗玻璃，再做室内楼地面、顶棚、墙抹灰施工，这样安排施工有利于改善工人的劳动环境，有利于保证抹灰工程施工质量。

（6）必须考虑安全施工的要求。确定施工顺序如要主体交叉、平行搭接施工时，必须考虑施工安全问题。如同一竖向上下空间层上进行不同的施工过程，一定要注意施工安全的要求；在多层砌体结构民用房屋主体结构施工时，只有完成两个楼层板的施工后，才允许底层进行其他施工过程的操作，同时要有其他必要的安全保证措施。

确定分部分项工程施工顺序必须符合以上6方面的基本要求，有时互相之间存在着矛盾，因此必须综合考虑，这样才能确定出科学、合理、经济、安全的施工顺序。

3. 多层砌体结构民用房屋的施工顺序

多层砌体结构民用房屋的施工，按照房屋结构各部位不同的施工特点，一般可分为基础工程、主体工程、屋面及装饰工程3个施工阶段。如某六层砌体结构房屋施工顺序，如图3.3所示。

1）基础工程阶段施工顺序

基础工程是指室内地坪（±0.000）以下的所有工程。其施工顺序比较容易确定，钢筋混凝土基础工程的施工顺序一般是定位放线→施工预检→验灰线→挖土方→隐蔽工程检查验收（验槽）→浇筑混凝土垫层→养护→基础弹线→施工预检→绑扎钢筋→安装模板→施工预检、隐蔽工程检查验收（钢筋验收）→浇筑混凝土→养护拆模→隐蔽工程检查验收（基础工程验收）→回填土。具体内容视工程设计而定。如有地下障碍物：墓穴、枯井、人防工程、软弱地基，一定要先进行处理；如有桩基础工程，应先进行桩基础工程施工。

在基础工程施工阶段，挖土方与做垫层这两道工序，在施工安排上要紧凑，时间间隔不宜太长。在施工中，可以采取集中兵力，分段流水进行施工，以避免基槽（坑）土方开挖后，因垫层施工未及时进行，使基槽（坑）灌水或受冻害，从而使地基承载力下降，造成工程质量事故或引起劳动力、材料等资源浪费而增加施工成本。同时还应注意混凝

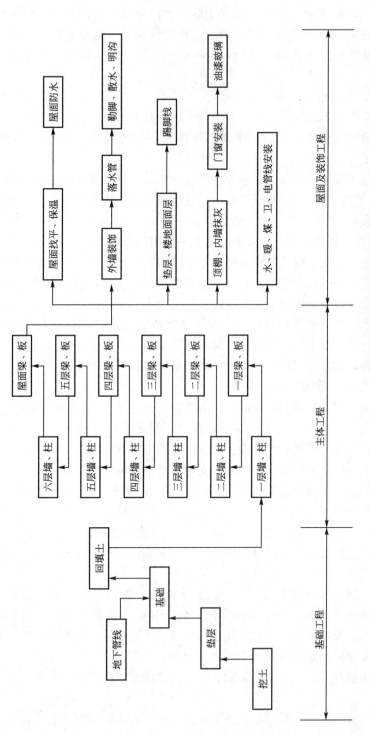

图 3.3 多层砌体结构民用房屋的施工顺序示意图

土垫层施工后必须留有一定的技术间歇时间，使之具有一定的强度后，再进行下道工序的施工。各种管沟的挖土、砌筑、铺设等施工过程，应尽可能与基础工程施工配合，采取平行搭接施工。回填土一般在基础完工后一次性分层、对称夯填，以避免基础受到浸泡并为后续工序施工创造条件。当回填土工程量较大且工期较紧张时，也可以将回填土分段施工并与主体结构工程搭接进行，±0.000以下室内回填土可安排在室内装饰施工前进行。

2) 主体工程阶段施工顺序

主体工程是指基础工程以上，屋面板以下的所有工程。主体工程施工过程主要包括安装起重垂直运输机械设备，搭设脚手架，墙体砌筑，现浇柱、梁、板、雨篷、阳台、沿沟、楼梯等施工内容。

主体工程施工阶段施工顺序一般为：弹线→施工预检→绑扎构造柱钢筋→隐蔽工程检查验收（构造柱钢筋验收）→砌墙→安装构造柱模板→浇筑构造柱混凝土→安装梁、板、楼梯模板→施工预检→绑扎梁、板、楼梯钢筋→隐蔽工程检查验收（梁、板、楼梯钢筋验收）→浇筑梁、板、楼梯混凝土→养护进入上一结构层施工。

主体工程施工阶段，砌墙和现浇楼板是主导施工过程。两者在各楼层中交替进行，应注意使它们在施工中保持均衡、连续、有节奏地进行，并以它们为主组织流水施工，根据每个施工段的砌墙和现浇楼板工程确定流水节拍大小，而其他施工过程则应配合砌墙和现浇楼板组织流水施工，搭接进行施工。如脚手架搭设应配合砌墙和现浇楼板逐段逐层进行；其他现浇钢筋混凝土构件的支模、绑扎钢筋安排在墙体砌筑的最后一步插入，并要及时做好模板、钢筋的加工制作工作，以免影响后续工作的按期进行。

3) 屋面及装饰工程阶段施工顺序

层面及装饰工程是指屋面板完成以后的所有工作。这一施工阶段的施工特点是：施工内容多、繁、杂；有的工程量大而集中，有的工程量小而分散；劳动消耗大，手工操作多，工期较长。因此，妥善安排屋面及装饰工程的施工顺序，组织主体交叉流水作业，对加快施工进度、保证施工质量、确保施工安全有着特别重要的意义。

屋面工程的施工，应根据屋面工程设计要求逐层进行。柔性屋面按照找平层→隔气层→保温层→找平层→柔性防水层→保护层的顺序依次进行。刚性屋面按照找平层→保温层→找平层→隔离层→刚性防水层→隔热层的顺序依次进行。为保证屋面工程施工质量，防止屋面渗漏，一般情况下不划分施工段，可以和装饰工程搭接施工，要精心施工，精心管理。

装饰工程包括两部分施工内容：一是室外装饰，包括外墙抹灰、勒脚、散水、台阶、明沟、水落管等施工内容；二是室内装饰，包括顶棚、墙面、地面、踢脚线、楼梯、门窗、五金、油漆、玻璃等施工内容。其中内外墙及楼地面抹灰是整个装饰工程施工的主导施工过程，因此要着重解决抹灰的空间施工顺序。

根据装饰工程施工质量、施工工期、施工安全的要求以及施工条件，其施工顺序一般有以下几种。

室外装饰工程施工一般采用自上而下的施工顺序，是指屋面工程全部完工后，室外抹灰从顶层往底层依次逐层向下进行。其施工流向一般为水平向下，如图3.4所示。采用这种顺序的优点是：可以使房屋在主体结构完成后，有足够的沉降期，从而可以保证装饰工程施工质量；便于脚手架的及时拆除，加速周转材料的及时周转，降低了施工成本，提高了经济效益；可以确保安全施工。

室内装饰工程施工一般有自上而下、自下而上两种施工顺序。

室内装饰工程自上而下的施工顺序是指主体结构工程及屋面工程防水层完工后，室内抹灰从顶层往底层依次逐层向下进行。其施工流向又可分为水平向下和垂直向下两种，通常采用水平向下的施工流向，如图3.5所示。采用自上而下施工顺序的优点是：主体结构完成后，有足够的沉降期，沉降变化趋于稳定，屋面工程及室内装饰工程施工质量得到了保证，可以减少或避免各工种操作相互交叉，便于组织施工，有利于施

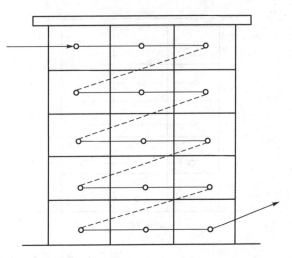

图3.4　室外装饰自上而下施工顺序(水平向下)

工安全，而且楼层清理也比较方便。其缺点是：不能与主体结构工程及屋面工程施工搭接，因而施工工期相应较长。

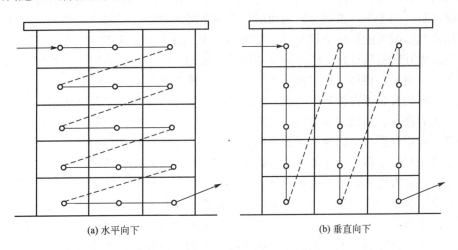

(a) 水平向下　　　　　　　　(b) 垂直向下

图3.5　室外装饰自上而下施工顺序

室内装饰工程自下而上的施工顺序是指主体结构工程施工三层以上时(有二个层面楼板，以确保施工安全)，室内抹灰从底层开始逐层向上进行，一般与主体结构工程平行搭接施工。其施工流向又可分为水平向上和垂直向上两种，通常采用水平向上的施工流向，如图3.6所示。采用自下而上施工顺序的优点是：可以与主体结构工程平行搭接施工，交叉进行，故施工工期相应较短。其缺点是：施工中工种操作互相交叉，要采取必要的安全措施；交叉施工的工序多，人员多，材料供应紧张，施工机具负担重，现场施工组织和管理比较复杂；施工时主体结构工程未完成，没有足够的沉降期，必须采取必要的保证施工质量的措施，否则会影响室内装饰工程施工质量。因此，只有当工期紧迫时，室内装饰工程施工才考虑采取自下而上的施工顺序。

室内装饰工程施工在同一层内顶棚、墙面、楼地面之间的施工顺序一般有两种：楼地面→顶棚→墙面，顶棚→墙面→楼地面。这两种施工顺序各有利弊，前者便于清理地面基

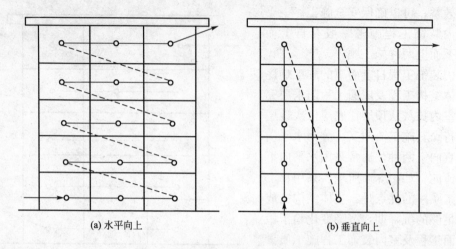

(a) 水平向上　　　　　　　　　　　　(b) 垂直向上

图 3.6　室外装饰自下而上施工顺序

层，地面施工质量易保证，而且便于收集墙面和顶棚的落地灰，从而节约材料，降低施工成本；但为了保证地面成品质量，必须采用一系列的保护措施，地面做好后要有一定的技术间歇时间，否则后道工序不能及时进行，故工期较长。后者则地面施工前必须将顶棚及墙面的落地灰清扫干净，否则会影响面层与基层之间的黏结，引起地面起壳，而且影响地面施工用水的渗漏可能影响下层顶棚、墙面的抹灰施工质量。底层地面通常在各层顶棚、墙面、地面做好后最后进行。楼梯间和楼梯踏步装饰，由于施工期间易受损坏，为了保证装饰工程施工质量，楼梯间和楼梯踏步装饰往往安排在其他室内装饰完工后，自上而下统一进行。门窗的安装可在抹灰之前或之后进行，主要视气候和施工条件而定，但通常是安排在抹灰之后进行。而油漆和玻璃安装的次序是应先油漆门窗，后安装玻璃，以免油漆时弄脏玻璃，塑钢及铝合金门窗不受此限制。

　　在装饰工程施工阶段，还需考虑室内装饰与室外装饰的先后顺序，与施工条件和气候变化有关。一般有先外后内，先内后外，内外同时进行三种施工顺序，通常采用先外后内的施工顺序。当室内有现浇水磨石地面时，应先做水磨石地面，再做室外装饰，以免施工时渗漏影响室外装饰施工质量；当采用单排脚手架砌墙时，由于留有脚手眼需要填补，应先做室外装饰，拆除脚手架，同时填补脚手眼，再做室内装饰；当装饰工人较少时，则不宜采用内外同时施工的施工顺序。

　　房屋各种水暖煤卫电等管道及设备的安装要与土建有关分部分项工程紧密配合，交叉施工。如果没有安排好这些设备与土建之间的配合与协作，必定会产生许多开孔、返工、修补等大量零星用工，这样既浪费劳动力、材料，又影响了施工质量，还延误了施工工期，这是不可取的，要尽量避免。

　　4）多层及高层现浇钢筋混凝土结构房屋的施工顺序。

　　多层及高层现浇钢筋混凝土结构房屋的施工，按照房屋结构各部位不同的施工特点，一般可分为±0.000 以下工程、主体结构工程、围护工程、装饰工程 4 个阶段。如某十层现浇钢筋混凝土框架结构房屋施工顺序，如图 3.7 所示。

　　（1）±0.000 以下工程施工顺序。多层及高层现浇钢筋混凝土结构房屋的基础一般分为无地下室和有地下室基础工程，具体内容视工程设计而定。

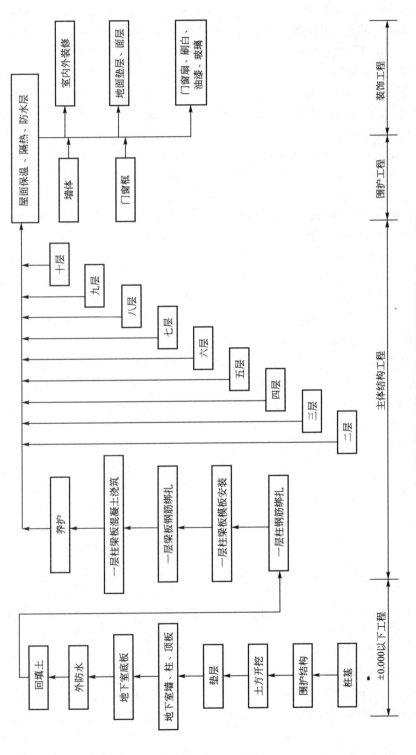

图3.7　某十层现浇钢筋混凝土框架结构房屋施工顺序示意图

注：地下室一层、桩基础，主体二~十层的施工顺序同一层。

当无地下室，且房屋建在坚硬地基上时(不打桩)，其基础工程阶段施工的施工顺序一般为：定位放线→施工预检→验灰线→挖土方→隐蔽工程检查验收(验槽)→浇筑混凝土垫层→养护→基础弹线→施工预检→绑扎钢筋→安装模板→施工预检、隐蔽工程检查验收(钢筋验收)→浇筑混凝土→养护拆模→隐蔽工程检查验收(基础工程验收)→回填土。

当无地下室，且房屋建在软弱地基上时(需打桩)，其基础工程阶段施工的施工顺序一般为：定位放线→施工预检→验灰线→打桩→挖土方→试桩及桩基检测→凿桩或接桩→隐蔽工程检查验收(验槽)→浇筑混凝土垫层→养护→基础弹线→施工预检→绑扎钢筋→安装模板→施工预检、隐蔽工程检查验收(钢筋验收)→浇筑混凝土→养护拆模→隐蔽工程检查验收(基础工程验收)→回填土。

当有地下一层，且房屋建在坚硬地基上时(不打桩)，其基础工程阶段施工的施工顺序一般为：定位放线→施工预检→验灰线→挖土方、基坑围护→隐蔽工程检查验收(验槽)→浇筑地下室基础承台、基础梁的混凝土垫层→养护→弹线→施工预检→砌筑地下室基础承台、基础梁砖胎模→浇筑地下室底板混凝土垫层→养护→弹线→施工预检→绑扎地下室基础承台、基础梁、底板钢筋及墙、柱插筋→安装地下室墙模板至施工缝处→施工预检、隐蔽工程检查验收(钢筋验收)→浇筑地下室承台、基础梁、底板、墙(至施工缝处)混凝土→养护→安装地下室楼梯模板→施工预检→绑扎地下室墙、柱、楼梯钢筋→隐蔽工程检查验收(钢筋验收)→安装地下室墙、柱、梁、顶板模板→施工预检→绑扎地下室梁、顶板钢筋→隐蔽工程检查验收(钢筋验收)→浇筑地下室墙、柱、楼梯、梁、顶板混凝土→养护拆模→地下室结构工程中间验收→防水处理→回填土。

当有地下室一层，且房屋建在软弱地基上时(需打桩)，其基础工程阶段施工的施工顺序一般为：定位放线→施工预检→验灰线→打桩→挖土方、基坑围护→试桩及桩基检测→凿桩或接桩→隐蔽工程检查验收(验槽)→浇筑地下室基础承台、基础梁的混凝土垫层→养护→弹线→施工预检→砌筑地下室基础承台、基础梁砖胎模→浇筑地下室底板混凝土垫层→养护→弹线→施工预检→绑扎地下室基础承台、基础梁、底板钢筋及墙、柱插筋→安装地下室墙模板(至施工缝处)→施工预检、隐蔽工程检查验收(钢筋验收)→浇筑地下室承台、基础梁、底板、墙(至施工缝处)混凝土→养护→安装地下室楼梯支模板→施工预检→绑扎地下室墙、柱、楼梯钢筋→隐蔽工程检查验收(钢筋验收)→安装地下室墙、柱、梁、顶板模板→施工预检→绑扎地下室梁、顶板钢筋→隐蔽工程检查验收(钢筋验收)→浇筑地下室墙、柱、楼梯、梁、顶板混凝土→养护拆模→地下室结构工程中间验收→防水处理→回填土。

以上列举的施工顺序只是多层及高层现浇钢筋混凝土结构房屋基础工程施工阶段施工顺序的一般情况，具体内容视工程设计而定，施工条件发生变化时，其施工顺序应作相应的调整。如当受施工条件的限制，基坑土方开挖无法放坡，则基坑围护应在土方开挖前完成。基础工程施工前，与砌体结构民用房屋一样，也要处理好地基，挖土方与做混凝土垫层这两道工序要紧密配合，混凝土垫层施工后必须留有一定的技术间歇时间，还要加强对钢筋混凝土结构的养护，按规定强度要求拆模，并及时进行回填土，为上部结构施工创造条件。

(2)主体结构工程阶段施工顺序。主体结构工程阶段的施工主要包括安装塔吊、人货梯起重垂直运输机械设备，搭设脚手架，现浇柱、墙、梁、板、雨篷、阳台、沿沟、楼梯等施工内容。

主体结构工程阶段施工顺序一般有两种，一是：弹线→施工预检→绑扎柱、墙钢筋→隐蔽工程检查验收(钢筋验收)→安装柱、墙、梁、板、楼梯模板→施工预检→绑扎梁、板、楼梯钢筋→隐蔽工程检查验收(钢筋验收)→浇筑柱、墙、梁、板、楼梯混凝土→养护→进入上一结构层施工；二是：弹线→施工预检→安装楼梯模板，绑扎柱、墙、楼梯钢筋→隐蔽工程检查验收(钢筋验收)→安装柱、墙模板→施工预检→浇筑柱、墙、楼梯混凝土→养护→安装梁、板模板→施工预检→绑扎梁、板钢筋→隐蔽工程检查验收(钢筋验收)→浇筑梁、板混凝土→养护→进入上一结构层施工。目前施工中大多采用商品混凝土，为便于组织施工，一般采用第一种施工顺序。

主体结构工程阶段主要是安装模板、绑扎钢筋、浇筑混凝土三大施工过程，它们的工程量大、消耗的材料和劳动量也大，对施工质量和施工进度起着决定性作用。因此在平面上和竖向空间上均应分施工段及施工层，以便有效地组织流水施工。此外，还应注意塔吊、人货梯起重垂直运输机械设备的安装和脚手架的搭设，还要加强对钢筋混凝土结构的养护，按规定强度要求拆模。

(3)围护工程阶段施工顺序。围护工程阶段施工主要包括墙体砌筑、门窗框安装和屋面工程等施工内容。不同的施工内容，可根据机械设备、材料、劳动力安排、工期要求等情况来组织平行、搭接、立体交叉施工。墙体工程包括内、外墙的砌筑等分项工程，可安排在主体结构工程完成后进行，也可安排在待主体结构工程施工到一定层数后进行；门窗工程与墙体砌筑要紧密配合；屋面工程与墙体工程也应紧密配合，如主体结构工程结束后，屋面保温层，找平层和墙体工程同时进行，待外墙砌筑到顶后，再做屋面防水层；墙体工程砌筑完成后要按计划进行结构工程中间验收。

屋面工程的施工顺序与砌体结构民用房屋面工程的施工顺序相同。

(4)装饰工程阶段施工顺序。装饰工程阶段施工包括两部分内容：一是室外装饰，包括外墙抹灰、勒脚、散水、台阶、明沟、水落管等施工内容；二是室内装饰，包括顶棚、墙面、楼面、地面、踢脚线、楼梯、门窗、五金、油漆、玻璃等施工内容。其中内、外墙及楼、地面抹灰是整个装饰工程施工的主导施工过程，因此要着重解决抹灰工作的空间施工顺序。

室外装饰工程施工一般采用自上而下的施工顺序。室外装饰工程施工一般可采用自上而下、自下而上、自中而下再自上而中三种施工顺序，其中自中而下再自上而中的施工顺序，一般适用于高层及超高层建筑的装饰工程，这种施工顺序采用了自上而下，自下而上这两种施工顺序的优点。

此外，房屋各种水暖煤卫电等管道及设备的安装要与土建有关分部分项工程紧密配合，交叉施工。

5)装配式钢筋混凝土单层工业厂房施工顺序

装配式钢筋混凝土单层工业厂房施工中，有的工程规模较大，生产工艺要求较复杂，厂房按生产工艺要求分区分工段划分为多跨时，这种装配式钢筋混凝土单层工业厂房的施工顺序确定，不仅要考虑建筑施工及施工组织的要求，而且还要研究生产工艺的要求，一般要先施工先生产的工段，从而先交付生产使用，尽早能发挥基本建设投资的经济效益，这是组织施工应遵循的基本原则之一。所以工程规模大、生产工艺要求复杂的装配式钢筋混凝土单层工业厂房的施工，要分期分批进行，分期分批交付生产使用，这是确定其施工顺序的总要求。

装配式钢筋混凝土单层工业厂房施工，按照厂房结构各部位不同的施工特点，一般可分为基础工程、预制工程、结构安装工程、围护工程和装饰工程5个施工阶段。装配式钢筋混凝土单层工业厂房顺序，如图3.8所示。

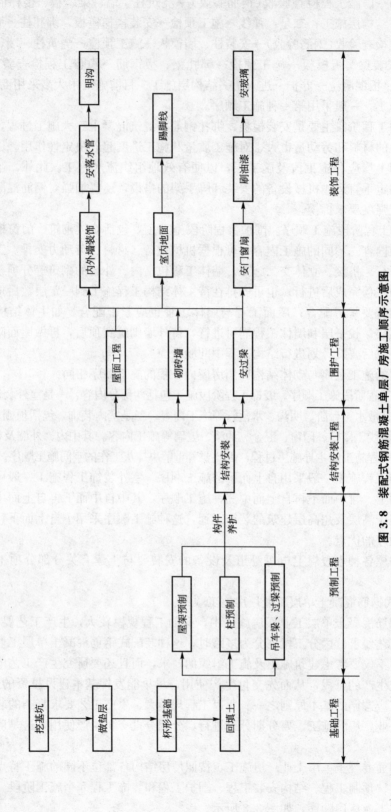

图 3.8 装配式钢筋混凝土单层厂房施工顺序示意图

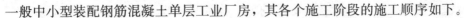

一般中小型装配钢筋混凝土单层工业厂房，其各个施工阶段的施工顺序如下。

（1）基础工程阶段施工顺序。装配式钢筋混凝土单层工业厂房的柱基础一般为现浇钢筋混凝土独立的杯形基础，具体内容视工程设计而定。

当厂房建在坚硬地基上时(不打桩)，其基础工程阶段施工的施工顺序一般为：定位放线→施工预检→验灰线→挖土方→隐蔽工程检查验收(验槽)→浇筑混凝土垫层→养护→基础弹线→施工预检→绑扎钢筋→安装模板→施工预检、隐蔽工程检查验收(钢筋验收)→浇筑混凝土→养护拆模→隐蔽工程检查验收(基础工程验收)→回填土。

当厂房建在软弱地基上时(需打桩)，其基础工程阶段施工的施工顺序一般为：定位放线→施工预检→验灰线→打桩→挖土方→试桩及桩基检测→凿桩或接桩→隐蔽工程检查验收(验槽)→浇筑混凝土垫层→养护→基础弹线→施工预检→绑扎钢筋→安装模板→施工预检、隐蔽工程检查验收(钢筋验收)→浇筑混凝土→养护拆模→隐蔽工程检查验收(基础工程验收)→回填土。

装配式钢筋混凝土单层工业厂房往往都有设备基础，特别是重型工业厂房，其设备基础埋置深、体积大、施工工期长和施工条件差，比一般柱基础的施工要困难和复杂得多。还应由于设备基础施工顺序不同，往往会影响到上部主体结构构件的安装方法、设备安装及投入生产使用的时间。因此对设备基础的施工必须引起足够的重视。设备基础施工，视其埋置深浅、体积大小、位置关系和施工条件，通常有两种施工方案。

封闭式施工。封闭式施工是指厂房柱基础先施工，再进行主体结构施工，最后进行设备基础施工。它适用于设备基础埋置深度不超过厂房柱基础埋置深度、体积小、距柱基础较远和后施工设备基础对厂房结构稳定性并无影响的情况。

采用封闭式施工的优点是主体结构施工工作面大，有利于构件现场就地预制、吊装就位的布置，适合选择各种类型的起重机械和开行路线；围护工程能及早完工，设备基础的施工在室内进行，不受气候影响，可以减少设备基础施工时的防雨、防寒及防暑等的费用；可以利用厂房内已安装好的桥式吊车为设备基础施工服务。缺点是出现某些重复性工作，如部分柱基础回填土的重复挖填；设备基础施工条件差，场地拥挤，其土方开挖不宜采用机械开挖；施工工期较长；当厂房所在地点土质不佳时，设备基础土方开挖过程中，易造成地基不稳定，需增加加固措施费用。

敞开式施工。敞开式施工是指厂房柱基础和设备基础同时施工或设备基础先行施工。它适用于设备基础埋置深度超过柱基础埋置深度、体积大、距离柱基础较近及土质不佳的情况。

采用敞开式施工的优点可利用机械完成土方开挖、设备基础施工工作面大，为设备提前安装创造了条件，施工工期短。缺点是构件现场就地预制、吊装就位困难，给吊装机械开行带来不便；设备基础施工在露天进行，受气候影响，对已完成设备基础必须采取保护措施。

装配式钢筋混凝土单层工业厂房基础工程阶段施工的要求与现浇钢筋混凝土结构房屋基础工程阶段施工要求基本相同。

（2）预制工程阶段施工顺序。装配式钢筋混凝土单层工业厂房的钢筋混凝土结构构件较多，一般包括柱、屋架、吊车梁、连系梁、基础梁、天窗架、屋面板、天沟及檐沟板、天窗端壁、支撑等构件。目前，装配式钢筋混凝土单层工业厂房构件的预制方式，一般情况下采用工厂预制和现场就地预制(拟建车间内部、外部)相结合的预制方式。通常对于重

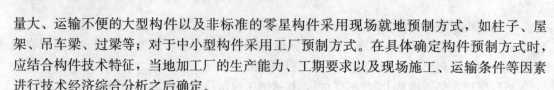

量大、运输不便的大型构件以及非标准的零星构件采用现场就地预制方式，如柱子、屋架、吊车梁、过梁等；对于中小型构件采用工厂预制方式。在具体确定构件预制方式时，应结合构件技术特征，当地加工厂的生产能力、工期要求以及现场施工、运输条件等因素进行技术经济综合分析之后确定。

预制构件开始制作的日期、制作的位置、流向和顺序，在很大程度上取决于工作面准备工作完成的情况和后续工程的要求。一般来说，只要基础回填土、场地平整完成一部分之后，且主体结构吊装方案已经确定，构件平面布置图已经绘出就可以进行制作。制作的流向与基础工程的施工流向一致。这样既能使构件制作早日开始，又能及早地交出工作面，为主体结构吊装工程尽早施工创造条件。它实际上是与选择吊装机械、吊装方案同时考虑的。

当采用分件吊装法时，预制构件的制作有三种方案：若场地狭窄而工期允许时，构件制作可分别进行，首先制作柱子和吊车梁，待柱子和吊车梁吊装完再进行屋架制作；若场地狭窄而工期要求又紧迫时，可首先将柱子和吊车梁在拟建车间平面内部就地预制，同时在拟建车间平面外进行屋架制作；若场地宽敞，也可考虑在柱子、吊车梁制作完就进行屋架制作。当采用综合吊装法时，由于是整节间吊装，故预制构件应一次性制作完成，这时视场地具体情况确定预制构件是全部在拟建车间平面内部制作，还是一部分在拟建车间平面外制作。

预制构件制作的施工顺序应视工程设计内容而定。

非预应力构件制作的施工顺序是：弹线→施工预检→绑扎钢筋→预埋铁件→安装模板→施工预检、隐蔽工程检查验收(钢筋验收)→浇筑混凝土→养护拆模。

采用先张法施工，如屋面板等，其施工顺序是：弹线→施工预检→预应力筋检查张拉、锚固→预埋铁件→安装模板→施工预检、隐蔽工程检查验收(钢筋验收)→浇筑混凝土→养护拆模。

采用后张法施工，如屋架等，其施工顺序是：弹线→施工预检→绑扎钢筋→预埋铁件→安装模板→孔道留设→施工预检、隐蔽工程检查验收(钢筋验收)→浇筑混凝土→养护拆模→预应力筋的张拉、锚固→孔道灌浆。

(3)结构安装工程阶段施工顺序。结构安装工程是整个装配式钢筋混凝土单层工业厂房施工中的主导施工过程。其内容依次为柱子、基础梁、吊车梁、连系梁、屋架、天窗架、屋面板等构件的吊装、校正和固定。

构件开始吊装日期取决于吊装前准备工作完成的情况。吊装流向和顺序主要由后续工程对它的要求来决定。

当柱基杯口弹线和杯底标高抄平、构件的检查和弹线、构件的吊装验算和加固、构件混凝土强度已达到规定的吊装强度、吊装机械进场等准备工作完成之后，就可以开始吊装。

吊装流向通常应与构件制作的流向一致。但如果车间为多跨又有高低跨时，吊装流向应从高低跨柱列开始，以适应吊装工艺的要求。

吊装顺序取决于吊装方法。若采用分件吊装法时，其吊装顺序是：第一次开行吊装柱子，随后校正与固定；第二次开行吊装基础梁、吊车梁、连系梁；第三次开行吊装屋盖构件。有时也将第二次开行，第三次开行合并为一次开行。若采用综合吊装法时，其吊装顺序是：先吊装4~6根柱子，迅速校正和临时固定，再吊装基础梁、吊车梁、连系梁及屋

盖等构件，如依次逐个节间吊装，直至整个厂房吊装完毕。

装配式钢筋混凝土单层工业厂房两端山墙往往设有抗风柱，其有两种吊装顺序：在吊装柱子的同时先吊装该跨一端之抗风柱，另一端抗风柱则待屋盖吊装完之后进行；全部抗风柱均待屋盖吊装完之后进行。

(4) 围护工程阶段施工顺序。围护工程阶段的施工主要包括墙体砌筑、门窗框安装、脚手架搭设、现浇门框和雨篷、屋面工程等施工内容。

墙体砌筑一般在厂房结构安装工程完成后，或安装完一部分区段，已搭设垂直运输设备和墙体砌筑时所需脚手架后就可以开始进行，其施工顺序一般为：搭设垂直运输设备→搭设脚手架、墙体砌筑→现浇门框、雨篷等。门窗框安装与墙体砌筑配合进行。此时，不同的分项工程之间可组织立体交叉平行流水施工。

屋面工程施工在屋盖构件吊装完毕，垂直运输设备搭好后，就可安排施工，也可安排在墙体工程砌筑完成后进行。屋面工程施工顺序与砌体结构民用房屋工程的施工顺序基本相同。

(5) 装饰工程阶段施工顺序。装饰工程阶段施工包括室外装饰和室内装饰两部分施工内容，两者可平行进行，并可与其他施工过程交叉穿插进行。室外装饰一般采用自上而下的施工顺序；室内装饰一般按屋面板底下→墙面→地面的顺序施工。

装配式钢筋混凝土单层工业厂房施工中，设备安装包括水暖煤卫电管道及设备和生产设备的安装。水暖煤卫电管道及设备安装要求与多层砌体结构民用房屋的水暖煤卫电管道及设备安装要求基本相同。而生产设备的安装，由于专业性强，技术要求高，一般均由专业公司安装，应遵照有关专业顺序进行。

上面所述多层砌体结构民用房屋、多层及高层现浇钢筋混凝土结构房屋、装配式钢筋混凝土单层工业厂房的施工顺序，仅适用于一般情况。建筑施工与组织管理既是一个复杂的过程，又是一个发展的过程。建筑结构、现场施工条件、技术水平、管理水平等不同，均会对施工过程和施工顺序的安排产生不同的影响。因此，针对每一个施工项目，必须根据其施工特点和具体情况，合理地确定其施工顺序。

【观察思考】
针对一个具体工程分析高层建筑外装饰施工的顺序，并说明理由。

3.2 施工方法和施工机械

 引例 2

单位工程施工组织设计(施工方案)的编制依据

(1) 施工合同文件。施工合同文件由以下内容组成：协议书，中标通知书，投标书及其附件，专用条款，通用条款，标准、规范及有关技术文件，图纸，具有标价的工程量清单，工程报价单或施工预算书。

(2) 经过会审的施工图。包括施工项目的全套施工图纸、图纸会审纪要及有关标准图。

(3) 建设单位提供的条件。主要有临时供水、临时供电的情况及利用的施工临时用房等。

(4) 施工现场踏勘及勘察资料。主要有施工现场的高程、地形、障碍物情况以及工程地质勘察报告等。

(5) 工程预算文件及有关定额。应有详细的分部分项工程工程量，必要时应分区、分层、分段、分部位的工程量，使用的施工定额等。

(6) 有关规范、标准、条件和操作规程。主要有《建筑安装工程施工及验收规范》、《建筑安装工程质量检验评定标准》、《工程建设标准强制性条文》、《建设工程质量管理条例》、《建设工程安全生产管理条例》、《建设安装工程技术操作规程》等。

(7) 施工能力、技术水平及资源的配备情况。

(8) 单位工程施工组织设计实例及其他有关参考资料。

正确地选择施工方法和施工机械是制定施工方案的关键。施工项目各个分部分项工程的施工，均可选用各种不同的施工方法和施工机械，而每一种施工方法和施工机械，又都有其各自的优缺点。因此，必须从先进、合理、经济、安全的角度出发，选择施工方法和施工机械，以达到保证施工质量，降低施工成本、确保施工安全、加快施工进度和提高劳动生产率的预期效果。

3.2.1 选择施工方法与施工机械选择要求

施工项目施工中，施工方法与施工机械选择主要应依据施工项目的建筑结构特点、工程量大小、施工工期长短、资源供应条件、现场施工条件、项目经理部的技术装备水平和管理水平等因素综合考虑来进行。

施工项目施工中，选择施工方法和施工机械应符合以下基本要求。

(1) 应考虑主要分部分项工程施工的要求。应从施工项目施工全局出发，着重考虑影响整个施工项目施工的主要分部分项工程的施工方法和施工机械的选择。而对于一般的、常见的、工人熟悉或工程量不大的及与施工全局和施工工期无多大影响的分部分项工程，可以不必详细选择，只要针对分部分项工程施工特点，提出若干应注意的问题和要求就可以了。

施工项目施工中，主要分部分项工程，一般是指：工程量大，占施工工期长，在施工项目中占据重要地位的施工过程。如多层砌体结构民用房屋施工中的土方工程、砌筑工程、抹灰工程等；多层及高层钢筋混凝土结构房屋施工中的打桩工程、土方工程、地下室工程、主体工程、装饰工程等；装配式钢筋混凝土单层工业厂房施工中的现浇钢筋混凝土杯形基础工程、预制构件的生产、结构安装工程等。施工技术复杂或采用新技术、新工艺、新结构，对施工质量起关键作用的分部分项工程。如地下室的地下结构和防水施工过程，其施工质量的好坏对今后的使用将产生很大影响；整体预应力框架结构体系的工程，其框架和预应力施工对工程结构的稳定及其施工质量起关键作用。对项目经理部来说，某些特殊结构工程或不熟悉且缺乏施工经验的分部分项工程，如大跨度预应力悬索结构、薄壳结构、网架结构等。

(2) 应满足施工技术的要求。施工方法和施工机械的选择，必须满足施工技术的要求。如预应力张拉的方法、机械、锚具、预应力施加等必须满足工程设计、施工的技术要求；吊装机械类型、型号、数量的选择应满足构件吊装的技术和进度要求。

(3) 应符合提高工厂化、机械化程度的要求。施工项目施工，原则上应尽可能实现和提高工厂化施工方法和机械化施工程度。这是建筑施工发展的需要，也是保证施工质量、降低施工成本、确保施工安全、加快施工进度、提高劳动生产率和实现文明施工的有效措施。这里所说的工厂化，是指施工项目的各种钢筋混凝土构件、钢结构件、钢筋加工等应最大限度地实现工厂化制作，最大限度地减少现场作业。所说的机械化程度，不仅是指施工项目施工要提高机械化程度，还要充分发挥机械设备的效率，减少繁重的体力劳动操作，以求提高工效。

（4）应符合先进、合理、可行、经济的要求。选择施工方法和施工机械，除要求先进、合理之外，还要考虑施工中是可行的，选择的机械设备是可以获得的，经济上是节约的。要进行分析比较，从施工技术水平和实际情况出发，选择先进、合理、可行、经济的施工方法和施工机械。

（5）应满足质量、安全、成本、工期要求。所选择的施工方法和施工机械应尽量满足保证施工质量、确保施工安全、降低施工成本、缩短施工工期的要求。

3.2.2 主要分部分项工程的施工方法

分部分项工程的施工方法和施工机械，在建筑施工技术课程中已详细叙述，这里仅将其要点归纳如下。

（1）土方工程。计算土方开挖工程量，确定土方开挖方法，选择土方开挖所需机械的类型、型号和数量；确定土方放坡坡度、工作面宽度或土壁支撑形式；确定排除地面水、地下水的方法，选择所需机械的类型、型号和数量；确定防止出现流砂现象的方法，选择所需机械的类型、型号和数量；计算土方外运、回填工程量，确定填土压实方法，选择所需机械的类型、型号和数量。

（2）基础工程。浅基础施工中，应确定垫层、基础的施工要求，选择所需机械的类型、型号和数量；桩基础施工中，应确定预制桩的入土方法和灌注桩的施工方法，选择所需机械的类型、型号和数量；地下室施工中，应根据防水要求，留置、处理施工缝，模板及支撑的要求。

（3）砌筑工程。砌筑工程施工中，应确定砌体的组砌和砌筑方法及质量要求；弹线、楼层标高控制和轴线引测；确定脚手架所用材料与搭设要求及安全网的设置要求；选择砌筑工程施工中所需机械的类型、型号和数量。

（4）钢筋混凝土工程。确定模板类型及支模方法，进行模板支撑设计；确定钢筋的加工，绑扎和连接方法，选择所需机械的类型、型号和数量；确定混凝土的搅拌、运输、浇筑、振捣、养护方法，留置、处理施工缝，选择所需机械的类型、型号和数量；确定预应力混凝土的施工方法，选择所需机械的类型、型号和数量。

（5）结构安装工程。确定构件预制、运输及堆放要求，选择所需机械的类型、型号和数量；确定构件安装方法，选择所需机械的类型、型号和数量。

（6）层面工程。屋面工程中各层的做法及施工操作要求；确定屋面工程施工中所用各种材料及运输方式；选择屋面工程施工中所需机械的类型、型号和数量。

（7）装饰工程。室内外装饰的做法及施工操作要求；确定材料运输方式、施工工艺；选择所需机械的类型、型号和数量。

3.2.3 施工机械设备选择

1. 塔吊的选择

通常轨道布置方式有以下几种方案，如图 3.9 所示。

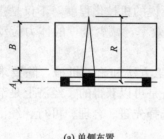

(a) 单侧布置

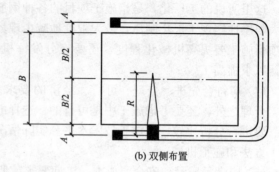

(b) 双侧布置

图 3.9 塔吊平面布置方案

塔式起重机是集起重、垂直提升、水平输送三种功能为一身的机械设备，垂直和水平运输长、大、重的物料，塔式起重机为首选机械，按其固定方式可分为固定式、轨道式、附墙式和内爬式四类。其中，对轨道式起重机一般沿建筑物长向布置，以充分发挥其效率。其位置尺寸取决于建筑物的平面形状、尺寸、构件重量、塔吊的性能及四周施工场地的条件等，其布置要求如下。

单侧布置：当建筑物宽度较小，构件重量不大时可采用单侧布置。一般应在场地较宽的一面沿建筑物长向布置，其优点是轨道长度较短，并有较宽敞的场地堆放材料和构件。采用单侧布置时，其起重半径应满足下式要求：

$$R \geqslant B + A$$

式中　R——塔吊的最大回转半径，m；

　　　B——建筑物平面的最大宽度，m；

　　　A——轨道中心线与建筑物外墙外边线的距离，m。一般无阳台时，A＝安全网宽度＋安全网外侧至轨道中心线的距离；当有阳台时，A＝阳台宽度＋安全网宽度＋安全网外侧至轨道中心线的距离。

双侧布置（或环形布置）：当建筑物宽度较大，构件较重时可采用双侧布置或环形布置。采用双侧布置时，其起重半径应满足下式要求：

$$R \geqslant B/2 + A$$

2. 井架的选择

井架属固定式垂直运输机械，它的稳定性好、运输量大，是施工中常用的也是最为简便的垂直运输机械，采用附着式可搭设超过 100m 的高度。

井架的布置，主要根据机械性能、建筑物的平面形状和尺寸、施工段划分情况、建筑物高低层分界位置、材料来向和已有运输道路情况而定。布置的原则是：充分发挥垂直运输的能力，并使地面和路面的水平运距最短。布置时应考虑以下因素。

当建筑物呈长条形，层数、高度相同时，一般布置在施工段的分界处；当建筑物各部位高度不同时，应布置在建筑物高低分界线较高部位一侧；井架的布置位置以窗口为宜，以避免砌墙留槎和减少井架拆除后的修补工作；井架应布置在现场较宽的一面，因为这一面便于堆放材料和构件，以达到缩短运距的要求；井架设置的数量根据垂直运输量的大小，工程进度，台班工作效率及组织流水施工要求等因素计算决定，其台班吊装次数一般为 80～100 次；卷扬机应设置安全作业棚，其位置不应距起重机械过近，以便操作人员的视线能看到整个升降过程，一般要求此距离大于建筑物高度，水平层外脚手架 3m 以上；

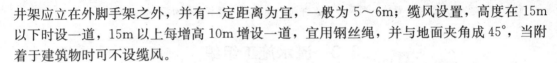

井架应立在外脚手架之外,并有一定距离为宜,一般为 5～6m;缆风设置,高度在 15m 以下时设一道,15m 以上每增高 10m 增设一道,宜用钢丝绳,并与地面夹角成45°,当附着于建筑物时可不设缆风。

3. 建筑施工电梯选择

建筑施工电梯是高层建筑施工中运输施工人员及建筑器材的主要垂直运输设施,它附着在建筑物外墙或其他结构部位上。确定建筑施工电梯的位置时,应考虑便于施工人员上下和物料集散;由电梯口至各施工处的平均距离应最短;便于安装附墙装置;接近电源,有良好的夜间照明。

4. 其他施工设备选择

建筑施工设备包括很多,比如搅拌机、灰浆机、钢筋加工和模板加工机械,这部分内容在建筑施工技术课程已经包括,这里不再重复。

【观察思考】
分析塔吊选择的三要素。

知识链接

塔吊安全操作规程

(1) 塔吊作业时应有足够的工作场地,起重臂杆起落及回转半径内无障碍物,夜间作业应有充足的照明设备。

(2) 塔吊的变幅指示器、力矩限位器以及各种行程限位开关等安全保护装置必须齐全完整、灵敏可靠,不得随意调整和拆除。严禁用限位装置代替操作机构进行停机。

(3) 操作前必须对工作现场周围环境、行驶道路、架空电线、建筑物以及构件重量和分布等情况进行全面了解。

(4) 塔吊的作业人员和指挥人员必须密切配合,指挥人员必须熟悉所指挥机械性能,操作人员应严格执行指挥人员的信号,如信号不清或错误时,操作人员可拒绝执行。如果由于指挥失误而造成事故,应由指挥人负责。

(5) 操作室远离地面、指挥发生困难时,可设高处、地面两个指挥人员,或采用有效联系办法进行指挥。

(6) 遇有六级以上大风或大雨、大雪、大雾等恶劣天气时,应暂停作业。

(7) 起重作业时,重物下方不得有人员停留或通行。严禁用塔吊机吊运人员。

(8) 严禁使用塔吊进行斜吊、斜拉和起吊地下埋设或凝结在地面上的重物,施工现场的混凝土构件或模板,必须全部松动后方可起吊,起重机必须按规定的起重性能作业,不得超负荷和起吊不明重量的物件。

(9) 起吊重物时应绑扎平稳和牢固,不得在重物上堆放或悬挂零星物件。零星物件或物品必须用吊笼或钢丝绳绑扎牢固后起吊。绑扎钢丝绳与物件的夹角不得小于30°。

(10) 起吊满负荷或接近满负荷时,应先将重物吊起离地面 20～50cm 停机检查起重机的稳定性、制动器的可靠性、重物的平稳性、绑扎的牢固性。

(11) 起重机提升和降落速度要均匀,严禁忽快忽慢和突然制动。左右回转动作要平稳。当回转未停稳前不得作反向动作。

(12) 起重机使用的钢丝绳应有制造厂技术证明文件作为使用依据,如无证件时应经过试验合格后方可使用。卷筒上钢丝绳应连接牢固、排列整齐、不得扭结、变形,所有钢丝绳不得有接头。

（13）工作完毕后，起重臂转到顺风方向，并将吊钩开到离臂杆顶端处 2～3m 位置。

3.3　流水施工组织

 引例 3

某商品住宅楼施工企业在建过程中，开工时编制施工组织很简单，没有模板分项工程施工方案，在施工中的安装地下室模板时模板安装高度为 5m，梁最大为 600mm×1200mm，板厚为 250mm，在搭设时由工人根据经验自行搭设，监理验收时无法组织验收，又重新验算，结果立杆没有满足模板支撑强度要求，进行全面返工，造成了较大的返工经济损失。

任何一个施工项目的施工都是由若干个施工过程组成的，而每个施工过程可以组织一个或多个施工班组来进行施工。如何组织各施工班组的先后顺序或平行搭接施工，是组织施工中的一个基本问题。通常组织施工时有依次施工、平行施工、流水施工 3 种方式。

依次施工是指将施工项目分解成若干个施工对象，按照一定的施工顺序，前一个施工对象完成后，去做后一个施工对象，直至把所有施工对象都完成为止的施工组织方式。依次施工是一种最基本、最原始的施工组织方式，它的特点是单位时间内投入的劳动力、材料、机械设备等资源量较少，有利于资源供应的组织工作，施工现场管理简单，便于组织安排；由于没有充分利用工作面去争取时间，所以施工工期长；各班组施工及材料供应无法保持连续和均衡，工人有窝工情况；不利于改进工人的操作方法和施工机具，不利于提高施工质量和劳动生产率。当工程规模较小，施工工作面又有限时，依次施工是适用的。

平行施工是指将施工项目分解成若干个施工对象，相同内容的施工对象同时开工、同时竣工的施工组织方式。平行施工的特点是由于充分利用工作面去争取时间，所以施工工期最短，单位时间内投入的劳动力、材料、机械设备等资源量较大，供应集中，所需的临时设施、仓库面积等也相应增加，施工现场管理复杂，组织安排困难；不利于改进工人的操作方法和施工机具，不利于提高施工质量和劳动生产率。当工程规模较大，施工工期要求紧，资源供应有保障，平行施工是适用、合理的。

流水施工是指将施工项目分解成若干个施工对象，各个施工对象陆续开工、陆续竣工，使同一施工对象的施工班组保持连续、均衡施工，不同施工对象尽可能平行搭接施工的施工组织方式。流水施工的特点是科学地利用了工作面，争取了时间，施工工期较合理；单位时间内投入的劳动力、材料、机械设备等资源量较均衡，有利于资源供应的组织工作，实行了班组专业化施工，有利于提高专业水平和劳动生产率，也有利于提高施工质量；为文明施工和进行现场的科学管理创造了条件。因此流水施工是一种较科学、合理的施工组织方式。组织流水施工的条件是：划分施工过程，应根据施工进度计划的性质、施工方法与工程结构、劳动组织情况等进行划分；划分施工段，数目要合理，工程量应大致相等，要足够的工作面，要利于结构的整体性，要以主导施工过程为依据进行划分；每个施工过程组织独立的专业班组；主导施工过程必须连续、均衡地施工；不同施工过程尽可能组织平行搭接施工。

施工项目施工中，哪些内容应按依次施工来组织，哪些内容应按平行施工来组织，哪些内容应按流水施工来组织，是施工方案选择中必须考虑的问题。一般情况下，施工项目中包含多幢建筑物，资源供应有保障，应考虑按平行施工或流水施工方式来组织施工；施工项目中只包含一幢建筑物，这要根据其施工特点和具体情况来决定采用哪种施工组织方式施工。

下面以单幢建筑物为例，来叙述其施工的流水组织。

3.3.1　多层砌体结构民用房屋施工的流水组织

（1）基础工程施工阶段。多层砌体结构民用房屋基础工程施工中，应根据工程规模、工程量大小、资源供应情况等因素来确定施工组织方式。一般情况下不划分施工段，考虑按依次施工方式来组织施工；若工程规模、工程量大，资源供应有保障，设置了沉降缝、抗震缝时，可以考虑按平行施工或流水施工方式来组织施工。

（2）主体工程施工阶段。主体工程是砌体结构民用房屋的一个主要分部工程，其工程量大，占有施工工期长，所以一般情况下均应在水平方向上和竖向上划分施工段及施工层，考虑按流水施工方式来组织施工；若工程规模、工程量大，资源供应有保障，施工工期要求紧，设置了沉降缝、抗震缝、伸缩缝时，还可以考虑按平行施工方式来组织施工。

（3）屋面及装饰工程施工阶段。屋面工程是一个有特殊要求的分部工程，为了保证屋面工程施工质量，一般情况下不划分施工段，考虑按依次施工方式来组织施工；若工程规模、工程量大，资源供应有保障，设置了沉降缝、抗震缝、伸缩缝时，可以考虑按平行施工或流水施工方式来组织施工。装饰工程施工内容多、工程量大、占用施工工期长，所以一般情况下均应在水平方向上和竖向上划分施工段及施工层，采用流水施工方式来组织施工；若工程规模、工程量大，资源供应有保障，施工工期要求紧，设置了沉降缝、抗震缝、伸缩缝时，还可以考虑按平行施工方式来组织施工。

3.3.2　多层及高层现浇钢筋混凝土结构房屋施工的流水组织

（1）±0.000 以下工程施工阶段。多层及高层现浇钢筋混凝土结构房屋±0.000 以下工程施工中，应根据工程规模、工程量大小、资源供应情况等因素来确定施工组织方式。一般情况下，当无地下室时，不划分施工段，考虑按依次施工方式来组织施工；当有地下室时，要以安装模板、绑扎钢筋和浇筑混凝土 3 个施工过程为主采用流水施工组织方式来组织施工；若工程规模、工程量大，资源供应有保障，设置了沉降缝、抗震缝时，还可以考虑按平行施工方式来组织施工。

（2）主体结构工程施工阶段。主体工程是多层及高层现浇钢筋混凝土结构房屋的一个主要分部工程，其工程量大、占用施工工期长，所以一般情况下均应在水平方向上和竖向空间上划分施工段及施工层，采用流水施工方式来组织施工；但在水平方向上划分施工段时，要以安装模板、绑扎钢筋和浇筑混凝土 3 个施工过程为主，要严格遵守质量第一的原则，一般以沉降缝、抗震缝、伸缩缝处为施工段的界面，不允许设置施工缝的部位，决不可作为施工段的界面。若工程规模、工程量大，资源供应有保障，施工工期要求紧时，还可以考虑按平行施工方式来组织施工。

（3）围护工程施工阶段。墙体砌筑、门窗框安装工程施工，一般应在水平方向上和竖向空间上划分施工段及施工层，采用流水施工方式来组织施工；若工程规模、工程量大，资源供应有保障，施工工期要求紧，还可以考虑按平行施工方式来组织施工。屋面工程施工的流水组织与多层砌体结构民用房屋的屋面工程流水组织相同。

（4）装饰工程施工阶段。装饰工程施工的流水组织与多层砌体结构民用房屋的装饰工程流水组织相同。

3.3.3 装配式钢筋混凝土单层工业厂房施工的流水组织

（1）基础工程施工阶段。装配式钢筋混凝土单层工业厂房基础工程施工中，一般情况下，采用平行施工或流水施工方式来组织施工。

（2）预制工程施工阶段。预制工程是装配式钢筋混凝土单层工业厂房的一个主要分部工程，一般情况下，应按照施工方案及现场预制构件平面布置图的要求，采用平行施工或流水施工方式来组织施工。

（3）结构安装工程施工阶段。结构安装工程是装配式钢筋混凝土单层工业厂房的一个主要分部工程，对整个工程的施工质量、施工工期、施工安全的影响较大，是一个施工的关键阶段。由于其施工的特殊性，一般情况下，按依次施工方式来组织施工。

（4）围护工程施工阶段。墙体砌筑、门窗框安装工程，一般情况下，采用平行施工或流水施工方式来组织施工。屋面工程施工的流水组织与多层砌体结构民用房屋的屋面工程流水组织相同。

（5）装饰工程施工阶段。装饰工程施工流水组织与多层砌体结构民用房屋的装饰工程流水组织相同。

【观察思考】

分析依次施工、平行施工和流水三种施工组织方式适合什么工程类型？

知识链接

施工组织设计（方案）审核要点如下。

（1）施工单位是否按规定进行审核批准。

（2）施工组织设计（方案）是否有针对性，是否符合设计及规范要求。

（3）是否有违反建设工程强制性标准条文的情况。

（4）质量管理制度、质量保证措施、质量保证体系是否满足本工程要求。

（5）安全管理制度、安全技术措施、安全保证体系是否满足本工程要求。

（6）现场平面布置是否合理、能否满足安全、文明施工要求。

（7）是否根据本工程特点编制特殊工种施工质量保证措施。

（8）是否根据本工程要求编制冬雨季施工质量保证措施。

（9）施工机具、劳动力配置是否满足本工程要求、是否满足合同、投标文件要求。

（10）是否编制满足合同要求的进度计划。

本 章 小 结

1. 施工起点流向是指拟建工程在平面或竖向空间上施工开始的部位和开展的方向。

2. 主要分部分项工程的施工方法施工机械设备选择，主要包括土方工程、基础工程、砌筑工程、钢筋混凝土工程、装饰工程、层面工程、结构安装工程塔吊的选择、井架的选择、建筑施工电梯选择。

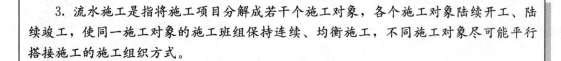

3.流水施工是指将施工项目分解成若干个施工对象，各个施工对象陆续开工、陆续竣工，使同一施工对象的施工班组保持连续、均衡施工，不同施工对象尽可能平行搭接施工的施工组织方式。

复习思考题

1. 施工方案选择包括哪些内容？
2. 什么是施工起点流向？如何确定？
3. 确定施工顺序应遵循哪些原则？
4. 确定施工顺序应符合的基本要求有哪些？
5. 如何确定多层砌体结构民用房屋各阶段的施工顺序？
6. 如何确定现浇钢筋混凝土结构房屋各阶段的施工顺序？
7. 如何确定装配式钢筋混凝土单层工业厂房各阶段的施工顺序？
8. 选择施工方法和施工机械的基本要求有哪些？
9. 施工机械设备选择包括哪些设备？

单元4
横道图进度计划

教学目标

熟悉组织施工生产的三种方式及流水施工的表达方式、分类；掌握流水施工的基本参数、基本组织方式及横道图进度计划的绘制。

教学要求

知识要点	能力要求	相关知识	所占分值（100分）	自评分数
施工组织方式	熟悉组织施工生产的三种方式	依次施工、平行施工、流水施工	15	
流水施工的表达方式	熟悉流水施工的表达方式	横道图、斜道图、网络图	5	
流水施工的基本参数	掌握流水施工的基本参数	工艺参数、空间参数、时间参数	15	
流水施工的分类	熟悉流水施工的分类	分项工程流水施工、分部工程流水施工、单位工程流水施工、群体工程流水施工	5	
流水施工的基本组织方式	掌握流水施工的基本组织方式	有节奏流水、非节奏流水	40	
横道图进度计划的绘制	掌握横道图进度计划的绘制	流水施工和施工技术相关知识	20	

章节导读

流水作业是比较先进的一种作业方法，它是以工序专业化为基础，将不同对象的同一工序交给专业队执行，各专业队在统一计划安排下，依次在各个作业面上完成指定的操作。生产实践证明，流水作业法是组织产品生产的理想方法。因此在建筑施工的过程中也采用流水作业法，即流水施工。流水施工是组织工程项目施工最有效的科学方法之一，它是建立在分工协作的基础上，充分地利用工作面和工作时间，提高劳动生产率，保证施工连续、均衡、有节奏地进行，从而达到提高工程质量、降低工程成本、缩短工期的效果。由于建筑产品和其生产的特点，流水施工的概念、特点和效果与其他产品的流水作业有所不同。

今天学习的横道图进度计划的绘制就是要通过系统的学习去掌握流水施工的基本组织方式，以及横道图进度计划的绘制。掌握横道图进度计划的绘制是施工进度控制的前提，其重要性毋庸置疑。

4.1 流水施工的基本概念

4.1.1 流水施工的基本概念

 引例 I

现代流水生产方式起源于福特制，20世纪初美国福特汽车公司创始人亨利·福特首先采用了流水线生产方法。

流水线之前，汽车工业完全是手工作坊型的。每装配一辆汽车要728个人工小时，当时汽车的年产量大约12辆。这一速度远不能满足巨大的消费市场的需求，所以使得汽车成为富人的象征。福特的梦想是让汽车成为大众化的交通工具，所以提高生产速度和生产效率是关键。只有降低成本，才能降低价格，使普通百姓也能买得起汽车。1913年，福特应用创新理念和反向思维逻辑提出在汽车组装中，汽车底盘在传送带上以一定速度从一端向另一端前行。前行中，逐步装上发动机、操空系统、车厢、方向盘、仪表、车灯、车窗玻璃、车轮，一辆完整的车组装成了。第一条流水线使每辆 T 型汽车的组装时间由原来的 12h28min 缩短至 10s，生产效率提高了 4488 倍！

流水线使产品的生产工序被分割成一个个的环节，工人间的分工更为细致，产品的质量和产量大幅度提高，极大促进了生产工艺过程和产品的标准化。本节将介绍项目施工中如何采用流水作业生产方式。

1. 施工组织方式

任何施工项目的施工活动中都包含了劳动力的组织安排、施工机械机具的调配、材料构配件的供应等施工组织问题，在具备了劳动力、材料、机械等基本生产要素的条件下，如何组织各施工过程的施工班组是组织和完成施工任务的一项非常重要的工作，它将直接影响到工程的进度、资源和成本。由于施工班组的组织安排不同，便构成了不同的施工组织方式，即依次施工、平行施工、流水施工。

【例 4.1】 某住宅小区有三幢结构相同的建筑物，其编号分别为Ⅰ、Ⅱ、Ⅲ，各幢建筑物的基础工程均可分为挖土方、浇注混凝土垫层、砌砖基础、回填土 4 个施工过程，每个施工过程安排一个施工班组，每天工作一班。其中，每幢建筑物的基础工程挖土方班组由 16 人组成，4 天完成；浇注混凝土垫层班组由 16 人组成，2 天完成；砌砖基础班组由 20 人组成，6 天完成；回填土班组由 10 人组成，2 天完成。试组织施工并画出劳动力动态曲线图。

1）依次施工组织方式

依次施工也称顺序施工，是指将施工项目分解为若干个施工对象，按照一定的施工顺序，前一个施工对象完成后，再去完成后一个施工对象，直至将所有施工对象全部完成的组织方式。它是一种最基本、最原始的施工组织方式。

在例 4.1 中，如果采用依次施工组织方式，其进度计划如图 4.1，图 4.2 所示。

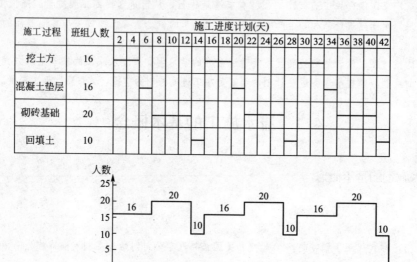

图 4.1 按幢(或施工段)组织依次施工

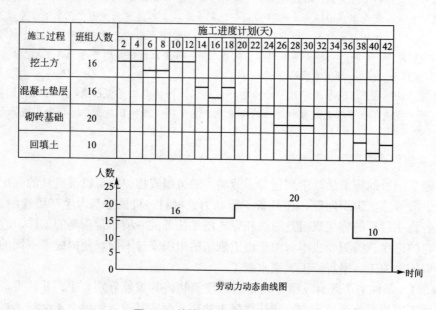

图 4.2 按施工过程组织依次施工

由图 4.1 和图 4.2 可以看出，依次施工组织方式具有以下特点。

（1）没有充分地利用工作面进行施工，所以工期长。

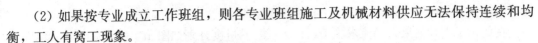

（2）如果按专业成立工作班组，则各专业班组施工及机械材料供应无法保持连续和均衡，工人有窝工现象。

（3）如果由一个施工班组完成全部施工任务，则不能实现专业化施工，不利于改进工人的操作方法和施工机具，不利于提高工程质量和劳动生产率。

（4）按施工过程依次施工时，各施工班组虽能连续施工，但不能充分利用工作面，工期长，且不能及时为上部结构提供工作面。

（5）单位时间内投入的劳动力、施工机具、材料等资源量较少，有利于资源供应的组织。

（6）施工现场的组织、管理较简单。

2）平行施工组织方式

平行施工是指将施工项目分解为若干个施工对象，按照一定的施工顺序，相同内容的施工对象同时开工、同时完工的组织方式。

在例题4.1中，如果采用平行施工组织方式，其进度计划如图4.3所示。

施工过程	施工班组数	班组人数	施工进度计划(天)						
			2	4	6	8	10	12	14
挖土方	3	16							
混凝土垫层	3	16							
砌砖基础	3	20							
回填土	3	10							

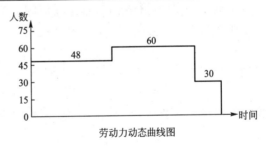

劳动力动态曲线图

图4.3 平行施工

由图4.3可以看出，平行施工组织方式具有以下特点。

（1）能充分地利用工作面进行施工，争取了时间，工期明显缩短。

（2）单位时间内投入的劳动力、施工机具、材料等资源量成倍地增加，现场临时设施也相应增加，不利于资源供应的组织。

（3）施工现场的组织和管理都比较复杂，增加施工管理费用。

因此，平行施工一般适用于工期要求紧、大规模的建筑群及分期分批组织施工的工程任务。该方式只有在各方面的资源供应有保障的前提下，才可以应用。

3）流水施工组织方式

流水施工是指将施工项目分解为若干个施工对象，按照一定的施工顺序，施工对象陆续开工、陆续完工，使相同内容施工对象的施工班组尽量保持连续、均衡有节奏施工，不同内容施工对象的施工班组尽可能平行搭接的组织方式。

在例 4.1 中，如果采用流水施工组织方式，其进度计划如图 4.4 所示。

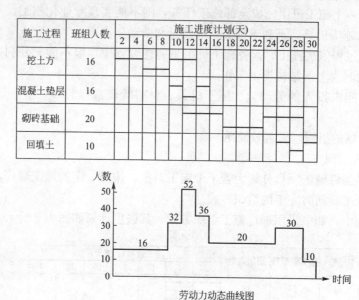

图 4.4 流水施工(全部连续)

由图 4.4 可以看出，与依次施工、平行施工比较，流水施工组织方式具有以下特点。

(1) 尽可能地利用工作面进行施工，争取了时间，工期比较短。

(2) 各施工班组实现了专业化施工，有利于提高技术水平和劳动生产率，有利于提高工程质量。

(3) 专业施工班组能够连续施工，同时使相邻专业班组的开工时间能够最大限限度地、合理的搭接。

(4) 单位时间内投入的劳动力、施工机具、材料等资源量较为均衡，有利于资源供应的组织。

(5) 为文明施工和进行现场的科学管理创造了条件。

如果研究图 4.4 的流水施工组织，可以发现还没有充分地利用工作面。例如：第二个施工过程浇筑混凝土垫层，直到第二施工段挖土以后才开始第一段的垫层施工，浪费了前两段挖土完成后的工作面；同样，第四个施工过程回填土，待第三段砖基础开始后，才开始第一段的回填土，也浪费了前两段砖基础完成后的工作面。

因此，为了充分利用工作面，这三幢房屋基础工程施工的流水安排，可按图 4.5 所示进行。这样的安排，工期比图 4.4 所示流水施工减少了 4 天。其中，垫层施工班组虽然做间断安排(回填土施工班组不论间断或连续安排，对减少工期没有影响)，但应当指出，在一个分部工程若干个施工过程的流水施工组织中，只要安排好主要的几个施工过程，即工程量大、作业持续时间较长者(本例为挖土方、砌砖基础)，组织它们连续、均衡地施工；而非主要的施工过程，在有利于缩短工期的情况下，可安排其间断施工，这种组织方式仍认为是流水施工的组织方式。

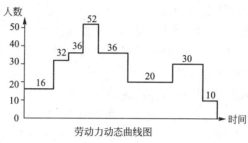

施工过程	班组人数	施工进度计划(天)												
		2	4	6	8	10	12	14	16	18	20	22	24	26
挖土方	16													
混凝土垫层	16													
砌砖基础	20													
回填土	10													

图 4.5　流水施工(部分间断)

【观察思考】

思考依次施工、平行施工、流水施工三种施工组织方式的区别。

2. 流水施工的技术经济效果

流水施工是在依次施工和平行施工的基础上产生的，它既克服了依次施工和平行施工的缺点，又具有这两种施工组织方式的优点，它的特点是施工的连续性和均衡性，它是在工艺划分、时间排列和空间布置上的统筹安排，使劳动力得以合理使用，资源需要量也比较均衡，这必然会带来显著的技术经济效果，主要表现在以下几个方面。

1) 实现专业化生产，可以提高劳动生产率、保证质量

组织流水施工，可以实行专业化的施工班组，人员工种比较固定，如钢筋工专门做钢筋工程，木工专门支模等，这样就能不断地提高工人的技术熟练程度，从而提高了劳动生产率，同时也提高了质量。

2) 合理的工期，可以尽早发挥投资效益

流水施工科学地安排施工进度，使各施工过程在尽量连续施工的条件下，最大限度地实现搭接施工，从而减少了因施工组织不善造成的窝工损失，合理地利用了工作面，有效地缩短了施工工期，可以使工程尽快交付使用或投产，尽早发挥投资的经济效益和社会效益。

3) 降低工程成本，可以提高承包单位的经济效益

由于流水施工降低了施工高峰，资源消耗均衡，便于组织资源供应，使得材料、设备得到合理利用，储存合理，可以减少各种不必要的损失，节约材料费，减少临时设施工程费；由于流水施工生产效率高，可以节约人工费和机械使用费；由于流水施工工期较短，可以减少企业管理费。工程成本的降低，可以提高承包单位的经济效益。

3. 组织流水施工的条件

流水施工的实质是分工协作与成批生产。采用专业班组可以实现分工协作；通过划分

施工段可以将单件产品变成假象的多件产品。组织流水施工的条件主要有以下几点。

1）划分施工段

根据组织流水施工的需要，将拟建工程尽可能地划分为劳动量大致相等的若干个施工段，也可称为流水段。建筑工程组织流水施工的关键是将建筑单件产品变成多件产品，以便成批生产。由于建筑产品体形庞大，通过划分施工段就可将单件产品变成"批量"的多件产品，从而形成流水作业的前提。没有"批量"就不可能也没必要组织任何流水作业。每一个段，就是一个假定"产品"。

2）划分施工过程

根据工程结构的特点及施工要求，将拟建工程的整个建造过程划分为若干个分部工程，每个分部工程又根据施工工艺要求、工程量大小、施工班组的组成情况，划分为若干个施工过程（即分项工程）。划分施工过程的目的是对施工对象的建造过程进行分解，以便实现专业化施工和有效的分工协作。

3）每个施工过程组织独立的施工班组

在一个流水组中，每个施工过程尽可能组织独立的施工班组，其形式可以是专业班组，也可以是混合班组，这样可使每个施工班组按施工顺序依次地、连续地、均衡地从一个施工段转移到另一个施工段进行相同的操作。

4）主要施工过程必须连续、均衡地施工

主要施工过程是指工程量较大、作业时间较长的施工过程。对于主要施工过程必须连续、均衡地施工；对其他次要施工过程，可考虑与相邻的施工过程合并。如不能合并，为缩短工期，可安排间断施工。

5）不同施工过程尽可能组织平行搭接施工

根据施工顺序，不同的施工过程，在有工作面的条件下，除必要的技术和组织间歇时间外，应尽可能组织平行搭接施工，这样可以缩短工期。

4. 流水施工的表达方式

在工程施工的技术工作中，一般都用图表形式表达流水施工的进度计划，通常的表达方法有横道图、斜道图和网络图这3种。

1）横道图

横道图也叫水平图表，是一种最直观的工期计划方法。它在国外又被称为甘特图，在工程中广泛应用，并受到普遍欢迎。

横道图表示形式如图4.6所示。图中用横坐标表示时间，图的左边部分纵向列出各施工过程的名称或编号，右边部分用水平线段表示工作进度，水平线段的长度表示某施工过程在某施工段上的作业时间，水平线段的位置表示某施工过程在某施工段上作业的开始到结束时间，①，②，③，④……表示不同的施工段。它实质上是图和表的结合形式。

横道图的优点如下。

（1）它能够清楚地表达各施工过程的开始时间、结束时间和持续时间，一目了然，易于理解，并能够为各层次的人员所掌握和运用。

（2）使用方便，制作简单。

（3）不仅能够安排工期，而且可以与劳动力计划、材料计划、资金计划相结合。

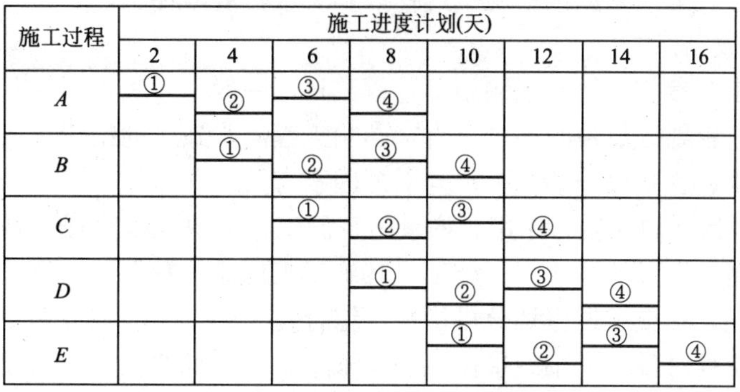

施工过程	施工进度计划(天)							
	2	4	6	8	10	12	14	16
A	①	②	③	④				
B		①	②	③	④			
C			①	②	③	④		
D				①	②	③	④	
E					①	②	③	④

图4.6 流水施工横道图

2) 斜道图

斜道图也叫垂直图表,是将横道图中的水平进度线改为斜线来表达的一种形式,如图4.7所示。图的左边部分纵向(由下向上)列出各施工段,右边部分用斜的线段在时间坐标下画出施工进度。

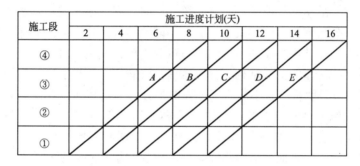

图4.7 流水施工斜道图

斜道图的优点是:施工过程及其先后顺序表达清楚,时间和空间状况形象直观。斜向进度线的斜率形象地反映出各施工过程的施工速度,斜率越大,施工速度越快。

3) 网络图

网络图由箭线和节点组成,是用来表达各项工作先后顺序和逻辑关系的网状图形。流水施工网络图的表达方式,详见单元5。

【观察思考】

观察项目施工过程中的流水作业是如何实现的,思考流水施工的技术经济效果有哪些。

4.1.2 组织流水施工的基本参数

在组织流水施工时,用以描述流水施工在工艺流程、空间布置和时间安排等方面的特征和各种数量关系的参数,称为流水施工参数。按其性质的不同,其一般可分为工艺参数、空间参数和时间参数三类。

1. 工艺参数

在组织流水施工时,用以表达流水施工在施工工艺上开展的顺序及其特征的参数,称为工艺参数。通常，工艺参数包括施工过程数和流水强度两种。

1）施工过程数

施工过程数是指参与一组流水的施工过程数目，一般用 n 表示。它是流水施工的主要参数之一。施工过程划分数目的多少，直接影响工程流水施工的组织。施工过程划分的数目多少、粗细程度、合并或分解，一般与下列因素有关。

（1）施工进度计划的性质与作用。如果施工的工程对象规模大或结构比较复杂，或者组织由若干幢房屋所组成的群体工程施工，其施工工期一般较长，需要编制控制性进度计划以控制施工工期，其施工过程划分可粗些，综合性大些，一般划分至单位工程或分部工程；如果施工的工程对象是中小型单位工程及施工工期不长的工程，需要编制实施性进度计划，具体指导和控制各分部分项工程施工时，其施工过程划分可细些、具体些，一般划分至分项工程。

（2）施工方案和工程结构。施工过程的划分与工程的施工方案有关。例如厂房的柱基础与设备基础挖土，如果同时施工，可合并为一个施工过程；若先后施工，则可分为两个施工过程。其结构吊装施工过程划分也与结构吊装施工方案有密切联系，如果采用综合节间吊装方案，则施工过程合并为"综合节间结构吊装"一项；如果采用分件结构吊装方案，则应划分为柱、吊车梁、连系梁、基础梁、柱间支撑、屋架及屋面构件等吊装施工过程。施工过程的划分与工程结构形式也有关。不同的结构体系，划分施工过程的名称和数目不一样，例如大模板结构房屋的主体结构，可分为模板安装、混凝土浇筑、拆模清理等施工过程；砖混结构房屋的主体结构可分为砌墙、浇圈梁、楼板安装等施工过程。

（3）劳动组织与劳动量的大小。施工过程的划分与劳动班组的组织形式有关。如现浇钢筋混凝土结构的施工，如果是单一工种组成的施工班组，可以划分为支模板、扎钢筋、浇混凝土 3 个施工过程；同时为了组织流水施工的方便或需要，也可合并成一个施工过程，这时劳动班组由多工种混合班组组成。施工过程的划分还与劳动量的大小有关，劳动量小的施工过程，当组织流水施工有困难时，可与其他施工过程合并，如垫层劳动量较小时可与挖土合并为一个施工过程，这样可以使各个施工过程的劳动量大致相等，便于组织流水施工。

（4）施工过程的内容和工作范围。一般说来，施工过程可分为下述四类：加工厂（或现场外）生产各种预制构件的制备类施工过程；各种材料及构件、配件、半成品的运输类施工过程；直接在工程对象上操作的各个建造类施工过程；大型施工机具安置及脚手架搭设等施工过程（不构成工程实体的施工过程）。前两类施工过程，一般不占有施工对象的工作面，不影响施工工期，只配合工程实体施工进度的需要，及时组织生产和供应到现场，所以一般不列入工程流水施工组织的施工过程数目内；第三类施工过程占有施工对象的空间，直接影响工期的长短，因此必须划入施工过程数目内；第四类施工过程要根据具体情况，如果需要占有施工工期，则可划入流水施工过程数目内。

2）流水强度

流水强度也叫流水能力或生产能力，它是指流水施工的某一施工过程在单位时间内能够完成的工程量。流水强度一般用 V 表示，又分为机械施工过程的流水强度和人工施工过程的流水强度。

【例 4.2】 有 500L 混凝土搅拌机 5 台，其产量定额为 48m³/台班，400L 混凝土搅拌机 3 台，其产量定额为 42m³/台班，求这一施工过程的流水强度。

（1）机械施工过程的流水强度。机械施工过程的流水强度可按公式(4-1)计算。

$$V_i = \sum_{i=1}^{x} R_i S_i \qquad (4-1)$$

式中　V_i——某施工过程 i 的机械操作流水强度；

　　　R_i——投入施工过程 i 的某种施工机械台数；

　　　S_i——投入施工过程 i 的某种施工机械产量定额；

　　　x——投入施工过程 i 的施工机械种类数。

在例题4.2中，$R_1 = 5$ 台，$R_2 = 3$ 台，$S_1 = 48 \text{m}^3/$台班，$S_2 = 42 \text{m}^3/$台班

$$V = \sum R_i \cdot S_i = 48 \times 5 + 42 \times 3 = 366 \text{m}^3$$

（2）人工施工过程的流水强度。人工施工过程的流水强度可按公式(4-2)计算。

$$V_i = R_i S_i \qquad (4-2)$$

式中　V_i——某施工过程 i 的人工操作流水强度；

　　　R_i——投入施工过程 i 的工作对工人数；

　　　S_i——投入施工过程 i 的工作队平均产量定额。

2. 空间参数

在组织流水施工时，用来表达流水施工在空间布置上所处状态的参数，称为空间参数。空间参数主要包括工作面、施工段数和施工层数。

1）工作面

工作面是指供某专业工种的工人或某种施工机械进行施工的活动空间。工作面的大小是根据相应工种单位时间内的产量定额、工程操作规程和安全规程等的要求确定的。工作面确定的合理与否，直接影响专业工种工人的劳动生产效率，因此必须合理确定工作面。主要工种工作面参考数据见表4-1。

表4-1　主要工种工作面参考数据

工作项目	每个技工的工作面	说明
砖基础	7.6m/人	以3/2砖计，2砖乘以0.8，3砖乘以0.55
砌砖墙	8.5m/人	以1砖计，3/2砖乘以0.71，2砖乘以0.57
毛石基墙	3m/人	以60cm计
毛石墙	3.3m/人	以40cm计
混凝土柱、墙基础	8m³/人	机拌、机捣
混凝土设备基础	7m³/人	机拌、机捣
现浇钢筋混凝土柱	2.45m³/人	机拌、机捣
现浇钢筋混凝土梁	3.20m³/人	机拌、机捣
现浇钢筋混凝土墙	5m³/人	机拌、机捣
现浇钢筋混凝土楼板	5.3m³/人	机拌、机捣
预制钢筋混凝土柱	3.6m³/人	机拌、机捣

（续）

工作项目	每个技工的工作面	说明
预制钢筋混凝土梁	3.6m³/人	机拌、机捣
预制钢筋混凝土屋架	2.7m³/人	机拌、机捣
预制钢筋混凝土平板、空心板	1.91m³/人	机拌、机捣
预制钢筋混凝土大型屋面板	2.62m³/人	机拌、机捣
混凝土地坪及面层	40m²/人	机拌、机捣
外墙抹灰	16m²/人	
内墙抹灰	18.5m²/人	
卷材屋面	18.5m²/人	
防水水泥砂浆屋面	16m²/人	
门窗安装	11m²/人	

2）施工段数和施工层数

为了有效地组织流水施工，通常把拟建工程项目划分成若干个劳动量大致相等的施工区段，称为施工段和施工层。一般把平面上划分的施工区段称为施工段，用符号 m 表示。把建筑物垂直方向划分的施工区段称为施工层，用符号 r 表示。因此，流水施工总的流水段数即为 mr。

划分施工段的目的，在于能使不同工种的施工班组同时在工程对象的不同工作面上进行作业，这样能充分利用空间，为组织流水施工创造条件。

（1）划分施工段的基本要求。

① 施工段数的数目要合理。施工段数过多势必要减少施工人数，增加总的施工持续时间，工作面不能充分利用，拖长工期；施工段数过少，则会引起劳动力、机械和材料供应的过分集中，有时还会造成"断流"的现象。

② 各施工段的劳动量（或工程量）要大致相等（相差宜在 15% 以内），以保证各施工班组连续、均衡、有节奏地施工。

③ 各施工段要有足够的工作面，使每一施工段能容纳的劳动力人数或机械台数能满足合理劳动组织的要求，使每个技术工人能发挥最好的劳动效率，并确保安全操作的要求。

④ 尽量使各专业班组连续作业。当组织流水施工的工程对象有层间关系，既要分段（施工段），又要分层（施工层），应使各施工班组能连续施工。即施工过程的施工班组施工完第一段能立即转入第二段，施工完第一层的最后一段能立即转入第二层的第一段。这就要求每一层的施工段数必须大于或等于其施工过程数，即

$$m \geqslant n \tag{4-3}$$

【例 4.3】 某二层砖混结构工程，3 个施工过程（$n=3$）为砌砖墙、浇圈梁、安装楼板，竖向划分两个施工层，即结构层与施工层一致，假设无层间间歇，各施工过程在每个施工段的作业时间均为 2 天，则施工段数和施工过程数之间可能有 3 种情况：$m>n$，$m=n$，$m<n$。问三种情况下如何组织施工。

第一种情况，当 $m>n$ 时，设 $m=4$，即每层分 4 个施工段组织流水施工时，其进度安排如图 4.8 所示。

施工过程	施工进度计划(天)									
	2	4	6	8	10	12	14	16	18	20
砌砖墙	I-1	I-2	I-3	I-4	II-1	II-2	II-3	II-4		
浇圈梁		I-1	I-2	I-3	I-4	II-1	II-2	II-3	II-4	
安装楼板			I-1	I-2	I-3	I-4	II-1	II-2	II-3	II-4

图 4.8　$m>n$ 的进度安排

注：图中Ⅰ、Ⅱ表示施工层；1、2、3、4表示施工段

从图 4.8 可以看出：当 $m>n$ 时，各施工班组能连续施工，但每一层楼板安装后不能马上投入其上一层的砌砖墙施工，即施工段上有停歇，工作面未被充分利用，如第Ⅰ层的第 1 段楼板安装后，砌砖墙施工过程即将投入第Ⅰ层的第 4 段，而不是第Ⅱ层的第 1 段。但工作面的停歇并不一定有害，有时还是必要的，如可以利用停歇的时间做养护、备料、弹线等工作。但当施工段数目过多，必然导致工作面闲置，不利于缩短工期。

第二种情况，当 $m=n$ 时，即每层分 3 个施工段组织流水施工时，其进度安排如图 4.9 所示。

施工过程	施工进度计划(天)							
	2	4	6	8	10	12	14	16
砌砖墙	I-1	I-2	I-3	II-1	II-2	II-3		
浇圈梁		I-1	I-2	I-3	II-1	II-2	II-3	
安装楼板			I-1	I-2	I-3	II-1	II-2	II-3

图 4.9　$m=n$ 的进度安排

注：图中Ⅰ、Ⅱ表示施工层；1、2、3表示施工段。

从图 4.9 可以看出：当 $m=n$ 时，各施工班组能连续施工，各施工段上也没有闲置，工作面能充分利用。这种情况是最理想的。

第三种情况，当 $m<n$ 时，设 $m=2$，即每层分两个施工段组织流水施工时，其进度安排如图 4.10 所示。

施工过程	施工进度计划(天)						
	2	4	6	8	10	12	14
砌砖墙	I-1	I-2		II-1	II-2		
浇圈梁		I-1	I-2		II-1	II-2	
安装楼板			I-1	I-2	II-1		II-2

图 4.10　$m<n$ 的进度安排

注：图中Ⅰ、Ⅱ表示施工层，1、2表示施工段。

从图 4.10 可以看出：当 $m<n$ 时，尽管各施工段上没有闲置，工作面能充分利用，但施工班组不能连续施工而产生窝工现象。因此，对于一个建筑物组织流水施工是不适宜的，但是在建筑群中可与同类建筑物组织大流水，保证施工班组连续施工。

应当指出，当无层间关系或无施工层(如某些单层建筑物、基础工程、屋面工程等)时，则施工段数并不受公式(4-3)的限制。

(2) 施工段划分的一般部位。施工段划分的部位要有利于结构的整体性，应考虑到施工工程对象的轮廓形状、平面组成及结构构造上的特点。在满足施工段划分基本要求的前提下，可按下述几种情况划分施工段。

① 设置有伸缩缝、沉降缝的建筑工程，可按此缝为界划分施工段。

② 单元式的住宅工程，可按单元为界划分施工段。

③ 道路、管线等按长度方向延伸的工程，可按一定长度作为一个施工段。

④ 多幢同类型建筑，可以一幢房屋作为一个施工段。

3. 时间参数

在组织流水施工时，用以表达流水施工在时间排列上所处状态的参数，称为时间参数。时间参数主要有流水节拍、流水步距、平行搭接时间、技术与组织间歇时间、流水施工工期。

1) 流水节拍

流水节拍是指在组织流水施工时，从事某一施工过程的施工班组在一个施工段上完成施工任务所需的时间，用符号 $t_i(i=1、2\cdots)$ 表示。

(1) 流水节拍的确定。在流水施工组织中，一个施工过程的流水节拍大小，关系着投入的劳动力、机械、材料的多少(工程量已定，节拍越小，单位时间内资源供应量越大)，它也决定了工程施工的速度节奏性和工期的长短。因此，流水节拍的确定具有很重要的意义。流水节拍的确定方法主要有定额计算法、经验估算法和工期计算法。

① 定额计算法。定额计算法是根据各施工段的工程量、该施工过程的劳动定额及能投入的资源量(工人数、机械台数等)，按式(4-4)、式(4-5)进行计算。

$$P=\frac{Q}{S}=QH \tag{4-4}$$

$$t=\frac{P}{R \cdot N} \tag{4-5}$$

式中 P——在一个施工段上完成某施工过程所需的劳动量(工日数)或机械台班量(台班数)；

Q——某施工过程在某施工段上的工程量；

S——某施工班组的产量定额；

H——某施工班组的时间定额；

t——某施工过程的流水节拍；

R——某施工过程的施工班组人数或机械台数；

N——每天工作班次。

② 经验估算法。经验估算法是根据以往的施工经验进行估算。一般为了提高其准确程度，对某一施工过程在某一段上的作业时间估计出 3 个数值，即最短时间、最长时间和最可能时间，然后给这 3 个时间一定的权数，再求加权平均值，这一加权平均值即是流水

节拍。因此，本法也称为三时估算法，其计算公式为

$$t=\frac{a+4c+b}{6} \tag{4-6}$$

式中　t——某施工过程在某施工段上的流水节拍；

　　　a——某施工过程在某施工段上的最短估算时间；

　　　b——某施工过程在某施工段上的最长估算时间。

　　　c——某施工过程在某施工段上的最可能估算时间；

这种方法多适用于采用新工艺、新方法和新材料等没有定额可循的工程。

③ 工期计算法。对于有工期要求的工程，为了满足工期要求，可用工期计算法，即根据对施工任务规定的完成日期，采用倒排进度法。但在这种情况下，必须检查劳动力和机械等物资供应的可能性，能否与之相适应。具体步骤如下。

首先，根据工期按经验估计出各施工工程的施工时间。

其次，确定各施工过程在各施工段上的流水节拍。

最后，按式(4-5)求出各施工过程所需的人数或机械台数。

(2) 确定流水节拍应考虑的因素。

① 施工班组人数应符合该施工过程最小劳动组合人数的要求。所谓最小劳动组合，就是指某一施工过程进行正常施工所必需的最低限度的班组人数及其合理组合。如现浇钢筋混凝土施工过程，它包括上料、搅拌、运输、浇捣等施工操作环节，如果班组人数太少，是无法组织施工的。

② 考虑工作面的大小及其他限制条件。施工班组的人数也不能太多，每个工人的工作面要符合最小工作面的要求。否则，就不能发挥正常的施工效率或不利于安全生产。

③ 考虑各种机械台班的效率或机械台班产量的大小。

④ 考虑各种材料、构件等施工现场堆放量、供应能力及其他有关条件的制约。

⑤ 考虑施工技术条件的要求。例如不能留设施工缝必须连续浇捣的钢筋混凝土工程，要按三班制的条件决定流水节拍，以确保质量及工程技术要求。

⑥ 确定一个分部工程各施工过程节拍时，首先应考虑主要的、工程量大的施工过程的流水节拍，其次确定其他施工过程的流水节拍。

⑦ 流水节拍一般取整数，必要时可保留 0.5 天(台班)的小数值。

2) 流水步距

流水步距是指两个相邻的施工班组相继进入同一施工段开始施工的时间间隔(不包括技术与组织间歇时间)，用符号 $K_{i,i+1}$ 表示(i 表示前一个施工过程，$i+1$ 表示后一个施工过程)。

流水步距的大小，对工期的长短有很大的影响。一般来说，在施工段不变的情况下，流水步距越大，工期越大；反之流水步距越小，工期越短。流水步距的大小，还与前后两个相邻施工过程流水节拍的大小、施工工艺技术要求、施工段数目、流水施工的组织方式有关系。

(1) 确定流水步距的基本要求。

① 尽量保证各施工班组连续施工的要求。流水步距的最小长度，必须使主要施工过程的施工班组进场以后，不发生停工、窝工现象。

② 施工工艺的要求。保证相邻两个施工过程的先后顺序，不发生前一个施工过程尚

未完成，后一个施工过程便开始施工的现象。

③ 最大限度搭接的要求。保证相邻两个施工班组在开工时间上最大限度地、合理地搭接。

④ 要满足保证工程质量，满足安全生产、成品保护的需要。

⑤ 流水步距一般取 0.5 天的整倍数。

（2）确定流水步距的方法。确定流水步距的方法很多，简捷、实用的方法主要有图上分析法、分析计算法（公式法）、累加数列法（潘特考夫斯基法）。图上分析法和分析计算法见本单元 4.2 中的相关内容，这里仅介绍累加数列法。

累加数列法适用于各种形式的流水施工，通常用于无节奏流水施工流水步距的计算，且较为简捷、明确。累加数列法没有明确的计算公式，它的文字表达式为"累加数列错位相减取大差"。其计算步骤如下。

第一步：将每个施工过程的流水节拍按施工段逐段累加，求出累加数列。

第二步：根据施工顺序，对所求相邻的两个累加数列，错位相减。

第三步：错位相减中数值最大者即为相邻两施工班组之间的流水步距。

【例 4.4】 某项目由 4 个施工过程 A、B、C、D 组成，分别由相应的 4 个专业施工班组完成，在平面上划分成 4 个施工段进行流水施工，每个施工过程在各个施工段上的流水节拍见表 4-2，试确定流水步距。

表 4-2 某工程流水节拍

施工过程＼施工段	一	二	三	四
A	2	4	3	1
B	3	2	1	2
C	1	3	2	3
D	4	1	2	1

第一步：求流水节拍的累加数列。

$$A：2，6，9，10$$
$$B：3，5，6，8$$
$$C：1，4，6，9$$
$$D：4，5，7，8$$

第二步：错位相减，求得差数列。

A 与 B：

$$
\begin{array}{r}
2，6，9，10 \\
-)\quad 3，5，6，\ \ 8 \\
\hline
2，3，4，4，-8
\end{array}
$$

B 与 C：

$$
\begin{array}{r}
3，5，6，8 \\
-)\quad 1，4，6，\ \ 9 \\
\hline
3，4，2，2，-9
\end{array}
$$

C 与 D:

$$
\begin{array}{r}
1,\ 4,\ 6,\ 9 \\
-)\quad 4,\ 5,\ 7,\ \ 8 \\
\hline
1,\ 0,\ 1,\ 2,\ -8
\end{array}
$$

第三步:在差数列中取数值最大者确定流水步距。

$$K_{A,B}=\max\{2,\ 3,\ 4,\ 4,\ -8\}=4\ 天$$

$$K_{B,C}=\max\{3,\ 4,\ 2,\ 2,\ -9\}=4\ 天$$

$$K_{C,D}=\max\{1,\ 0,\ 1,\ 2,\ -8\}=2\ 天$$

(3)技术与组织间歇时间。在组织流水施工时,有些施工过程完成后,后续施工过程不能立即投入施工,必须有足够的停歇时间,称为技术与组织间歇时间,通常以 $Z_{i,i+1}$ 表示。

由建筑材料或现浇构件工艺性质决定的间歇时间称为技术间歇时间。如砖混结构的每层圈梁混凝土浇捣以后,必须经过一定的养护时间,才能进行其上的预制楼板的安装工作;再如屋面找平层完后,必须经过一定的时间使其干燥后才能铺贴油毡防水层等。

由施工组织原因造成的间歇时间称为组织间歇时间。它通常是为对前一施工过程进行检查验收或为后一施工过程的开始做必要的施工组织准备工作而考虑的间歇时间。如浇混凝土之前要检查钢筋及预埋件并作记录;又如基础混凝土垫层浇捣及养护后,必须进行墙身位置的弹线,才能砌筑基础墙等。

(4)流水施工工期。流水施工工期是指从第一个施工过程开始到最后一个施工过程完成所经过的时间,也就是组织流水施工的总时间,一般可采用式(4-7)计算流水施工的工期。

$$T=\sum_{i=1}^{n-1}K_{i,i+1}+T_n+\sum_{i=1}^{n-1}Z_{i,i+1} \qquad (4-7)$$

式中　　T——流水施工工期;

　　$K_{i,i+1}$——流水步距;

　　T_n——流水施工中最后一个施工过程的持续时间;

　　$Z_{i,i+1}$——同一施工层中第 i 个和第 $i+1$ 个施工过程间的技术与组织间歇时间。

 知识链接

(1)单位工程。具有独立的设计文件,具备独立施工条件并能形成独立使用功能,但竣工后不能独立发挥生产能力或工程效益的工程,是构成单项工程的组成部分。

(2)分部工程。是指按专业性质、建筑部位确定的建筑单位。

(3)分项工程。是指按主要工种、材料、施工工艺、设备类别等进行划分的建筑单位。

(4)时间定额。又称为工时定额,是在一定生产技术组织条件下,规定生产一件产品或完成一道工序所需消耗的时间。

(5)产量定额。是在一定生产技术组织条件下,规定在单位时间内生产合格产品数量的标准。

【观察思考】

观察项目施工过程中的流水参数有哪些,思考划分流水施工参数的目的。

4.1.3 流水施工的分类

1. 分项工程流水施工

分项工程流水施工也称为细部流水施工。它是一个分项工程内部各施工段之间组织的流水施工。例如：砌砖墙施工过程的流水施工、现浇钢筋混凝土施工过程的流水施工。分项工程流水施工是组织工程流水施工中范围最小的流水施工。

2. 分部工程流水施工

分部工程流水施工也称为专业流水施工。它是一个分部工程内部、各分项工程之间组织的流水施工。例如：基础工程的流水施工、主体工程的流水施工、装修工程的流水施工。分部工程流水施工是组织单位工程流水施工的基础。

3. 单位工程流水施工

单位工程流水施工也称为综合流水施工。它是一个单位工程内部、各分部分项工程之间组织的流水施工。如一幢办公楼、一个厂房车间等组织的流水施工。单位工程流水施工是分部工程流水施工的扩大和综合，是建立在分部工程流水施工的基础之上。

4. 群体工程流水施工

群体工程流水施工也称为大流水施工。它是在一个个单位工程之间组织的流水施工。它是为完成工业或民用建筑群而组织起来的全部单位工程流水施工的总和。

4.2 流水施工的基本组织方式

建筑工程的流水施工要求有一定的节拍，才能步调和谐，配合得当。流水施工的节奏是由节拍所决定的。由于建筑工程的多样性，各分部分项工程的工程量相差较大，要使所有的流水施工都组织成统一的流水节拍是很困难的。在大多数的情况下，各施工过程的流水节拍不一定相等，甚至一个施工过程本身在各施工段上的流水节拍也不相等。因此，形成了不同节奏特征的流水施工。

根据流水施工节奏特征的不同，流水施工的基本方式可分为有节奏流水施工和非节奏流水施工两大类。

有节奏流水施工是指同一个施工过程在各个施工段上的流水节拍都相等的一种流水施工方式。根据不同施工过程之间的流水节拍是否相等，有节奏流水施工又分为等节奏流水施工和异节奏流水施工。

非节奏流水施工是指同一施工过程在各施工段上流水节拍不完全相等的一种流水施工组织方式。

4.2.1 等节奏流水施工

等节奏流水是指在组织流水施工时，同一个施工过程的流水节拍相等，不同施工过程之间的流水节拍也相等的一种流水施工方式，即各施工过程在各施工段上的流水节拍均相等，故也称为全等节拍流水或固定节拍流水。

1. 等节奏流水施工的特征

(1) 各施工过程在各施工段上的流水节拍都相等。

如果有 n 个施工过程，流水节拍为 t_i，则 $t_1 = t_2 = \cdots = t_{n-1} = t_n = t$（常数）。

(2) 流水步距彼此相等，而且等于流水节拍值。

即 $K_{1,2} = K_{2,3} = \cdots = K_{n-1,n} = t$（常数）。

(3) 各施工班组在各施工段上能够连续作业，施工段之间没有空闲。

(4) 施工班组数等于施工过程数。

2. 等节奏流水施工的组织

1) 确定流水步距

$$K = t \tag{4-8}$$

2) 确定施工段数

(1) 当无层间关系时，施工段数按划分施工段的基本要求确定即可。

(2) 当有层间关系时，为了保证各施工班组连续施工，应考虑技术与组织间歇时间，施工段数按式(4-9)进行计算：

$$m = n + \frac{\sum_{i=1}^{n-1} Z_{i,j+1}}{K} + \frac{Z_{r,j+1}}{K} \tag{4-9}$$

式中　m——施工段数；

　　　n——施工过程数；

　$Z_{i,i+1}$——同一施工层中第 i 个和第 $i+1$ 个施工过程间的技术与组织间歇时间；

　$Z_{j,j+1}$——层间技术、组织间歇时间，即第 j 层最后一个施工过程与第 $j+1$ 层第一个施工过程之间的技术组织间歇时间；

　　　K——流水步距。

3) 确定工期

(1) 当无层间关系时，根据一般工期计算公式(4-7)得

$$\sum_{i=1}^{n-1} K_{i,i+1} = (n-1)t$$

$$T_n = mt$$

$$K = t$$

所以

$$T = (n-1)K + mK + \sum_{i=1}^{n-1} Z_{i,i+1}$$

$$T = (m+n-1)K + \sum_{i=1}^{n-1} Z_{i,i+1} \tag{4-10}$$

符合意义同前。

(2) 当有层间关系时，可按式(4-11)进行计算

$$T = (m \cdot r + n - 1)K + \sum_{i=1}^{n-1} Z_{i,i+1} \tag{4-11}$$

式中　r——施工层数；

其他符号意义同前。

4）画出施工进度计划

画出施工进度计划，并校核计划结果、施工进度计划是否正确。

3. 应用举例

【例 4.5】　某分部工程分为 A、B、C、D 这 4 个施工过程，每个施工过程分 3 个施工段，各施工过程的流水节拍均为 4 天，试组织流水施工。

解：（1）确定流水步距。

$$K = t = 4（天）$$

（2）确定工期。

$$T = (m + n - 1)k + \sum_{i=1}^{n-1} Z_{i,i+1}$$
$$= (3 + 4 - 1) \times 4 = 24（天）$$

（3）绘制施工进度计划，如图 4.11 所示。

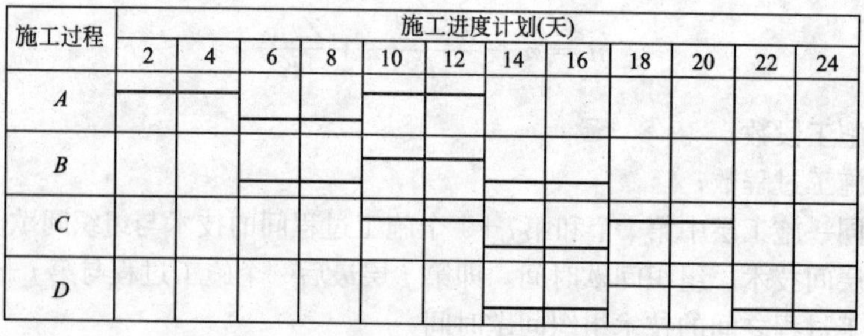

施工过程	施工进度计划(天)											
	2	4	6	8	10	12	14	16	18	20	22	24
A												
B												
C												
D												

图 4.11　某分部工程施工进度计划

经校核计划结果与施工进度计划均正确。

【例 4.6】　某二层现浇钢筋混凝土主体结构工程，包括支模、扎筋、浇混凝土 3 个过程，采用的流水节拍均为 2 天，且知混凝土浇完养护 1 天后才能支模，试组织流水施工。

解：（1）确定流水步距。

$$K = t = 2（天）$$

（2）确定施工段数。

当有层间关系时，按下式计算确定：

$$m = n + \frac{\sum_{i=1}^{n-1} Z_{i,i+1}}{K} + \frac{Z_{r,r+1}}{K}$$

$$m = 3 + \frac{(0+0)}{2} + \frac{1}{2} = 3\frac{1}{2}，\quad 取 m = 4 段$$

（3）确定总工期。

$$T = (m \cdot r + n - 1)K + \sum_{i=1}^{n-1} Z_{i,i+1}$$
$$= (4 \times 2 + 3 - 1) \times 2 + (0 + 0) = 20（天）$$

（4）绘制施工进度计划，如图 4.12 所示。

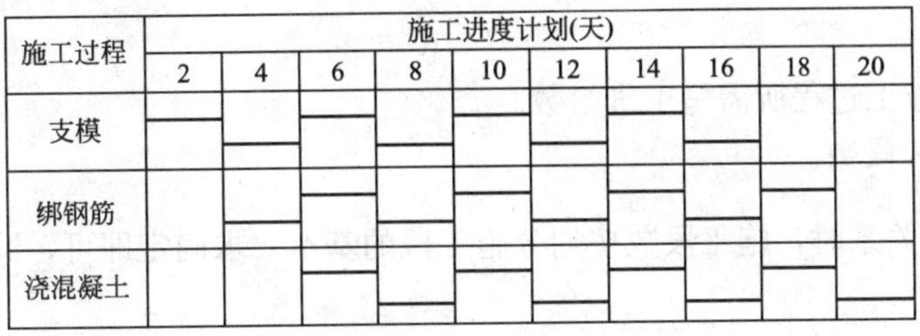

施工过程	施工进度计划(天)									
	2	4	6	8	10	12	14	16	18	20
支模										
绑钢筋										
浇混凝土										

图 4.12　某二层现浇钢筋混凝土主体结构工程施工进度计划

经校核计划结果与施工进度计划均正确。

4. 等节奏流水施工的适用范围

等节奏流水施工常用于组织分部工程的流水施工，特别是施工过程较少的分部工程。一般不适用于单位工程，特别是单项工程或群体工程。

4.2.2　异节奏流水施工

在组织流水施工时常常遇到这样的问题：如果某施工过程要求尽快完成，或某施工过程的工程量过少，这种情况下，这一施工过程的流水节拍就小；如果某施工过程由于工作面受限制，不能投入较多的人力或机械，这一施工过程的流水节拍就大。这就出现了各施工过程的流水节拍不能相等的情况，这时可以组织异节奏流水施工。

异节奏流水施工是指同一施工过程在各施工段上的流水节拍彼此相等，不同施工过程之间的流水节拍不一定相等的流水施工方式。异节奏流水施工又可分为等步距异节拍流水施工和异步距异节拍流水施工两种。

1. 等步距异节拍流水施工

等步距异节拍流水施工也称为成倍节拍流水施工，它是异节奏流水施工的一种特殊情况。等步距异节拍流水施工是指在组织流水施工时，同一个施工过程的流水节拍相等，不同施工过程之间的流水节拍不全相等，但各个施工过程的流水节拍均为其中最小流水节拍的整数倍数的流水施工方式。为加快流水施工速度，按最大公约数的倍数组建每个施工过程的施工班组，可以形成类似于等节奏流水的等步距异节拍流水施工方式。

1）等步距异节拍流水施工的特征

（1）同一个施工过程的流水节拍相等，不同施工过程的流水节拍之间存在整数倍或公约数关系。

（2）流水步距彼此相等，且等于流水节拍的最大公约数。

（3）各专业施工队都能够保证连续施工，施工段没有空闲。

（4）施工班组数大于施工过程数。

2）等步距异节拍流水施工的组织

（1）确定流水步距。

$$K = K_b \tag{4-12}$$

式中　K_b——成倍节拍流水步距，取流水节拍的最大公约数。

(2) 确定施工班组数。

$$b_i = \frac{t_i}{K} \qquad (4-13)$$

式中　b_i——某施工过程所需施工班组数。

(3) 确定施工段数。

a. 当无层间关系时，施工段数按划分施工段的基本要求确定即可，一般取 $m = \sum\limits_{i=1}^{n} b_i$。

b. 当有层间关系时，每层最少施工段数可按公式(2-16)计算确定。

$$m = \sum_{i=1}^{n} b_i + \frac{\sum\limits_{i=1}^{n-1} Z_{i,i+1}}{K} + \frac{Z_{r,r+1}}{K} \qquad (4-14)$$

式中符号意义同前。

(4) 确定总工期。

a. 当无层间关系时：

$$T = (m + \sum_{i=1}^{n} b_i - 1)K + \sum_{i=1}^{n-1} Z_{i,i+1} \qquad (4-15)$$

b. 当有层间关系时：

$$T = (m \cdot r + \sum_{i=1}^{n} b_i - 1)K + \sum_{i=1}^{n-1} Z_{i,i+1} \qquad (4-16)$$

式中　r——施工层数；

其他符号意义同前。

(5) 画出施工进度计划，并校核计算结果、施工进度计划是否正确。

3) 应用举例

【例4.7】　某工程由 A、B、C 三个施工过程组成，分六段施工，流水节拍分别为 $t_A = 9$ 天，$t_B = 3$ 天，$t_C = 6$ 天，试组织流水施工。

解：(1) 确定流水步距。

$$K = K_b = 3(天)$$

(2) 确定各施工过程的专业班组数。

$$b_i = \frac{t_i}{K}$$

$$b_A = \frac{t_A}{K} = \frac{9}{3} = 3(个)$$

$$b_B = \frac{t_B}{K} = \frac{3}{3} = 1(个)$$

$$b_C = \frac{t_C}{K} = \frac{6}{3} = 2(个)$$

施工班组总数

$$\sum_{i=1}^{n} b_i = 6(个)$$

（3）确定总工期。

$$T = \left(m + \sum_{i=1}^{n} b_i - 1\right)K + \sum_{i=1}^{n-1} Z_{i,i+1}$$

$$= (6+6-1) \times 3 + (0+0) = 33(\text{天})$$

（4）绘制施工进度计划，如图 4.13 所示。

施工过程		施工进度计划(天)										
		3	6	9	12	15	18	21	24	27	30	33
A	Ⅰa											
	Ⅰb											
	Ⅰc											
B	Ⅱ											
C	Ⅲa											
	Ⅲb											

图 4.13　某工程施工进度计划

经校核计算结果与施工进度计划均正确。

【例 4.8】　某二层现浇钢筋混凝土主体结构工程，包括支模、扎筋、浇混凝土 3 个施工过程，采用的流水节拍分别为 $t_{\text{模}} = 4$ 天，$t_{\text{筋}} = 4$ 天，$t_{\text{混}} = 2$ 天，且知混凝土浇完养护 1 天后才能在其上支模。试组织流水施工。

解：（1）确定流水步距。

$$K = K_b = 2(\text{天})$$

（2）确定各施工过程的专业班组数。

$$b_i = \frac{t_i}{K}$$

$$b_{\text{模}} = \frac{t_{\text{模}}}{K} = \frac{4}{2} = 2(\text{个})$$

$$b_{\text{筋}} = \frac{t_{\text{筋}}}{K} = \frac{4}{2} = 2(\text{个})$$

$$b_{\text{混}} = \frac{t_{\text{混}}}{K} = \frac{2}{2} = 1(\text{个})$$

施工班组总数：

$$\sum_{i=1}^{n} b_i = 5(\text{个})$$

（3）确定施工段数。

当有层间关系时，按下式计算确定：

$$m = \sum_{i=1}^{n} b_i + \frac{\sum_{i=1}^{n-1} Z_{i,i+1}}{K} + \frac{Z_{r,r+1}}{K}$$

$$m = 5 + \frac{(0+0)}{2} + \frac{1}{2} = 5\frac{1}{2}$$

取 $m=6$ 段。

（4）确定总工期

$$T=(m\cdot r+\sum_{i=1}^{n}b_i-1)K+\sum_{i=1}^{n-1}Z_{i,i+1}$$
$$=(6\times 2+5-1)\times 2+(0+0)=32(天)$$

（5）绘制施工进度计划，如图 4.14 所示。

施工过程		施工进度计划(天)															
		2	4	6	8	10	12	14	16	18	20	22	24	26	28	30	32
支模	Ia																
	Ib																
扎筋	IIa																
	IIb																
浇砼	III																

图 4.14 某二层现浇钢筋混凝土主体结构工程施工进度计划

经校核计算结果与施工进度计划均正确。

2. 异步距异节拍流水施工

1）异步距异节拍流水施工的特征

（1）同一个施工过程的流水节拍相等，不同施工过程的流水节拍不一定相等。

（2）各施工过程之间的流水步距不一定相等。

（3）各专业施工队都能够保证连续施工，但有的施工段之间可能有空闲。

（4）施工班组数等于施工过程数。

2）异步距异节拍流水施工的组织

（1）确定流水步距。

当 $t_i \leqslant t_{i+1}$ 时，即

$$K_{i,i+1}=t_i \tag{4-17}$$

当 $t_i > t_{i+1}$ 时，即

$$K_{i,i+1}=t_i+(m-1)[t_i-t_{i+1}]=mt_i-(m-1)t_{i+1} \tag{4-18}$$

式中 t_i——第 i 个施工过程的流水节拍；

t_{i+1}——第 $i+1$ 个施工过程的流水节拍。

流水步距也可由前述"累加数列法"求得。

（2）确定流水施工工期。

$$T=\sum_{i=1}^{n-1}K_{i,i+1}+\sum_{i=1}^{n-1}Z_{i,i+1}+mt_n \tag{4-19}$$

式中 t_n——最后一个施工过程的流水节拍；

其他符号意义同前。

（3）画出施工进度计划表，并校核计算结果、施工进度计划是否正确。

3）应用举例

【例 4.9】 某分部工程包括 A、B、C、D 这 4 个分项工程，采用的流水节拍分别为

$t_A=3$ 天 $t_B=4$ 天，$t_C=3$ 天，$t_D=3$ 天，现分为 4 个施工段，且知 B 做好后须有 1 天技术间歇时间。试组织流水施工。

解：（1）确定流水步距。

$$\because t_A=3(天)<t_B=4(天)，\quad \therefore K_{AB}=t_A=3(天)$$

$$\because t_B=4(天)>t_C=3(天)，\quad \therefore K_{BC}=mt_B-(m-1)t_C=4\times4-3\times3=7(天)$$

$$\because t_C=3(天)=t_D=3(天)，\quad \therefore K_{CD}=t_C=3(天)$$

（2）确定总工期。

$$T=\sum_{i=1}^{n-1}K_{i,i+1}+\sum_{i=1}^{n-1}Z_{i,i+1}+mt_n$$

$$T=(K_{AB}+K_{BC}+K_{CD})+(Z_{AB}+Z_{BC}+Z_{CD})+mt_D$$

$$=(3+7+3)+(0+1+0)+4\times3$$

$$=26(天)$$

（3）绘制施工进度计划，如图 4.15 所示。

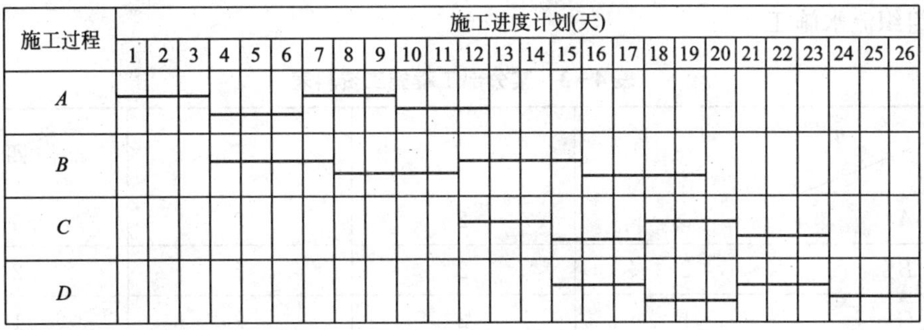

施工过程	施工进度计划(天)																									
	1	2	3	4	5	6	7	8	9	10	11	12	13	14	15	16	17	18	19	20	21	22	23	24	25	26
A																										
B																										
C																										
D																										

图 4.15　某分部工程施工进度计划

经校核计算结果与施工进度计划均正确。

4）异步距异节拍流水施工的适用范围

异步距异节拍流水施工适用于施工段大小相等的分部和单位工程的流水施工，它在进度安排上比较灵活，实际应用范围较为广泛。

4.2.3　非节奏流水施工

在项目实际施工中，通常每个施工过程在各施工段上的作业持续时间都不等，各专业工作队的生产效率相差较大，导致大多数的流水节拍不相等，不可能组织成等节奏流水或异节奏流水。在这种情况下，往往利用流水施工的基本概念，在保证施工工艺、满足施工顺序要求的前提下，按照一定的计算方法，确定相邻两个施工过程的流水步距，使其在时间上最大限度地、合理地搭接起来，形成每个专业队伍都能连续施工的流水施工方式叫做非节奏流水。它在施工中普遍采用，是流水施工的普遍形式。

1．非节奏流水施工的特征

（1）每个施工过程在各个施工段上的流水节拍不尽相等。

（2）在多数情况下，流水步距彼此不相等。

（3）各专业工作队都能连续施工，但有的施工段可能有空闲。

（4）专业工作队等于施工过程数。

2. 非节奏流水施工的组织

(1) 确定流水步距 $K_{i,i+1}$。

非节奏流水施工的流水步距通常采用"累加数列法"确定。

(2) 确定总工期。

$$T = \sum_{i=1}^{n-1} K_{i,i+1} + \sum_{i=1}^{n-1} Z_{i,i+1} + \sum_{x=1}^{m} t_n^x \qquad (4-20)$$

式中 $\sum\limits_{x=1}^{m} t_n^x$ ——流水施工中最后一个施工过程的流水节拍之和。

其他符号意义同前。

(3) 画出施工进度计划，并校核计算结果、施工进度计划是否正确。

3. 应用举例

【例 4.10】 某分部工程施工有关资料见表 4-3，且知 B 做好须有 1 天的技术间歇时间。试组织流水施工。

表 4-3 某分部工程施工资料表

m \ n	一	二	三	四
A	3	2	2	3
B	2	2	2	2
C	1	2	2	1
D	2	1	2	2

解：(1) 确定流水步距 $K_{i,i+1}$，用"累加数列法"计算。

第一步：求流水节拍的累加数列。

$$A: 3, 5, 7, 10$$
$$B: 2, 4, 6, 8$$
$$C: 1, 3, 5, 6$$
$$D: 2, 3, 5, 7$$

第二步：错位相减，求得流水步距。

A 与 B：

$$
\begin{array}{r}
3, 5, 7, 10 \\
-)\quad 2, 4, 6, 8 \\
\hline
3, 3, 3, 4, -8
\end{array}
$$

$K_{A,B} = \max\{3, 3, 3, 4, -8\} = 4(\text{天})$

B 与 C：

$$
\begin{array}{r}
2, 4, 6, 8 \\
-)\quad 1, 3, 5, 6 \\
\hline
2, 3, 3, 3, -6
\end{array}
$$

$K_{B,C} = \max\{2, 3, 3, 3, -6\} = 3(\text{天})$

C 与 D：

$$1, 3, 5, 6$$
$$-)\quad 2, 3, 5, \quad 7$$
$$\overline{1, 1, 2, 1, -7}$$

$$K_{C,D}=\max\{1, 1, 2, 1, -7\}=2（天）$$

（2）确定总工期。

$$T=\sum_{i=1}^{n-1}K_{i,i+1}+\sum_{i=1}^{n-1}Z_{i,i+1}+\sum_{x=1}^{m}t_n^x$$

$$T=(K_{AB}+K_{BC}+K_{CD})+(Z_{AB}+Z_{BC}+Z_{CD})+(t_D^1+t_D^2+t_D^3+t_D^4)$$
$$=(4+3+2)+(0+1+0)+(2+1+2+2)$$
$$=17（天）$$

（3）绘制施工进度计划，如图 4.16 所示。

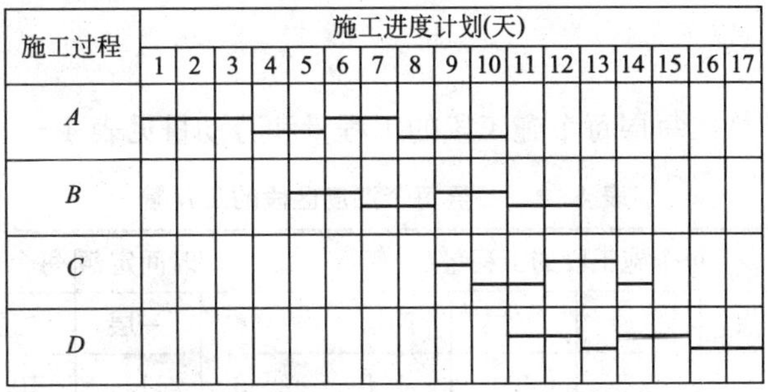

图 4.16　某分部工程施工进度计划

经校核计算结果与施工进度计划均正确。

4. 非节奏流水施工的适用范围

非节奏流水施工不像有节奏流水施工那样有一定的时间约束，在进度安排上比较灵活、自由，适用于各种不同结构性质和规模的工程施工组织，实际应用广泛。

等步距异节拍（成倍节拍）流水施工的解题方法同样适用于等节奏流水施工；无节奏流水施工的解题方法适用范围是单层、已分施工段、无窝工的情况，也同样适于异步距异节拍流水施工。

在上述各种流水施工的基本方式中，有节奏流水通常在一个分部或分项工程中，组织流水施工比较容易做到，即比较适用于组织专业流水施工或细部流水施工。但对一个单位工程，特别是一个大型的建筑群来说，要求所划分的各分部、分项工程都采用相同的流水参数组织流水施工，往往十分困难，因此多采用非节奏流水施工组织方式。

【观察思考】
思考等节奏流水施工、异节奏流水施工和非节奏流水施工之间的联系与区别。

4.3　横道图进度计划绘制

本节是以一栋现浇钢筋混凝土框架结构建筑为例来说明横道图进度计划的绘制。该工程以其主体分部工程为对象组织流水施工。工程为四层工业厂房，框架全部由 6m×6m 的单元构成,横向为 3 个单元,纵向为 18 个单元,每 6 个单元设一温度缝,如图 4.17 所示。本工程主体工期要求 3 个月(4 月初～6 月底),劳动力和机械可按需提供。

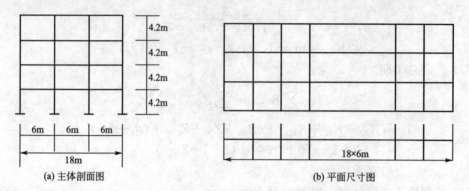

(a) 主体剖面图　　　　　　　　　　　　(b) 平面尺寸图

图 4-17　框架主体剖面及平面尺寸简图

1. 计算工程量

根据施工图纸计算出每层每个施工段的工程量和劳动量见表 4-4。

表 4-4　每层每个温度区段的工程量

分项工程		每个施工段的工程量				时间定额	每个施工段的劳动量(工日)			
		一层	二层	三层	四层		一层	二层	三层	四层
钢筋(t)	柱	4.8	4.5	4.4	4.4	2.38	11.4	10.7	10.5	10.5
	梁	8.4	8.4	8.4	8.7	2.86	24.0	24.0	24.0	24.9
	板	5.5	5.5	5.5	5.8	4.00	22	22	22	23.2
	楼梯	0.4	0.4	0.4	—	4.56	1.8	1.8	1.8	—
混凝土(m³)	柱	36.9	36.9	36.9	36.9	1.47	54.2	54.2	54.2	54.2
	梁	81.4	81.4	81.4	82.3	0.784	63.8	63.8	63.8	64.5
	板	52.5	52.5	52.5	53.1	0.784	41.2	41.2	41.2	41.6
	楼梯	5.7	5.7	5.7	—	2.218	12.6	12.6	12.6	—
模板(m²)	柱	285	285	285	285	0.083	23.7	23.7	23.7	23.7
	梁	598	598	598	617	0.08	47.8	47.8	47.8	49.4
	板	475	475	475	499	0.04	19	19	19	20
	楼梯	30	30	30	—	0.146	4.4	4.4	4.4	—

2. 划分施工过程

本工程框架部分施工顺序如下。

绑扎柱钢筋→支柱模板→支主梁模板→支次梁模板→支楼梯模板→绑扎梁、板钢筋→浇柱、梁、板、楼梯混凝土。将这些工序合并成几个施工过程,过程如下。

(1) 第一个施工过程(Ⅰ)为绑扎柱钢筋。

(2) 第二个施工过程(Ⅱ)为支模板(包括所有模板)。

(3) 第三个施工过程(Ⅲ)为绑扎梁、板钢筋(包括楼梯钢筋)。

(4) 第四个施工过程(Ⅳ)为浇混凝土。每层每个温度区段每一施工过程的劳动量见表 4-5。

表 4-5　每层每个温度区段每一施工过程的劳动量

施工过程	每一温度区段劳动量(工日)				备注
	一层	二层	三层	四层	
扎柱筋	11.4	10.7	10.5	10.5	
支模	94.9	94.9	94.9	83.1	包括楼梯
扎梁板筋	47.8	47.8	47.8	48.1	包括楼梯
浇混凝土	171.8	171.8	171.8	160.3	包括楼梯

3. 划分施工段及确定流水节拍

本工程可考虑以下两种方案。

1) 划分为六段组织方式

这种方案是为了保证各施工过程连续施工,在平面上划分为 6 个施工段,即将每一温度区段再划分为两段,这样可组织等节奏流水施工。

(1) 确定流水节拍。根据工期要求及式(4-11)可计算出流水节拍:

$$t=K=\frac{T}{mr+n-1}=\frac{90}{6\times4+4-1}=3.3(天)$$

取 $t=3$ 天

(2) 确定各施工过程所需工人数。假设每天工作一班,由式(4-5)可计算出施工人数:

$$R=\frac{P}{t \cdot N} \tag{4-21}$$

式中符号意义同前。

根据式(4-21),各段按各层中劳动量最大的计算工人人数详情如下。

计算第一施工过程(扎柱筋)工人人数,即

$$P_{\mathrm{I}}=\max\left\{\frac{11.4}{2},\ \frac{10.7}{2},\ \frac{10.5}{2},\ \frac{10.5}{2}\right\}=5.7(工日)$$

所以

$$R_{\mathrm{I}}=\frac{P_{\mathrm{I}}}{t \cdot N}=\frac{5.7}{3\times1}=1.9,\quad 取2人$$

计算第二施工过程(支模板)工人人数,即

$$P_{\mathrm{II}}=\max\left\{\frac{94.9}{2},\ \frac{94.9}{2},\ \frac{94.9}{2},\ \frac{83.1}{2}\right\}=47.5(工日)$$

所以

$$R_{II} = \frac{P_{II}}{t \cdot N} = \frac{47.5}{3 \times 1} = 15.8, \quad 取 16 人$$

计算第三施工过程(扎梁板筋)工人人数,即

$$P_{III} = \max\left\{\frac{47.8}{2}, \frac{47.8}{2}, \frac{47.8}{2}, \frac{48.1}{2}\right\} = 24.1(工日)$$

所以

$$R_{III} = \frac{P_{III}}{t \cdot N} = \frac{24.1}{3 \times 1} = 8, \quad 取 8 人$$

计算第四施工过程(浇混凝土)工人人数,即

$$P_{IV} = \max\left\{\frac{171.8}{2}, \frac{171.8}{2}, \frac{171.8}{2}, \frac{160.3}{2}\right\} = 85.9(工日)$$

所以

$$R_{IV} = \frac{P_{IV}}{t \cdot N} = \frac{85.9}{3 \times 1} = 28.9, \quad 取 29 人$$

2) 划分为三段的组织方式

这种方案是考虑到有利于结构的整体性,利用温度缝作为分界线,每一温度区段为一施工段。这样施工过程数大于施工段数,不能保证各施工过程都连续施工,但可使主导施工过程连续施工。由于该工程各施工过程中支模板比较复杂且劳动量较大,所以支模板为主导施工过程。下面确定流水节拍及各施工过程的工人人数。

(1) 首先确定主导施工过程即支模板的流水节拍及工人人数。本主体工程要求工期为3 个月,四层总段数为 12 段,取流水节拍为 $t_{II} = 6$ 天。根据表 4-5 数据及公式(4-21)计算,需支模板工人人数:

$$R_{II} = \frac{P_{II}}{t_{II} \cdot N} = \frac{47.5}{3 \times 1} = 15.8, \quad 取 16 人$$

(2) 确定扎柱筋的流水节拍及工人人数。

取 $t_1 = 3$ 天,则

$$R_I = \frac{P_I}{t_I \cdot N} = \frac{11.4}{3 \times 1} = 3.8, \quad 取 4 人$$

(3) 确定扎梁板筋的流水节拍及工人人数

取 $t_{III} = 5$ 天,则

$$R_{III} = \frac{P_{III}}{t_{III} \cdot N} = \frac{48.1}{5 \times 1} = 9.6, \quad 取 10 人$$

(4) 确定浇混凝土的流水节拍及工人人数

取 $t_{IV} = 2$ 天,则

$$R_{IV} = \frac{P_{IV}}{t_{IV} \cdot N} = \frac{171.8}{2 \times 1} = 85.9, \quad 取 86 人$$

为保证混凝土连续浇筑,将 86 人分为 3 个班组,实行三班制施工。

4. 绘制施工进度计划

$m = 6$ 时,施工进度计划如图 4.18 所示。

$m = 3$ 时,施工进度计划略。

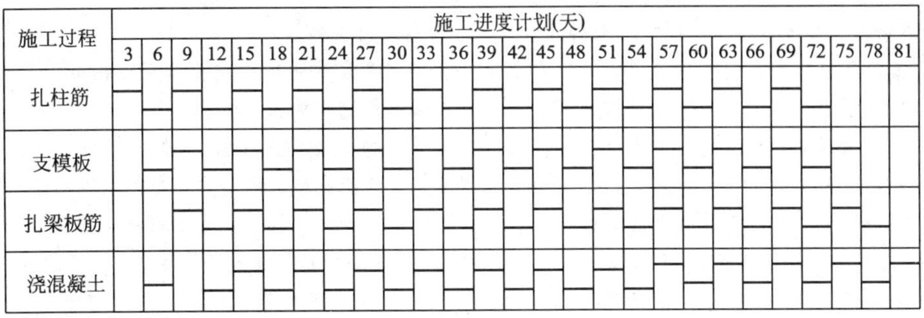

施工过程	施工进度计划(天)																										
	3	6	9	12	15	18	21	24	27	30	33	36	39	42	45	48	51	54	57	60	63	66	69	72	75	78	81
扎柱筋																											
支模板																											
扎梁板筋																											
浇混凝土																											

图 4.18　m＝6 时的施工进度计划

【观察思考】

认真观察并思考某一具体项目如何组织流水施工，包括施工过程的划分、施工段的划分、流水节拍、施工工人人数和工作班制的确定。

本 章 小 结

1. 根据施工班组的组织安排不同，施工组织方式分为依次施工、平行施工和流水施工。

流水施工克服了依次施工和平行施工的缺点，又具有这两种施工组织方式的优点，它的特点是施工的连续性和均衡性。采用流水施工组织方式可以提高劳动生产率，缩短工期，降低工程成本。流水施工通常的表达方法有横道图、斜道图和网络图三种。

2. 按性质的不同，组织流水施工的基本参数可分为工艺参数、空间参数和时间参数三类。工艺参数主要包括施工过程数、流水强度；空间参数主要包括工作面、施工段数和施工层数；时间参数主要包括流水节拍、流水步距、技术与组织间歇时间、工期。

3. 根据流水施工节奏特征的不同，流水施工的基本方式可分为有节奏流水施工和非节奏流水施工两大类。有节奏流水施工又分为等节奏流水施工和异节奏流水施工。异节奏流水施工又可分为等步距异节拍流水施工和异步距异节拍流水施工两种。

复习思考题

1. 组织施工有哪几种方式？各自有哪些特点？

2. 组织流水施工的技术经济效果如何？

3. 组织流水施工的条件有哪些？

4. 流水施工中，主要参数有哪些？试分别叙述它们的含义。

5. 施工过程的划分与哪些因素有关？

6. 施工段划分的目的和基本要求是什么？

7. 流水节拍如何确定？

8. 确定流水步距的基本要求有哪些?

9. 流水施工按节奏特征不同可分为哪几种方式? 各自有什么特点?

10. 某二层分部工程划分为 A、B、C、D 这 4 个施工过程,流水节拍均为 3 天,在第二个施工过程结束后有 2 天的技术间歇时间,层间技术间歇为 2 天,试组织流水施工。

11. 有一幢四层砖混结构的主体工程分砌墙、浇圈梁、楼板安装三个施工过程,它们的节拍均为 6 天,圈梁需 3 天养护。如分 3 段能否组织有节奏流水施工? 组织此施工则需分几段? 试组织流水施工。

12. 某两层现浇钢筋混凝土楼盖工程,框架平面尺寸为 17.4m×144m,沿长度方向每隔 48m 留一道伸缩缝。且知 $t_{模}$=4 天,$t_{筋}$=2 天,$t_{混}$=2 天,混凝土浇好后在其上立模需 2 天养护,试组织流水施工。

13. 某工程项目由Ⅰ、Ⅱ、Ⅲ这 3 个施工过程组成,分 3 段组织施工,其流水节拍分别为:$t_Ⅰ$=2 天、$t_Ⅱ$=4 天、$t_Ⅲ$=3 天,试组织流水施工。

14. 某施工项目有关资料见表 4-6,且知Ⅲ做好须有 2 天的技术间歇时间。试组织流水施工。

表 4-6 题 14 表

m ╲ n	Ⅰ	Ⅱ	Ⅲ	Ⅳ
1	3	2	3	3
2	2	3	4	4
3	4	2	3	3
4	3	3	3	3
5	2	3	4	2

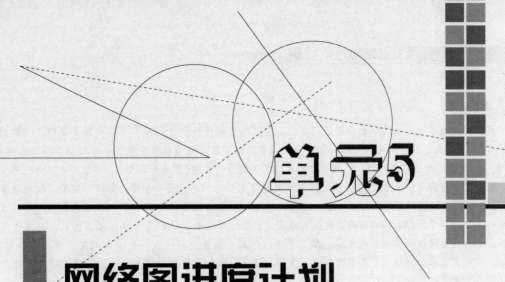

单元5

网络图进度计划

章节导读

网络计划技术是一种科学的计划管理方法，它是随着现代科学技术和工业生产的发展而产生的。20世纪50年代，为了适应科学研究和新的生产组织管理的需要，国外陆续出现了一些计划管理的新方法。1956年，美国杜邦公司研究创立了网络计划技术的关键线路方法（缩写为CPM），并试用于一个化学工程上，取得了良好的经济效果。1958年美国海军武器部在研制"北极星"导弹计划时，应用了计划评审方法（缩写为PERT）进行项目的计划安排、评价、审查和控制，获得了巨大成功。60年代初期，网络计划技术在美国得到了推广，一切新建工程全面采用这种计划管理新方法，并开始将该方法引入日本和西欧其他国家。随着现代科学技术的迅猛发展、管理水平的不断提高，网络计划技术也在不断发展和完善。目前，它已广泛地应用于世界各国的工业、国防、建筑、运输和科研等领域，已成为发达国家盛行的一种现代生产管理的科学方法。

我国对网络计划技术的研究与应用起步较早，1965年著名数学家华罗庚教授首先在我国的生产管理中推广和应用这些新的计划管理方法，并根据网络计划统筹兼顾、全面规划的特点，将其称为统筹法。30多年来，网络计划技术作为一门现代管理技术已逐渐被各级领导和广大科技人员所重视。改革开放以后，网络计划技术在我国的工程建设领域也得到迅速的推广和应用，尤其是在大中型工程项目的建设中，对其资源的合理安排、进度计划的编制、优化和控制等应用效果显著。目前，网络计划技术已成为我国工程建设领域中正在推行的项目法施工、工程建设监理、工程项目管理和工程造价管理等方面必不可少的现代化管理方法。

1992年，国家技术监督局和国家建设部先后颁布了中华人民共和国国家标准《网络计划技术》（GB/13400.1、13400.2、13400.3—1992）3个标准，和中华人民共和国行业标准《工程网络计划技术规程》（JGJ/T—121—99），使工程网络计划技术在计划的编制与控制管理的实际应用中有了一个可遵循的、统一的技术标准，保证了计划的科学性，对提高工程项目的管理水平发挥了重大作用。

今天学习的网络计划就是要通过系统的学习去了解网络计划的优点，以及网络计划的具体应用。

5.1　网络进度计划概述

流水施工计划方法及其采用的横道图计划是我国建筑业多年来在编排施工计划时常用的方式和方法。它们在建筑工程施工的组织和计划安排方面，有许多作用和优点，至今仍然是各级计划人员和管理人员广泛使用的方法。但是，横道图计划方式在表现内容上有局限性，特别是它不能表示出各施工活动之间的内在联系和相互依赖的关系——逻辑关系。因为存在这方面的缺点，横道图计划方式并不是一种严格的科学的计划表达方式。由于生产技术的发展，这种传统的计划管理方法已不能满足要求。在20世纪50年代中期，一种新型的计划方法——网络计划方法应运而生。我国是在1965年，由已故著名数学家华罗庚教授第一次把网络计划技术引入我国，结合我国实际情况，并根据"统筹兼顾、全面安排"的指导思想，将这种方法命名为"统筹法"。在全国各行业，首先是建筑业推广，获得显著的成效。

网络计划方法的核心就是，它提供了一种描述计划任务中各项工作相互间（工艺或组织）逻辑关系的图解模型——网络图。利用这种图解模型和有关的计算方法，可以看清计划任务的全局，便于施工中抓住重点，做到工程进度心中有数。

用网络图表达任务构成、工作顺序并加注工作时间参数的进度计划称为网络计划。用网络计划对工程任务的工作进度进行安排和控制，以保证实现预定目标的计划管理技术称为网络计划技术。

引例 Ⅰ

　　建筑工程一般都较大，从一幢普通楼房到南水北调这样的国家重点工程项目，少则几个月，多则几年甚至更长的时间才能完成。例如我国的重点工程——长江三峡水利枢纽工程，整个工程包括一座混凝土重力式大坝，泄水闸，一座坝后式水电站，一座永久性通航船闸和一架升船机。三峡工程建筑由大坝、水电站厂房和通航建筑物三大部分组成，工期总共分为三期，约17年。一期工程5年(1993—1997年)，除准备工程外，主要进行一期围堰填筑，导流明渠开挖等。二期工程6年(1997—2003年)，工程主要任务是修筑二期围堰，左岸大坝的电站设施建设及机组安装等。导流明渠截流是二期工程转向三期工程建设的重要标志。三期工程6年(2003—2009年)，进行右岸大坝和电站的施工，并继续完成全部机组安装。三峡水库是一座长达600公里，最宽处达2000m，面积达10000km，水面平静的峡谷型水库。一个工程项目施工一般都要经历四季气候的变化，因此如何在有限的工作日内安排好施工、制定出切实可行的进度计划和方案是非常必要的。本章主要讲述网络进度计划的原理和编制方法，通过学习具备编制进度计划的能力。

【观察思考】

　　从学习、生活中观察不同建筑工程施工工地，了解各工地的施工进度计划表达方法，比较它们之间的异同。

5.1.1　网络图的基本概念

　　1. 网络图

　　网络图是由箭线和节点组成的、用来表示工作流程的有向、有序的网状图形，如图5.1所示。

　　2. 单代号网络图和双代号网络图

　　网络图中，按节点和箭线所代表的含义不同，可分为双代号网络图和单代号网络图。双

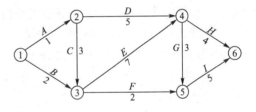

图5.1　某工程双代号网络图

代号网络图是用箭线表示一项工作，工作的名称写在箭线的上面，完成该项工作的持续时间写在箭线的下面，箭头和箭尾处分别画上圆圈，填入编号，箭头和箭尾的两个编号代表着一项工作("双代号"名称的由来)，如图5.2(a)所示，$i-j$代表一项工作；单代号网络图是用一个圆圈代表一项工作，节点编号写在圆圈上部，工作名称写在圆圈中部，完成该工作所需要的时间写在圆圈下部，箭线只表示该工作与其他工作的相互关系，如图5.2(b)所示。

(a) 双代号网络图工作的表示方法　　(b) 单代号网络图工作的表示方法

图5.2　网络图工作的表示方法

5.1.2　网络计划基本概念和分类

　　1. 网络计划的表达形式

　　网络计划的表达形式是网络图。

2. 网络计划分类

网络计划的种类很多，可以从不同的角度分类，具体如下。

1) 按表示方法分类

按节点和箭线所代表的含义不同，分为双代号网络计划(图 5.3)和单代号网络计划(图 5.4)。

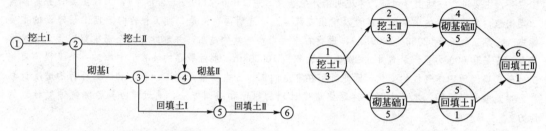

图 5.3　某基础工程双代号网络计划　　　　　图 5.4　某基础工程单代号网络计划

2) 按网络计划层次分类

根据计划的工程对象不同和使用范围大小，网络计划可分为综合网络计划、单位工程网络计划和局部网络计划。

(1) 综合网络计划。以一个建设项目或建筑群为对象编制的网络计划称为综合网络计划。

(2) 单位工程网络计划。以一个单位工程为对象编制的网络计划称为单位工程网络计划。

(3) 局部网络计划。以一个分部工程为对象编制的网络计划称为局部网络计划。

3) 按网络计划的时间表达方式分类

按网络计划有无时间坐标，可分为时标网络计划和非时标网络计划。

(1) 时标网络计划。工作的持续时间以时间坐标为尺度绘制的网络计划称为时标网络计划，如图 5.5 所示。

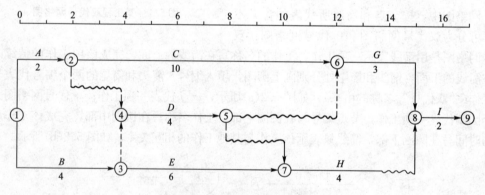

图 5.5　时标网络计划

(2) 非时标网络计划。工作的持续时间以数字形式标注在箭线下面绘制的网络计划称为非时标网络计划。

5.1.3　网络计划技术原理

网络计划是以网络图来表达工程的进度计划，在网络图中可确切地表明各项工作的相互联系和制约关系。网络计划技术的基本原理如下。

（1）首先将一项工程的全部建造过程分解成若干个施工过程，按照各项工作开展顺序和相互制约、相互依赖的关系，将其绘制成网络图。也就是说，各施工过程之间的逻辑关系，在网络图中能按生产工艺严密地表达出来。

（2）通过网络计划时间参数的计算，找出关键工作及关键线路。所谓关键工作就是网络计划中机动时间最少的工作。而关键线路是指在该工程施工中，自始至终全部由关键工作组成的线路。知道了关键工作和关键线路，也就是知道了工程施工中的重点施工过程，便于管理人员集中精力抓施工中的主要矛盾，确保工程按期竣工，避免盲目抢工。

（3）利用最优化原理，不断改进网络计划初始方案，并寻求最优方案。例如工期最短；

各种资源最均衡；在某种有限制的资源条件下，编出最优的网络计划；在各种不同工期下，选择工程成本最低的网络计划等。所有这些均称为网络计划的优化。

（4）在网络计划执行过程中，对其进行有效的监督和控制，合理地安排各项资源，以最少的资源消耗，获得最大的经济效益。也就是在工程实施中，根据工程实际情况和客观条件不断地变化，可随时调整网络计划，使得计划永远处于最切合实际的最佳状态。总之，就是要保证该工程以最小的消耗，取得最大的经济效益。

 特别提示

目前我国使用的工程网络计划技术规程，如图5.6所示。

图5.6 工程网络计划技术规程封面

【观察思考】

单代号网络计划和双代号网络计划的区别。

5.2 双代号网络计划技术

引例 2

某工程基础工程有 3 个施工工程,分别为挖土方、砌基础、回填土,打算分 3 个施工段进行施工,图 5.7 所示即为双代号网络计划。

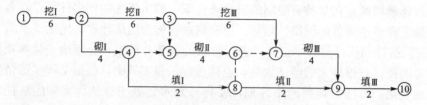

图 5.7 某基础工程双代号网络图

本节主要讲述双代号网络计划的编制方法,通过学习具备编制双代号网络计划的能力。

5.2.1 双代号网络计划

双代号网络图是以箭线及其两端节点的编号表示工作的网络图,它由工作、节点、线路 3 个基本要素组成,具体含义如下。

1. 工作

工作也称施工过程、工序,指工程任务按需要粗细程度划分而成的子项目或子任务。每项工作所包含的内容根据计划编制要求的粗细、深浅不同而定。工作可以是一个简单的操作步骤、一道手续,如模板清理;工作也可以是一个施工过程或分项工程,如支模板、绑钢筋、浇筑混凝土;它还可以代表一个分部工程或单位工程的施工。在流水施工中习惯称为"施工过程",在网络计划中一般称为"工作"。

工作通常分为三种:既消耗时间又消耗资源的工作(如绑扎钢筋、浇筑混凝土);只消耗时间而不消耗资源的工作(如混凝土的养护、油漆的干燥);既不消耗时间也不消耗资源的工作。在工程实际中,前两项工作是实际存在的,通常称为实工作(简称为"工作"),用一端带箭头的实线表示,如图 5.8 所示;后一种是虚设的,只表示相邻工作之间的逻辑关系,通常称为虚工作,用一端带箭头的虚线表示,如图 5.9 所示。

图 5.8 工作的表示方法　　　　　　**图 5.9 虚工作的表示方法**

2. 节点

在网络图中,箭线端部的圆圈或其他形状的封闭图形称为节点,是标志前面工作的结束和后面工作的开始的时间点。

在双代号网络图中,节点不同于工作,它既不占用时间,也不消耗资源,只标志着工作结束和开始的瞬间,具有承上启下的作用。在一条箭线上,箭线出发(离开)的节点称为工作的开始节点(如图 5.8 的 i 节点),箭线指向(进入)的节点称为工作的结束节点(如图 5.8 的 j 节点)。

根据节点在网络图中的位置不同可以分为起点节点、终点节点和中间节点。起点节点是网络图的第一个节点,表示一项任务的开始。终点节点是网络图的最后一个节点,表示一项任务的完成。除起点节点和终点节点以外的节点称为中间节点,中间节点都有双重的含义,既是前面工作的结束节点,也是后面工作的开始节点。

为了识读及计算机检查方便,节点要进行编号。节点编号应从左至右进行,编号顺序应由小到大;双代号网络图中,一项工作应只有唯一的一条箭线和相应的一对节点编号表示;箭尾节点的编号应小于箭头节点的编号;在同一网络图中,不允许出现重复的节点编号,也不得有无编号的节点;编号可以连续,也可以跳号。

3. 线路

网络图中从起点节点开始,沿箭线方向连续通过一系列箭线与节点,最后到达终点节点的通路称为线路,如图 5.10 所示。该网络图中从①节点到达⑥节点共有 8 条线路。

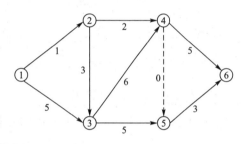

线路上各工作持续时间之和,称为该线路的长度,也是完成这条线路上所有工作的工期。网络图中,线路时间总和最长的称为关键线路,如图 5.10 所示,①→③→④→⑥即为关键线路,关键线路的线路时间代表整个网络计划的计算工期,即如图 5.10 所示网络计划的计算工期是 16 天。

图 5.10 某双代号网络图

位于关键线路上的工作称为关键工作。关键工作没有机动时间,其完成的快慢直接影响整个工程项目的工期,起着控制进度的作用,因而是整个工程的关键所在。关键线路常用粗箭线、双线或彩色线表示,以突出其重要性。

在一个网络图中,除了关键线路以外,还有非关键线路。在非关键线路上,某些工作有机动时间,这就是该工作的时差。在时差范围内,改变该工作的开始时间或完成时间,不影响总工期。

关键线路不是一成不变的。在一定条件下,关键线路和非关键线路可以互相转化。如当关键工作的作业时间缩短,或非关键工作的作业时间延长,就有可能使关键线路发生转移。另外,在一个网络计划中,关键线路可能不止一条。

5.2.2 双代号网络计划的绘制

正确绘制网络图是学习和应用网络计划方法最基本的能力。一个网络计划编制质量的优劣,首先取决于所画的网络图是否正确反映了该项工作任务各个工作的逻辑关系;其次是网络图表达方式的简明扼要和条理清晰。因此,掌握网络图的绘制方法和原则,是运用网络计划方法的重要基础。

1. 网络图中的两种逻辑关系

工作之间相互制约或依赖的关系称为逻辑关系,包括工艺关系和组织关系。两者在网络计划中均表现为工作进行的先后顺序。

1）工艺关系

工艺关系是指生产工艺上客观存在的先后顺序。例如，建筑工程施工时，先做基础，后做主体；先做结构，后做装修。这些顺序是不能随意改变的。

2）组织关系

组织关系是指在不违反工艺关系的前提下，人为安排的工作的先后顺序。例如，建筑群中各个建筑物的开工顺序的先后；施工对象的分段流水作业等。这些顺序可以根据具体情况，按安全、经济、高效的原则统筹安排。

2. 逻辑关系的体现

1）紧前工作

紧排在本工作之前的工作称为本工作的紧前工作，如图5.11所示。

2）紧后工作

紧排在本工作之后的工作称为本工作的紧后工作，如图5.11所示。

3）平行工作

可与本工作同时进行的工作称为本工作的平行工作，如图5.11所示。

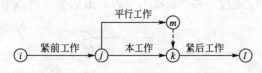

图 5.11 双代号网络图中的工作关系

3. 双代号网络图的绘图规则

（1）双代号网络图必须正确表达已定的逻辑关系，常见的逻辑关系模型见表5-1。

表 5-1 网络图常见逻辑关系表示方法

序号	逻辑关系	双代号表示方法	单代号表示方法
1	A 完成后进行 B，B 完成后进行 C	○$\xrightarrow{A}$○$\xrightarrow{B}$○$\xrightarrow{C}$○	Ⓐ→Ⓑ→Ⓒ
2	A 完成后同时进行 B 和 C	○$\xrightarrow{A}$○$\overset{B}{\underset{C}{\diagdown}}$○	Ⓐ→Ⓑ，Ⓐ→Ⓒ
3	A 和 B 都完成后进行 C	○$\xrightarrow{A}$○$\xrightarrow{C}$○，○$\xrightarrow{B}$○	Ⓐ→Ⓒ，Ⓑ→Ⓒ
4	A 和 B 都完成后同时进行 C、D	○$\xrightarrow{A}$○$\overset{C}{\underset{D}{\diagdown}}$○	Ⓐ、Ⓑ→Ⓒ、Ⓓ
5	A 完成后进行 C，A 和 B 都完成后进行 D	○$\xrightarrow{A}$○$\xrightarrow{C}$○，↓0，○$\xrightarrow{B}$○$\xrightarrow{D}$○	Ⓐ→Ⓒ，Ⓐ→Ⓓ，Ⓑ→Ⓓ

（续）

序号	逻辑关系	双代号表示方法	单代号表示方法
6	A、B 都完成后进行 C，B、D 都完成后进行 E		
7	A 完成后进行 C，A、B 都完成后进行 D，B 完成后进行 E		
8	A、B 两项先后进行的工作，各分为三段进行。A_1 完成后进行 A_2、B_1。A_2 完成后进行 A_3、B_2。B_1 完成后进行 B_2。A_3、B_2 完成后进行 B_3		

（2）双代号网络图中，严禁出现循环回路。循环回路是指如果从一个节点出发，沿箭线方向再返回到原来的节点的现象。如图 5.12 所示，工作 C、D、E 形成循环回路，在逻辑关系上是错误的，此时节点编号也发生错误。

（3）双代号网络图中，在节点之间严禁出现带双向箭头或无箭头的连线，如图 5.13 所示。

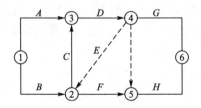

图 5.12　有循环回路的错误网络图

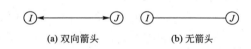

图 5.13　错误的工作箭线画法

（4）双代号网络图中，严禁出现没有箭头节点或没有箭尾节点的箭线，如图 5.14 所示。

（5）当双代号网络图的某些节点有多条外向箭线或多条内向箭线时，在不违反"一项工作应只有唯一的一条箭线和相应的一对节点编号"的前提下，可使用母线法绘图，如图 5.15 所示。

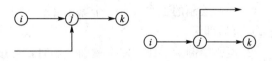

图 5.14　没有箭尾节点和箭头节点的箭线

（6）绘制网络图时，箭线不宜交叉；当交叉不可避免时，可用过桥法或指向法，如图 5.16 所示。

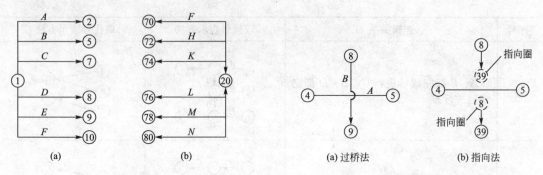

图 5.15 母线法绘图   图 5.16 箭线交叉的表示方法

（7）双代号网络图中应只有一个起点节点；在不分期完成任务的网络图中，应只有一个终点节点；而其他所有节点均应是中间节点。如图 5.17 所示，网络中有两个起点节点①和②，两个终点节点⑦和⑧，该网络图的正确画法如图 5.18 所示，即将节点①和②合并为一个起点节点，⑦和⑧合并为一个终点节点。

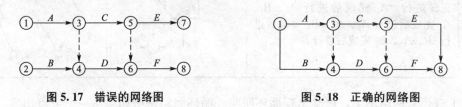

图 5.17 错误的网络图   图 5.18 正确的网络图

4. 双代号网络图的绘制方法——逻辑草图法

绘制网络图除应遵守上述规则外，尚应牢固掌握表 5-1 中所列出的几种常用的逻辑关系模型，这些都是正确绘制网络图的前提，只有正确理解逻辑关系，才能对复杂的网络计划进行绘制。

逻辑草图法，就是先根据拟编制的网络计划已定的逻辑关系（一般都列表表示），画出网络草图，再以绘图规则审查、调整，最后形成正式的网络图。当已知每项工作的紧前工作时，可按下述步骤绘制网络图。

（1）绘制没有紧前工作的工作，使它们具有相同的箭尾节点，即起点节点。

（2）按照逻辑关系，依次绘制其他各项工作，这些工作画出条件是，必须所有紧前工作都已经画出来，可以参考以下几种情况进行绘制（熟练掌握表 5-1 所列逻辑关系模型后可直接绘制）。

① 当要绘制的工作只有一个紧前工作时，则将该工作的箭线直接画在紧前工作的完成节点之后即可。

② 但所绘制的工作有多个紧前工作时，可按下列 4 种情况考虑。

a. 如果在其紧前工作中，存在一项只作为本工作紧前工作的工作（即在紧前工作栏目中，该紧前工作只出现一次），则应将本工作的箭线直接画在该紧前工作完成节点之后，然后用虚箭线分别将其他紧前工作的完成节点与本工作的开始节点相连，以表达它们之间的逻辑关系。

b. 当紧前工作存在多项只作为本工作紧前工作的工作时，应先将这些紧前工作的完成节点合并（利用虚箭线或直接合并），再从合并后的节点开始，画出本工作的箭线，最后用虚

箭线将其他紧前工作的箭头节点分别与工作开始节点相连,以表达它们之间的逻辑关系。

c. 以如果不存在情况 a.、b.,应判断本工作的所有紧前工作是否都同时作为其他工作的紧前工作(即紧前工作栏目中,这几项紧前工作是否都同时出现若干次)。如果这样,应先将它们完成节点合并后,再从合并后的节点开始画出本工作的箭线。

d. 如果不存在情况 a.、b.、c.,则应将本工作箭线单独画在其紧前工作箭线之后的中部,然后再用虚工作将紧前工作与本工作相连,以表达逻辑关系。

③ 合并没有紧后工作的箭线(即合并没有在紧前工作一栏出现的工作)使它们具有一个相同的箭头节点,即为终点节点。

④ 确认无误,进行节点编号。

【例5.1】 已知某网络计划逻辑关系表,见表5-2,试绘制双代号网络图。

表5-2 逻辑关系表

工作名称	A	B	C	D	E	F
紧前工作	—	A	A	B	C	D、E

解:根据以上绘图方法,绘出网络图,如图5.19所示,初学者还可根据以上逻辑关系表将紧后工作列出,作一草稿,如 A 的紧后工作是 B、C,可简单记作 $A→B$、C,其他工作同理,可写出 $B→D$;$C→E$;D、$E→F$,这4个逻辑关系都是表5-1中常用的逻辑关系模型,现在只是字母不同而已,所以只要将这几个模型组合起来,很快就可以画出正确的网络图(熟练之后,可直接通过逻辑关系表绘制而不用再将紧后工作列出)。

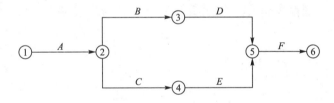

图5.19 网络图

【例5.2】 已知某网络计划逻辑关系表,见表5-3,试绘制双代号网络图。

表5-3 逻辑关系表

工作名称	A	B	C	D	E	F
紧前工作	—	—	—	A	A	C、D

解:根据以上绘图方法,绘出网络图,如图5.20所示。

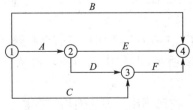

图5.20 网络图

【例5.3】 已知某网络计划逻辑关系表，见表5-4，试绘制双代号网络图。

表5-4 逻辑关系表

工作名称	A	B	C	D
紧前工作	—	—	A、B	B

解：根据以上绘图方法，绘出网络图，如图5.21所示，图中的虚箭线起着联系的作用。

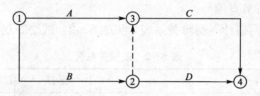

图5.21 网络图

【例5.4】 已知某网络计划逻辑关系表，见表5-5，试绘制双代号网络图。

表5-5 逻辑关系表

工作名称	A	B	C	D	E	G	H
紧前工作	—	—	—	—	A、B	B、C、D	C、D

解：（1）先画无紧前工作的工作的箭线 A、B、C、D，如图5.22(a)所示。

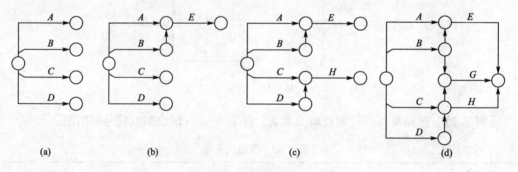

(a)   (b)   (c)   (d)

图5.22 网络图的绘图过程

（2）按上述步骤先画工作 E，它的紧前工作有 A、B，符合绘图步骤中的(2)—②，画成如图5.22(b)所示。

（3）画工作 H，H 的紧前工作有 C、D 两项工作，同第二步，画出如图5.22(c)所示。

（4）画工作 G，G 的紧前工作有 B、C、D 三项，根据绘图步骤中的(2)—②，先将 B、C、D 用虚线合并，如图5.22所示(d)的中间节点，再从合并后的节点开始画本工作的箭线。

（5）现在 E、G、H 三项工作已画出，但它们均没有紧后工作，按照绘图步骤中的(3)-③的原则将三条箭线合并在一个终点节点上，如图5.22(d)所示。

　　(6) 检查和调整。先检查，从左向右，*A*、*B*、*C*、*D* 按例题给出的全无紧前工作，*E* 的紧前工作有 *A*、*B*，*H* 的紧前工作 *C*、*D*，*G* 的紧前工作有三项，即 *B*、*C*、*D*，而 *E*、*G*、*H* 全无紧后工作，与题中给出的一致。再看有无逻辑关系不符合之处，经检查没有违背逻辑关系现象，便完成了该题网络图的绘制，即如图 5.22(d) 所示。

　　(7) 进行节点编号(略)。

　　5. 绘图注意事项

　　1) 网络图布局要条理清楚，重点突出。

　　虽然网络图主要用以表达各工作之间的逻辑关系，但为了使用方便，布局应条理清楚，

　　层次分明，行列有序，重点突出，尽量把关键工作和关键线路布置在中心位置。

　　2) 正确应用虚箭线进行网络图的断路。

　　应用虚箭线进行网络断路，是正确表达工作之间逻辑关系的关键。断路可分为竖向断路法，即用纵向虚箭线切断无逻辑关系的工作间的关系，它最适宜时标网络图的绘制，如图 5.23 所示基础工程。

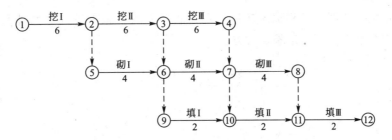

图 5.23　基础网络图

　　另一种是横向断路法，是用横向箭线切断无逻辑关系的工作之间联系的方法，如图 5.24 所示。当然也可将图 5.23 改绘成横向断路网络图，如图 5.25 所示。

(a) 带有多个多余联系的初始图

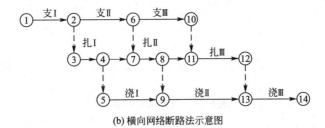

(b) 横向网络断路法示意图

图 5.24　横向网络断路图

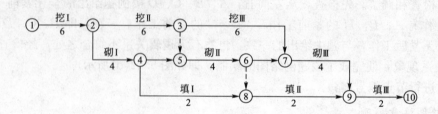

图5.25　图5.23改绘成横向断路网络图

3）力求减少不必要的箭线和节点

双代号网络图中，应在满足绘图规则和两个节点一根箭线代表一项工作的原则基础上，力求减少不必要的箭线和节点，使网络图图面简洁，减少时间参数的计算量。

6.双代号网络图的排列

网络图采用正确的排列方式，逻辑关系准确清晰，形象直观，便于计算与调整。主要排列方式有以下几种。

1）混合排列

对于简单的网络图，可根据施工顺序和逻辑关系将各施工过程对称排列，如图5.26所示，其特点是构图美观、形象、大方。

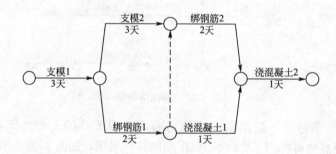

图5.26　混合排列

2）按施工过程排列

根据施工顺序把各施工过程按垂直方向排列，施工段按水平方向排列，如图5.27所示，其特点是相同工种在同一水平线上，突出不同工种的工作情况。

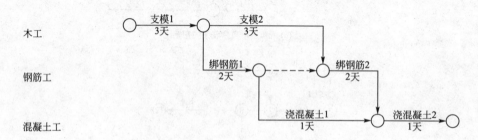

图5.27　按施工过程排列

3）按施工段排列

同一施工段上的有关施工过程按水平方向排列，施工段按垂直方向排列，如图5.28

所示，其特点是同一施工段的工作在同一水平线上，反映出分段施工的特征，突出工作面的利用情况。

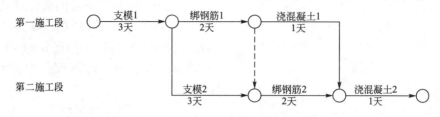

图 5.28 按施工段排列

5.2.3 双代号网络计划的时间参数计算

分析和计算网络计划的时间参数，是网络计划方法的又一项重要技术内容。计算时间参数的作用和意义如下。

(1) 确定完成整个计划所需要的时间，即网络计划计算工期的确定。

(2) 明确计划中各项工作起止时间的限制。

(3) 分析计划中各项工作对整个计划工期的不同影响，从工期的角度区别出关键工作与非关键工作，便于施工中抓住重点，向关键线路要时间。

(4) 明确非关键工作在施工中时间上有多大的机动性，便于挖掘潜力，统筹兼顾，部署资源。

通过分析各项工作对计划工期的不同影响程度，区分出各项工作在整个计划中所处地位的不同重要性，就能分清轻重缓急，为统筹全局、适当安排或对计划做必要和合理的调整提供科学的依据。这是网络计划方法比横道计划方法优越的又一个重要体现。因此，网络计划时间参数的分析计算与绘制网络图一样，都是应用网络计划方法最基本的技术。双代号网络计划时间参数的计算方法有工作计算法和节点计算法两种。

1. 工作计算法

按工作计算法计算时间参数应在确定各项工作的持续时间之后进行。所谓工作的持续时间是指一项工作从开始到完成的时间，即双代号网络图中每一条箭线下方的数字，用 D 表示。虚工作必须视同工作进行计算，其持续时间为零。

按工作计算法计算 6 个时间参数，分别是最早开始时间（ES）、最早完成时间（EF）、最迟开始时间（LS）、最迟完成时间（LF）、总时差（TF）和自由时差（FF），计算结果应标注在箭线之上，如图 5.29 所示。

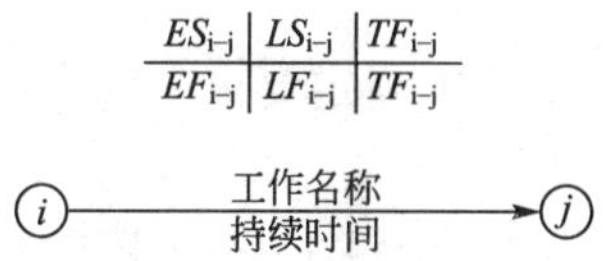

ES_{i-j}	LS_{i-j}	TF_{i-j}
EF_{i-j}	LF_{i-j}	TF_{i-j}

$$i \xrightarrow[\text{持续时间}]{\text{工作名称}} j$$

下面以如图 5.30 所示某双代号网络计划为例，说明每个时间参数的含义及其计算方法。

1) 工作的最早开始时间和最早完成时间

工作的最早开始时间是指各紧前工作全部完成后，本工作有可能开始的最早时刻，用 ES 表示。

工作的最早完成时间是指各紧前工作全部完成后，本工作有可能完成的最早时刻，用 EF 表示。

图 5.29 按工作计算法的标注内容
注：当为虚工作时，
图中的箭线为虚箭线

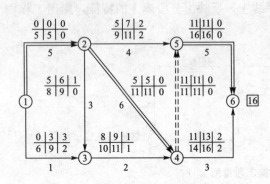

图 5.30 工作计算法计算时间参数

ES 和 EF 的计算应符合下列规定。

（1）工作 $i-j$ 的最早开始时间 ES_{i-j} 和最早完成时间 EF_{i-j} 应从网络计划的起点开始，顺着箭线方向依次逐项计算。

（2）以起点节点 i 为箭尾节点的工作 $i-j$，当未规定其最早开始时间 ES_{i-j} 时其值应等于零，即

$$ES_{i-j}=0(i=1) \qquad (5-1)$$
$$ES_{1-2}=ES_{1-3}=0$$

（3）工作 $i-j$ 的最早完成时间 EF_{i-j} 可利用公式（5-2）进行计算：

$$EF_{i-j}=ES_{i-j}+D_{i-j} \qquad (5-2)$$

式中　D_{i-j}——工作 $i-j$ 的持续时间

$$EF_{1-2}=ES_{1-2}+D_{1-2}=0+5=5$$
$$EF_{1-3}=ES_{1-3}+D_{1-3}=0+6=6$$

（4）其他工作 $i-j$ 的最早开始时间 ES_{i-j} 可利用式（5-3）进行计算：

$$ES_{i-j}=\max\{EF_{h-i}\}=\max\{ES_{h-i}+D_{h-i}\} \qquad (5-3)$$

式中　EF_{h-j}——工作 $i-j$ 的紧前工作 $h-i$ 的最早完成时间；

　　　ES_{h-j}——工作 $i-j$ 的紧前工作 $h-i$ 的最早开始时间；

　　　D_{h-j}——工作 $i-j$ 的紧前工作 $h-i$ 的持续时间。

$$ES_{2-3}=ES_{2-4}=ES_{2-5}=EF_{1-2}=5$$
$$ES_{3-4}=\max\{EF_{1-3}, EF_{2-3}\}=\max\{6, 8\}=8$$

（5）网络计划的计算工期 T_c 指根据时间参数计算得到的工期，它应按下式计算：

$$T_c=\max\{EF_{i-n}\} \qquad (5-4)$$

式中　EF_{i-n}——以终点节点为箭头节点的工作的最早完成时间。

在本例中，网络计划的计算工期为

$$T_c=\max\{EF_{4-6}, EF_{5-6}\}=\max\{14, 16\}=16$$

网络计划的计划工期 T_p，指按要求工期 T_r 和计算工期 T_c 确定的作为实施目标的工期，其计算应按下述规定：

① 当已规定要求工期时：

$$T_p \leqslant T_r \qquad (5-5)$$

② 当未规定要求工期时：

$$T_p=T_c \qquad (5-6)$$

由于本例未规定要求工期，故计划工期取其计算工期，即 $T_p=T_c=16$，此工期标注在终点节点⑥的右侧，并用方框框起来。

2）工作的最迟完成时间和最迟开始时间

工作的最迟完成时间指在不影响整个任务按期完成的前提下，本工作必须完成的最迟时刻，用 LF 表示。

工作的最迟开始时间指在不影响整个任务按期完成的前提下，本工作必须开始的最迟时刻，用 LS 表示。

LF 和 LS 的计算应符合下列规定。

(1) 工作 $i-j$ 的最迟完成时间 LF_{i-j} 和最迟开始时间 LS_{i-j} 应从网络计划终点节点开始，逆着箭线方向依次逐项计算。

(2) 以终点节点($j=n$)为箭头节点的工作的最迟完成时间 LF_{i-j}，应按网络计划的计划工期 T_p 确定，即

$$LF_{i-n}=T_P \qquad (5-7)$$

$$LF_{4-6}=LF_{5-6}=16$$

(3) 工作的最迟开始时间可利用式(5-8)进行计算：

$$LS_{i-j}=LF_{i-j}-D_{i-j} \qquad (5-8)$$

$$LS_{4-6}=LF_{4-6}-D_{4-6}=16-3=13$$

$$LS_{5-6}=LF_{5-6}-D_{5-6}=16-5=11$$

(4) 其他工作 $i-j$ 的最迟完成时间可利用式(5-9)进行计算：

$$LF_{i-j}=\min\{LS_{j-k}\}=\min\{LF_{j-k}-D_{j-k}\} \qquad (5-9)$$

式中　LS_{j-k}——工作 $i-j$ 的紧后工作 $j-k$ 的最迟开始时间；

LF_{j-k}——工作 $i-j$ 的紧后工作 $j-k$ 的最迟完成时间；

D_{j-k}——工作 $i-j$ 的紧后工作 $j-k$ 的持续时间。

$$LF_{2-5}=LF_{4-5}=LS_{5-6}=11$$

$$LF_{2-4}=LF_{3-4}=\min\{LS_{4-5}, LS_{4-6}\}=\min\{11, 13\}=11$$

3) 工作的总时差

总时差是指在不影响总工期的前提下，本工作可以利用的机动时间。工作 $i-j$ 的总时差 TF_{i-j} 按下式计算：

$$TF_{i-j}=LS_{i-j}-ES_{i-j} \qquad (5-10)$$

$$TF_{i-j}=LF_{i-j}-EF_{i-j} \qquad (5-11)$$

$$TF_{1-3}=LS_{1-3}-ES_{1-3}=3-0=3$$

$$TF_{1-3}=LF_{1-3}-EF_{1-3}=9-6=3$$

4) 工作的自由时差

自由时差是指在不影响其紧后工作最早开始时间的前提下，本工作可以利用的机动时间，工作 $i-j$ 的自由时差 FF_{i-j} 的计算应符合下列规定：

(1) 当工作 $i-j$ 有紧后工作 $j-k$ 时，其自由时差应为：

$$FF_{i-j}=ES_{j-k}-EF_{i-j}=ES_{j-k}-ES_{i-j}-D_{i-j} \qquad (5-12)$$

$$FF_{1-3}=ES_{3-4}-EF_{1-3}=8-6=2$$

(2) 以终点节点($j=n$)为箭头节点的工作，其自由时差应按网络计划的计划工期 T_P 确定，即

$$FF_{i-n}=T_P-EF_{i-j}=T_P-ES_{i-j}-D_{i-j} \qquad (5-13)$$

$$FF_{4-6}=T_P-EF_{4-6}=16-14=2$$

$$FF_{5-6}=T_P-EF_{5-6}=16-16=0$$

需要说明的是，在网络计划中以终点节点为箭头节点的工作，其自由时差与总时差一定相等。此外，当 $T_P=T_c$ 时，工作的总时差为零，其自由时差一定为零，可不必进行专门计算。

5）关键工作和关键线路的确定

在网络计划中，总时差最小的工作为关键工作。当规定工期时，$T_c = T_P$，最小总时差为零；当 $T_c > T_P$ 时，最小总时差为负数；当 $T_c < T_P$ 时，最小总时差为正数。

例如在本例中，$T_P = T_c$，工作①—②、工作②—④、工作⑤—⑥的总时差为零，故它们都为关键工作。

自始至终全部由关键工作组成的线路为关键线路。一般用粗线、双线或彩线标注。在关键线路上可能有虚工作存在。例如在本例中，线路①→②→④→⑤→⑥即为关键线路。

2. 节点计算法

所谓节点计算法，就是先计算网络计划中各个节点的最早时间和最迟时间，然后再据此计算各项工作的时间参数和网络计划的计算工期。按节点计算法的标注方式如图 5.31 所示。

下面以如图 5.32 所示双代号网络计划为例，说明节点时间参数的含义，并进行节点的时间参数计算。

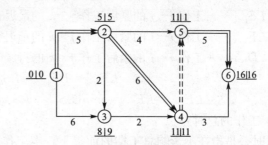

图 5.31 节点计算法的标注方式   **图 5.32 节点计算法示例**

1）节点最早时间

节点最早时间是指双代号网络计划中，以该节点为开始节点的各项工作的最早开始时间，用 ET 表示，其计算应符合下列规定：

（1）节点 i 的最早时间 ET_i 应从网络计划的起点节点开始，顺着箭线的方向逐个节点计算。

（2）起点节点 i 如未规定最早时间 ET_i 时，其值应等于零，即

$$ET_i = 0 (i=1) \tag{5-14}$$
$$ET_1 = 0$$

（3）当节点 j 只有一条内向箭线时，最早时间应为

$$ET_j = ET_i + D_{i-j} \tag{5-15}$$

式中　ET_j——工作 $i-j$ 的完成节点 j 的最早时间；

ET_i——工作 $i-j$ 的完成节点 i 的最早时间；

D_{i-j}——工作 $i-j$ 的持续时间。

$$ET_2 = ET_1 + D_{1-2} = 0 + 5 = 5$$

（4）当节点 j 有多条内向箭线时，其最早时间应为

$$ET_j = \max\{ ET_i + D_{i-j} \} \tag{5-16}$$

$$ET_3 = \max\{ET_1 + D_{1-3}, ET_2 + D_{2-3}\} = \max\{0+6, 5+3\} = 8$$

（5）网络计划的计算工期 T_c 应按下式计算：

$$T_c = ET_n \qquad\qquad (5-17)$$

式中　ET_n——终点节点 n 的最早时间。

$$T_c = ET_6 = 16$$

2）网络计划的计划工期的确定

网络计划的计划工期 T_P 的确定与工作计算法相同。所以，本例的计划工期为

$$T_P = T_c = 16$$

3）节点最迟时间

节点最迟时间是指双代号网络计划中，以该节点为完成节点的各项工作的最迟完成时间，用 LT 表示，其计算应符合下列规定：

（1）节点 i 的最迟时间 LT_i，应从网络计划的终点节点开始，逆着箭线方向逐个节点计算。

（2）终点节点 n 的最迟时间 LT_n 应按网络计划的计划工期 T_P 确定，即

$$LT_n = T_P \qquad\qquad (5-18)$$

$$LT_6 = T_P = 16$$

（3）其他节点的最迟时间应按式(5-19)进行计算：

$$LT_i = \min\{LT_j - D_{i-j}\} \qquad\qquad (5-19)$$

式中　LT_i——工作 $i-j$ 的开始节点 i 的最迟时间；

　　　LT_j——工作 $i-j$ 的完成节点 j 的最迟时间；

　　　D_{i-j}——工作 $i-j$ 的持续时间。

$$LT_5 = LT_6 - D_{5-6} = 16 - 5 = 11$$

4）工作时间参数计算

（1）工作最早开始时间按下式计算：

$$ES_{i-j} = ET_i \qquad\qquad (5-20)$$

$$ES_{1-2} = ET_1 = 0$$

$$ES_{2-5} = ET_2 = 5$$

（2）工作最早完成时间按下式计算：

$$EF_{i-j} = ET_i + D_{i-j} \qquad\qquad (5-21)$$

$$EF_{1-2} = ET_1 + D_{1-2} = 0 + 5 = 5$$

$$EF_{2-5} = ET_2 + D_{2-5} = 5 + 4 = 9$$

（3）工作最迟完成时间按下式计算：

$$LF_{i-j} = LT_j \qquad\qquad (5-22)$$

$$LF_{1-2} = LT_2 = 5$$

$$LF_{2-5} = LT_5 = 11$$

（4）工作最迟开始时间按下式计算：

$$LS_{i-j} = LT_j - D_{i-j} \qquad\qquad (5-23)$$

$$LS_{1-2} = LT_2 - D_{1-2} = 5 - 5 = 0$$

$$LS_{2-5} = LT_5 - D_{2-5} = 11 - 4 = 7$$

（5）工作总时差按下式计算：

$$TF_{i-j}=LF_{i-j}-EF_{i-j}=LT_j-(ET_i+D_{i-j})=LT_j-ET_i-D_{i-j} \qquad (5-24)$$
$$TF_{1-2}=LT_2-ET_1-D_{1-2}=5-0-5=0$$
$$TF_{3-4}=LT_4-ET_3-D_{3-4}=11-8-2=1$$

（6）工作自由时差按下式计算：
$$FF_{i-j}=ES_{j-k}-ES_{i-j}-D_{i-j}=ET_j-ET_i-D_{i-j} \qquad (5-25)$$
$$FF_{1-3}=ET_3-ET_1-D_{1-3}=8-0-6=2$$
$$FF_{3-4}=ET_4-ET_3-D_{3-4}=11-8-2=1$$

5）关键工作和关键线路的确定

在双代号网络计划中，关键线路上的节点称为关键节点。关键节点的最迟时间与最早时间的差值最小。特别地，当网络计划的计划工期等于计算工期时，关键节点的最早时间与最迟时间必然相等。例如在本例中，节点①、②、③、④、⑤、⑥就是关键节点。关键工作两端的节点必为关键节点，但两端为关键节点的工作不一定是关键工作。关键节点必然处在关键线路上，但由关键节点组成的线路不一定是关键线路。例如在本例中节点①、②、⑤、⑥组成的线路就不是关键线路。

当利用关键节点判别关键工作时，要满足下列判别式：
$$ET_i+D_{i-j}=ET_j \qquad (5-26)$$
$$LT_i+D_{i-j}=LT_j \qquad (5-27)$$

如果两个关键节点之间的工作符合上述判别式，则该工作必然为关键工作，它应该在关键线路上。否则，该工作就不是关键工作，关键线路也就不会从此处通过。例如在本例中，工作①—②、工作②—④、虚工作④—⑤和工作⑤—⑥均符合上述判别式，故线路①→②→③→④→⑤→⑥为关键线路。

需要说明的是，以关键节点为完成节点的工作，其总时差和自由时差必然相等。例如在如图5.30所示网络计划中，工作②—⑤的总时差和自由时差均为2；工作③—④的总时差和自由时差均为1；工作④—⑥的总时差和自由时差均为2。

3. 标号法

标号法是一种快速寻求网络计划计算工期和关键线路的方法。它利用节点计算法的基本原理，对网络计算计划中的每一个节点进行标号，然后利用标号值确定网络计划的计算工期和关键线路。

下面以如图5.33所示双代号网络计划为例，说明标号法的计算过程。

（1）设起点节点①的标号值为零，即$b_1=0$。

（2）其他节点的标号值应根据式(5-28)按节点编号从小到大的顺序逐个进行计算：

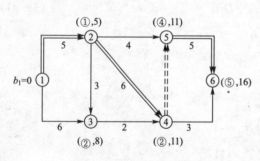

图5.33 标号法计算示例

$$b_j=\max\{b_i+D_{i-j}\} \qquad (5-28)$$

式中 b_j——工作$i-j$的完成节点j的标号值；

b_i——工作$i-j$的开始节点i的标号值；

D_{i-j}——工作$i-j$的持续时间。

$$b_2 = b_1 + D_{1-2} = 0 + 5 = 5$$
$$b_3 = \max\{b_1 + D_{1-3}, b_2 + D_{2-3}\} = \max\{0 + 6, 5 + 3\} = 8$$

当计算出节点的标号值后，应该用其标号值及其源节点对该节点进行双标号。所谓源节点，就是用来确定本节点标号值的节点。例如在本例中，节点③的标号值 8 是由节点②所确定的，故节点③的源节点就是节点②。

（3）网络计划的计算工期就是网络计划终点节点的标号值。如在本例中，其计算工期就等于终点⑥的标号值，$T_c = 16$。

（4）关键线路应从网络计划的终点节点开始，逆着箭线方向按源节点确定。

例如，从终点节点⑥开始，逆着箭线方向按源节点可以找出关键线路为①→②→④→⑤→⑥。

特别提示

双代号网络计划图中计算 6 个时间参数帮助记忆的口诀。

工作最早时间的计算：顺着箭线，取大值。

工作最迟时间的计算：逆着箭线，取小值。

总时差：最迟减最早

自由时差：后早始减本早完

（1）工作最早时间的计算（包括工作最早开始时间和工作最早完成时间）："顺着箭线计算，依次取大"（最早开始时间—取紧前工作最早完成时间的最大值），起始结点工作最早开始时间为 0。用最早开始时间加持续时间就是该工作的最早完成时间。

（2）网络计划工期的计算：终点节点的最早完成时间最大值就是该网络计划的计算工期，一般以这个计划工期为要求工期。

（3）工作最迟时间的计算（包括工作最迟完成时间和最迟开始时间）："逆着箭线计算，依次取小"（最迟完成时间—取紧后工作最迟开始时间的最小值）。与终点节点相连的最后一个工作的最早完成时间（计算工期）就是最后一个工作的最迟完成时间。用最迟完成时间减去工作的持续时间就是该工作的最迟开始时间。

（4）总时差："最迟减最早"（最迟开始时间减最早开始时间或者最迟完成时间减最早完成时间）。注意这里都是"最迟减最早"。每个工作都有总时差，最小的总时差是零，人们经常说总时差为零的工作是"没有总时差"。

（5）自由时差："后早始减本早完"（紧后工作的最早开始时间减本工作的最早完成时间）。自由时差总是小于、最多等于总时差，不会大于总时差。

【观察思考】
自由时差和总时差的关系。

5.3 单代号网络计划技术

引例 3

某钢筋混凝土工程有 3 个施工工程，分别为支模板、绑钢筋、浇混凝土，打算分 3 个施工段进行施工，如图 5.34 所示即为单代号网络计划。

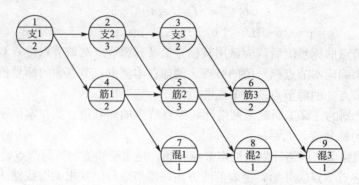

图 5.34 某钢筋混凝土工程施工进度单代号网络计划

本节主要讲述单代号网络计划的编制方法，通过学习具备编制单代号网络计划的能力。

5.3.1 单代号网络计划及特点

单代号网络计划是用单代号网络图加注工作持续时间而形成的网络计划，如图 5.34 所示。

1. 单代号网络计划的特点

单代号网络计划的构成与双代号网络计划相比，具有以下特点。

(1) 它使用的是单代号网络图，该网络图以节点及其编号表示工作，以箭线表示紧邻工作之间的逻辑关系。

(2) 由于单代号网络图中没有虚箭线，故编制单代号网络计划产生逻辑错误的概率较小。

(3) 由于工作的持续时间标注在节点内，没有长度，故不够形象，也不能绘制时标网络计划，更不能据图优化。

(4) 表示工作之间逻辑关系的箭线可能产生较多的纵横交叉现象。

2. 单代号网络图的构成

单代号网络图是以节点及其编号表示工作，以箭线表示紧邻工作之间的逻辑关系的网络图，它由节点、箭线和线路组成，如图 5.35 所示。

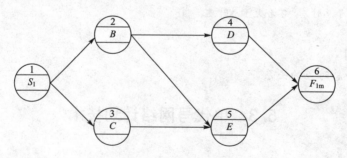

图 5.35 单代号网络图

1) 节点

单代号网络图中，每一个节点表示一项工作，宜用圆圈或矩形表示，如图 5.36 所示。

节点必须编号，此编号即该工作的代号，由于代号只有一个，故称为"单代号"。节点编号必须标注在节点内，可以连续编号，也可间断编号，但严禁重复。箭线的箭尾节点编号小于箭头节点编号。一项工作必须由唯一的一个节点及相应的一个编号表示。

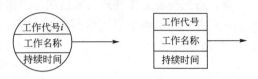

图 5.36　单代号网络图工作的表示方法

2）箭线

单代号网络图以箭线表示紧邻工作之间的逻辑关系。箭线应画成水平直线或斜线。箭线水平投影的方向应自左向右，表示工作的进行方向。

单代号网络图中没有虚箭线。

3）线路

与双代号网络图中线路的含义相同，单代号网络图的线路是指从起点节点至终点节点，沿箭线方向顺序通过一系列箭线与节点的通路。其中，持续时间最长的线路为关键线路，其余的线路为非关键线路。

5.3.2　单代号网络计划的绘制

由于单代号网络图和双代号网络图是网络计划两种不同的表达方式，因此关于双代号网络图的绘图规则也基本适用于单代号网络图。单代号网络图的绘制比双代号网络图的绘制要容易，也不容易出错，关键是要处理好箭线交叉，使图形规则，便容易读图。

1. 绘图规则

（1）单代号网络图必须正确表达已定的逻辑关系。

（2）单代号网络图中，严禁出现循环回路。

（3）单代号网络图中，严禁出现带双向箭头或无箭头的连线。

（4）单代号网络图中，严禁出现没有箭头节点或没有箭尾节点的箭线。

（5）绘制网络图时，箭线不宜交叉；当交叉不可避免时，可用过桥法或指向法绘制。

（6）单代号网络图只应有一个起点节点和一个终点节点；当网络图中有多个起点节点或多个终点节点时，应在网络图的两端分别设置一项虚工作(或称虚拟的起点节点和终点节点)，作为该网络图的起点节点(S_t)和终点节点(F_{in})，如图 5.37 所示。

2. 绘制方法

（1）绘图时，要从左向右逐个处理已经确定的逻辑关系。只有紧前工作都绘制完成后，才能绘制本工作，并使本工作与紧前工作用箭线相连。

（2）当出现多个"起点节点"或多个"终点节点"时，应在网络图的两端设置一个虚拟的起点节点或终点节点，并使之与多个"起点节点"或"终点节点"相连，形成符合绘图规则的完整图形。

（3）绘制完成后，要认真检查，看图中的逻辑关系是否与已经逻辑关系表中的逻辑关系相一致，是否符合以上绘图规则。

（4）检查无误，进行节点编号。

3. 绘制示例

【例 5.5】　将如图 5.37 所示双代号网络图绘制成单代号网络图。

解：首先按着工作展开的先后顺序绘出表示工作的节点，然后根据逻辑关系，将有紧前、紧后关系的工作节点用箭线连接起来，最后分别虚拟一个起点和一个终点节点，如图 5.38 所示。

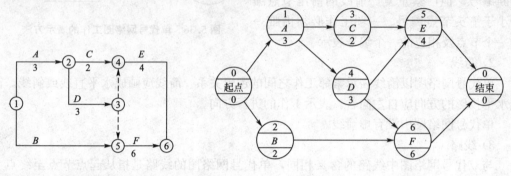

图 5.37　双代号网络图　　　　　图 5.38　单代号网络图

4. 绘图时的注意事项

单代号网络图的排列方法，均与双代号网络图相应部分类似，详见本章第二节。网络图绘制的要求如下。

（1）在保证网络图逻辑关系正确的前提下，要尽可能做到图面布局合理，层次清晰和重点突出。

（2）关键线路应该用粗箭线或双箭线表示。

（3）密切相关的工作，尽可能相邻布置，以便减少箭线交叉。如果无法避免箭线交叉时，应该用过桥法表示。

5.3.3　单代号网络计划时间参数计算

时间参数的计算应在确定各项工作持续时间之后进行。时间参数基本内容和形式应按如图 5.39 所示的方式标注。

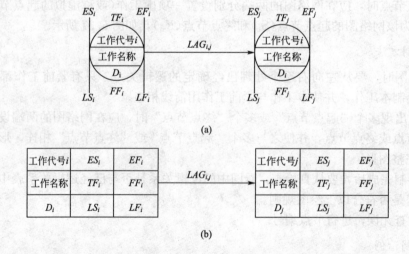

图 5.39　单代号网络计划时间参数的标注形式

下面以如图 5.40 所示单代号网络计划为例说明时间参数的计算。

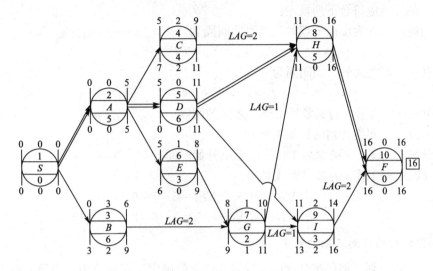

图 5.40 单代号网络计划时间参数计算示例

1. 工作最早开始时间和最早完成时间的计算

工作最早开始时间和最早完成时间的计算应从网络计划的起点节点开始，顺着箭线方向按节点编号从小到大的顺序依次进行。其计算步骤如下。

（1）起点节点 i 的最早开始时间 ES_i 如无规定时，其值应等于零，即

$$ES_i = 0 \ (i = 1) \tag{5-29}$$

$$ES_1 = 0$$

（2）工作最早完成时间按下式计算：

$$EF_i = ES_i + D \tag{5-30}$$

式中　EF_i——工作 i 的最早完成时间；

ES_i——工作 i 的最早开始时间；

D_i——工作 i 的持续时间。

$$EF_1 = ES_1 + D_1 = 0 + 0 = 0$$

（3）其他工作的最早开始时间按下式计算：

$$ES_i = \max\{EF_h\} \tag{5-31}$$

式中　ES_i——工作 i 的最早开始时间；

EF_h——工作 i 的紧前工作 h 的最早完成时间。

$$ES_2 = EF_1 = 0$$

$$ES_7 = \max\{EF_3, EF_6\} = \max\{6, 8\} = 8$$

（4）网络计划的计算工期等于其终点节点所代表的工作的最早完成时间。

$$T_c = EF_{10} = 16$$

2. 相邻两项工作 i 和工作 j 之间的时间间隔 $LAG_{i,j}$ 的计算

为了便于计算时差，根据单代号网络图的特点，引进一个表示前面一项工作 i 的最早完成时间与后面一项工作 j 的最早开始时间之间的时间间隔参数，如图 5.40 所示。

相邻两项工作之间的时间间隔 $LAG_{i,j}$ 指的是其紧后工作的最早开始时间与本工作最早

完成时间的差值，表明该相邻两个工作之间有一段时间间歇。

$LAG_{i,j}$ 的计算应符合下列规定：

（1）当终点节点为虚拟节点时，其时间间隔为

$$LAG_{i,n}=T_P-EF_i \qquad (5-32)$$

（2）其他节点之间的时间间隔为

$$LAG_{i,j}=ES_j-EF_i \qquad (5-33)$$

式中　　$LAG_{i,j}$——工作 i 与其紧后工作 j 之间的间隔；

$\qquad$ T_P——网络计划的计划工期；

$\qquad$ ES_j——工作 i 的紧后工作 j 的最早开始时间；

$\qquad$ EF_i——工作 i 的最早完成时间。

$$LAG_{2,4}=ES_4-EF_2=5-5=0$$
$$LAG_{3,7}=ES_7-EF_3=8-6=2$$

3. 网络计划的计划工期的确定

网络计划的计划工期仍按公式(5-5)或式(5-6)确定。在本例中，假设未规定要求工期，则其计划工期就等于计算工期，即

$$T_P=T_c=16$$

4. 工作总时差的计算

工作总时差的计算应从网络计划的终点节点开始，逆着箭线方向按节点编号从大到小的顺序依次进行。

（1）终点节点所代表的工作 n 的总时差 TF_n 值应为

$$TF_n=T_P-T_c \qquad (5-34)$$

当计划工期等于计算工期时，该工作的总时差为零。

$$TF_{10}=T_P-T_c=16-16=0$$

（2）其他工作 i 的总时差 TF_i 应为

$$TF_i=\min\{TF_j+LAG_{i,j}\} \qquad (5-35)$$
$$TF_9=TF_{10}+LAG_{9,10}=0+2=2$$
$$TF_7=\min\{TF_8+LAG_{7,8},\ TF_9+LAG_{7,9}\}=\min\{0+1,\ 2+1\}=1$$

5. 工作自由时差的计算

（1）终点节点所代表的工作 n 的自由时差 FF_n 应为

$$FF_n=T_P-EF_n \qquad (5-36)$$
$$FF_{10}=T_P-EF_{10}=16-16=0$$

（2）其他工作 i 的自由时差 FF_i 应为：

$$FF_i=\min\{LAG_{i,j}\} \qquad (5-37)$$
$$FF_3=LAG_{3,7}=2$$
$$FF_7=\min\{LAG_{7,8},\ LAG_{7,9}\}=\min\{1,\ 1\}=1$$

6. 工作最迟完成时间和最迟开始时间的计算

1）根据计划工期计算

工作最迟完成时间和最迟开始时间的计算应从网络计划的终点节点开始，逆着箭线方

向按节点编号从大到小的顺序依次进行。

(1) 终点节点 n 的最迟完成时间 LF_n 等于该网络计划的计划工期，即

$$LF_n = T_P \qquad (5-38)$$

$$LF_{10} = T_P = 16$$

(2) 工作最迟开始时间的计算按下式进行：

$$LS_i = LF_i - D_i \qquad (5-39)$$

$$LS_{10} = LF_{10} - D_{10} = 16 - 0 = 16$$

(3) 其他工作 i 的最迟完成时间 LF_i 应为

$$LF_i = \min\{LS_j\} \qquad (5-40)$$

$$LF_9 = LS_{10} = 16$$

$$LF_7 = \min\{LS_8, LS_9\} = \min\{11, 13\} = 11$$

2）根据总时差计算

(1) 工作最迟完成时间按下式计算：

$$LF_i = EF_i + TF_i \qquad (5-41)$$

$$LF_4 = EF_4 + TF_4 = 9 + 2 = 11$$

$$LF_9 = EF_9 + TF_9 = 14 + 2 = 16$$

(2) 工作最迟开始时间按下式计算：

$$LS_i = ES_i + TF_i \qquad (5-42)$$

$$LS_4 = ES_4 + TF_4 = 5 + 2 = 7$$

$$LS_9 = ES_9 + TF_9 = 11 + 2 = 13$$

例题中未列出的其他工作的时间参数读者可以自己计算。

7. 关键工作和关键线路的确定

单代号网络计划关键工作的确定方法与双代号网络计划相同，即总时差最小的工作为关键工作，根据这个规定，本例的关键工作是 A、D、H 三项。S 和 F 为虚拟工作。

在单代号网络计划中，从起点节点开始到终点节点均为关键工作，且所有工作的时间间隔均为零的线路即为关键线路。因此本例中的关键线路是①→②→⑤→⑧→⑩。关键线路在网络计划中可以用粗线、双线或彩色线标注。

特别提示

与双代号网络图比较，单代号网络图绘图简便，逻辑关系明确，没有虚箭线，便于检查修改。特别是随着计算机在网络计划中的应用不断扩大，近年来国内外对单代号网络图逐渐重视起来。

单代号网络图具有以下特点。

(1) 单代号网络图用节点及其编号表示工作，而箭线仅表示工作间的逻辑关系。

(2) 单代号网络图作图简便，图面简洁，由于没有虚箭线，产生逻辑错误的可能较小。

(3) 单代号网络图用节点表示工作：没有长度概念，不够形象，不便于绘制时标网络图。

(4) 单代号网络图更适合用计算机进行绘制、计算、优化和调整。最新发展起来的几种网络计划形式，如决策网络（DCPM）、图式评审技术（GERT）、前导网络（PN）等，都是采用单代号表示的。

【观察思考】

单代号网络计划时间参数的计算和双代号网络计划时间参数的计算有何异同？

5.4   双代号时标网络计划技术

引例 4

时标网络计划是网络计划的一种表现形式，也称带时间坐标的网络计划，是以时间坐标为尺度编制的网络计划，如图 5.41 所示。在一般网络计划中，箭线长短并不表明时间的长短，而在时标网络计划中，箭线长短和所在位置即表示工作的时间进程，这是时标网络计划与一般网络计划的主要区别。时标网络计划能清楚地看到一项任务的工期及其他参数。

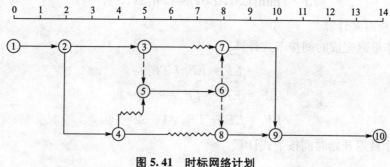

图 5.41   时标网络计划

本节主要讲述时标网络计划的编制方法，通过学习具备编制时标网络计划的能力。

5.4.1   双代号时标网络计划的绘制

1. 时标网络计划的特点和适用范围

时标网络计划是网络计划与横道计划的有机结合，它在横道图的基础上引进了网络计划中工作之间逻辑关系的表达方法，既解决了横道图中各项工作相互关系不明确、许多时间参数无法计算的缺点，又解决了网络计划图形时间表达不直观的问题。它的主要特点如下。

(1) 各项工作的开始与完成时间一目了然，表达直观，还能直接显示各项工作的自由时差，关键线路、关键工作也能很快得出，基本上不必再进行网络计划时间参数的计算。

(2) 便于在图上计算劳动力、材料等资源的需用量，并能在图上调整时差，进行网络计划的工期和资源的优化。

(3) 修改和调整时标网络计划较烦琐，需要借助计算机完成，不适宜手工操作。对一般的网络计划，若改变某一工作的持续时间，只需更改箭线下方所标注的时间数字就行，十分简便。但是，时标网络计划是用线段的长短来表示每一工作的持续时间的，若改变时间就需改变箭线的长度和位置，这样往往会引起整个网络图的变动。

2. 时标网络计划的适用范围

时标网络计划的适用范围是：工作项目较少、工艺过程比较简单的工程；局部网络计划；作业性网络计划；使用实际进度前锋线进行进度控制的网络计划。

3. 双代号时标网络计划的一般规定

（1）双代号时标网络计划必须以水平时间坐标为尺度表示工作时间。时标的时间单位应根据需要在编制网络计划之前确定，可以是时、天、周、月或季等。

（2）时标网络计划应以实箭线表示工作，以虚箭线表示虚工作，以波形线表示工作的自由时差。

（3）时标网络计划中所有符号在时间坐标上的水平投影位置，都必须与其时间参数相对应。节点中心必须对准相应的时标位置。虚工作必须以垂直方向的虚箭线表示，有自由时差时加波形线表示。

4. 时标网络计划的绘制方法

时标网络计划宜按工作的最早开始时间绘制。编制时标网络计划之前，应先按已确定的时间单位绘出时标计划表。时标可标注在时标计划表的顶部或底部。时标的长度单位必须注明。必要时，可在顶部时标之上或底部时标之下加注日历的对应时间。时标计划表格式宜符合表5-6的规定。时标计划表中部的刻度线宜为细线。为使图面清楚，此线也可以不画或少画。

表5-6 时标网络计划表

日历																	
（时间单位）	1	2	3	4	5	6	7	8	9	10	11	12	13	14	15	16	17
网络计划																	
（时间单位）	1	2	3	4	5	6	7	8	9	10	11	12	13	14	15	16	17

编制时标网络计划应先绘制无时标网络计划草图，然后按以下两种方法之一进行。

1）间接绘制法

所谓间接绘制法，是指先计算无时标网络计划的时间参数，再根据时间参数按草图在时标计划表上进行绘制。

【例5.6】 已知某工程网络计划如图5.42所示，试绘制时标网络计划。

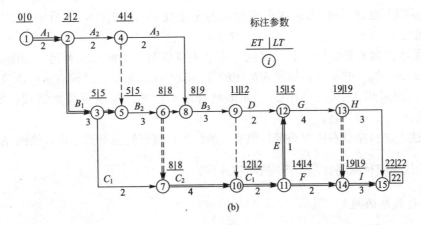

(b)

图5.42 某工程网络计划

解：（1）计算各节点最早时间（即各工作的最早开始时间），如图 5.43 所示。

（2）在时标表上，按最早开始时间确定每项工作的开始节点位置（图形尽量与草图一致）。

（3）按各工作的时间长度绘制相应工作的实线部分，使其在时间坐标上的水平投影长度等于工作时间；虚工作因为不占时间，故只能以垂直虚线表示。

（4）用波形线把实线部分与其紧后工作的开始节点连接起来，以表示自由时差。

完成后的时标网络计划如图 5.43 所示。

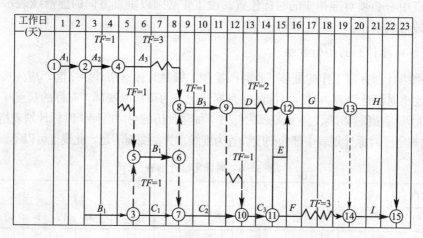

图 5.43　某工程时标网络计划

2）直接绘制法

所谓直接绘制法，是指不计算时间参数，直接根据无时标网络计划在时标表上进行绘制。仍以图 5.43 为例，绘制时标网络计划的步骤如下。

（1）绘制时标表。

（2）将起点节点定位在时标表的起始刻度线上，如图 5.43 所示的节点①。

（3）按工作持续时间绘制起点节点的外向箭线，如图 5.43 所示的①—②。

（4）有一条内向箭线的节点只要其内向箭线绘出之后，就可直接定位，如图 5.43 所示的②、③、④、⑨、⑪、⑬。

（5）有多条内向箭线的节点必须在其所有内项箭线都绘出后，定位在这些箭线中最晚完成的实箭线头处（即最长实箭线末端对应的刻度线上），如图 5.43 所示的⑤、⑦、⑧、⑩、⑫、⑭、⑮。

（6）某些内向实箭线长度不足以到达该箭头节点时，用波形线补足。如图 5.43 所示的④—⑧、⑧—⑫、⑪—⑭，如果虚箭线的开始节点和结束节点之间有水平距离时，以波形线补足，如箭线④—⑤、⑨—⑩。如果没有水平距离，绘制垂直虚箭线，如③—⑤、⑥—⑦、⑥—⑧、⑬—⑭。

用上述方法自左至右依次确定其他节点的位置，直至终点节点定位，绘图完成。

5.4.2　双代号时标网络计划中时间参数的判读

1. 关键线路的判定

时标网络计划中的关键线路可以从网络计划的终点节点开始，逆着箭线方向朝起点节

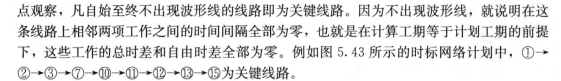

点观察，凡自始至终不出现波形线的线路即为关键线路。因为不出现波形线，就说明在这条线路上相邻两项工作之间的时间间隔全部为零，也就是在计算工期等于计划工期的前提下，这些工作的总时差和自由时差全部为零。例如图5.43所示的时标网络计划中，①→②→③→⑦→⑩→⑪→⑫→⑬→⑮为关键线路。

2. 时间参数的确定

1) 计算工期的确定

时标网络计划的计算工期应等于终点节点与起点节点所在位置的时标值之差。图5.43所示的时标网络计划的计算工期是22－0＝22。

2) 工作最早时间的确定

在时标网络计划中，每条箭线的箭尾节点中心所对应的时标值，代表该工作的最早开始时间，箭线实线部分右端或当工作无自由时差时箭线右端节点中心所对应的时标值代表该工作的最早完成时间。图5.43所示的①—②、②—④、②—③的每条箭线不存在波形线时，其右端节点中心所对应的时标值为该工作的最早完成时间，即①—②、②—④、②—③的最早完成时间分别是2、4和5；图5.43所示的④—⑧、⑨—⑫、⑪—⑭的每条箭线中存在波形线时，它们的最早开始时间分别为4、11和14，而它们的最早完成时间分别为6、13和16。

3) 工作自由时差的确定

时标网络计划中，工作自由时差等于其波形线在坐标轴上水平投影的长度。例如图5.43所示的工作④—⑧的自由时差为2，工作④—⑤的自由时差为1，工作⑨—⑩的自由时差为1，工作⑨—⑫的自由时差为2，工作⑪—⑭的自由时差为3，其他工作无自由时差。

4) 工作总时差的计算

总时差不能从图上直接判定，需要进行计算。计算应自右向左进行，且符合下列规定。

(1) 以终点节点为箭头节点的工作的总时差 TF_{i-n} 按下式计算：

$$TF_{i-n}=T_P-EF_{i-n} \tag{5-43}$$

$$TF_{13-15}=T_P-EF_{13-15}=22-22=0$$

$$TF_{14-15}=T_P-EF_{14-15}=22-22=0$$

(2) 其他工作的总时差应为：

$$TF_{i-j}=\min\{TF_{j-k}+FF_{i-j}\} \tag{5-44}$$

$$TF_{12-13}=TF_{13-15}+FF_{12-13}=0+0=0$$

$$TF_{11-14}=TF_{14-15}+FF_{11-14}=0+2=2$$

$$TF_{2-4}=\min\{TF_{4-5}+FF_{2-4}, TF_{4-8}+FF_{2-4}\}=\min\{1+0, 3+0\}=1$$

5) 工作最迟时间的计算

工作最迟开始时间和最迟完成时间按下式计算：

$$LS_{i-j}=ES_{i-j}+TF_{i-j} \tag{5-45}$$

$$LF_{i-j}=EF_{i-j}+TF_{i-j} \tag{5-46}$$

$$LS_{2-4}=ES_{2-4}+TF_{2-4}=2+1=3$$

$$LF_{2-4}=EF_{2-4}+TF_{2-4}=4+1=5$$

 特别提示

时标网络计划宜按各项工作的最早开始时间编制。

在编制时标网络计划之前，应先按已经确定的时间单位绘制时标网络计划表。时间坐标可以标注在时标网络计划表的顶部或底部，也可以在时标网络计划表的顶部和底部同时标注时间坐标。

编制时标网络计划应先绘制无时标的网络计划草图，然后按间接绘制法或直接绘制法进行。

【观察思考】

时标网络计划最大的优点是什么？

5.5 网络计划的优化与应用

引例 5

在编制一项工程计划时，企图一下子达到十分完善的地步，一般来说是不太可能的。初始网络的关键线路往往拖得很长，非关键线路上的富裕时间很多，网络松散，任务周期长。通常在初步网络计划方案制定以后，需要根据工程任务的特点，再进行调整与优化，从系统工程的角度对时间、资金和人力等进行合理匹配，使之得到最佳的周期、最低的成本以及对资源最有效利用的结果。结合不同的要求，对网络进行优化的方法也各有不同。

本节对几种常见的优化方法作一简要介绍。

网络计划的绘制和时间参数的计算，只是完成网络计划的第一步，得到的只是计划的初始方案，是一种可行方案，但不一定是最优方案。由初始方案形成最优方案，就要对计划进行网络计划的优化。

网络计划的优化，就是在满足既定约束条件下，按选定目标，通过不断改进网络计划寻求满意方案。

网络优化的优化目标，应按计划任务的需要和条件选定，包括工期目标、费用目标、资源目标。网络计划优化的内容有工期优化、费用优化和资源优化。

1. 工期优化

所谓网络计划的工期优化，就是缩短网络计划初始方案的计算工期，达到要求工期；或在一定的约束条件下使工期缩短。工期优化，一般是通过压缩关键工作的持续时间来实现的，但在优化过程中不能将关键工作压缩成非关键工作。当优化过程中出现有多条关键线路时，必须同时压缩各条关键线路的持续时间，否则不能有效地缩短工期。

工期优化的计算，应按下列步骤进行。

（1）计算并找出初始网络计划的计算工期、关键线路及关键工作。

（2）按要求工期计算应缩短的持续时间。

（3）确定各关键工作能缩短的持续时间。

（4）选择关键工作，压缩其持续时间，并重新计算网络计划的计算工期；选择应缩短持续时间的关键工作时，宜考虑以下因素：缩短持续时间对质量和安全影响不大的工作；有充足备用资源的工作；缩短持续时间所需增加费用最小的工作。

（5）当计算工期仍超过要求工期时，则重复以上（1）—（4）的步骤，直到满足工期要求或工期已不能再缩短为止。

（6）当所有关键工作的持续时间都已达到其能缩短的极限而工期仍不满足要求时，则应对计划的原技术方案、组织方案进行调整或对要求工期重新审定。

【例 5.7】 某网络计划如图 5.44 所示，图中括号内数据为工作最短持续时间，假定要求工期为 100 天，试对其进行工期优化。

解： 工期优化的步骤如下。

第一步：用工作正常持续时间计算节点的最早时间和最迟时间以找出网络计划的关键工作及关键线路（也可用标号法确定），如图 5.45 所示。其中关键线路用双箭线表示，为①→③→④→⑥，关键工作为①—③，③—④，④—⑥。

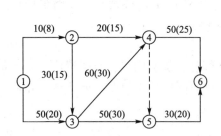

图 5.44 某网络计划图

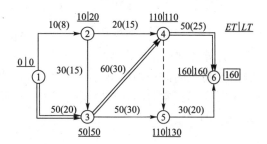

图 5.45 某网络计划的节点时间参数计算

第二步：计算需缩短时间。根据图 5.45 所计算的工期需要缩短时间 60 天。根据图 5.44 中的数据，关键工作①—③可压缩 30 天；关键工作③—④可压缩 30 天；关键工作④—⑥可压缩 25 天。这样，原关键线路总计可压缩的工期为 85 天。由于只需压缩 60 天，且考虑到前述原则，因缩短工作④—⑥增加劳动力较多，故仅压缩 10 天，另外两项工作则分别压缩 20 天和 30 天，重新计算网络计划工期如图 5.46 所示，图中标出了新的关键线路，工期为 120 天。

第三步：一次压缩后不能满足工期要求，再作第二次压缩。

按要求工期尚需压缩 20 天，仍根据前述原则，选择工作②—③，③—⑤较宜。用最短工作持续时间置换工作②—③和工作③—⑤的正常持续时间，重新计算网络计划，如图 5.47 所示。对其进行计算，可知已满足工期要求。

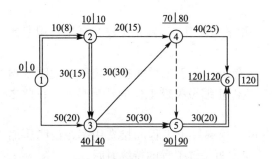

图 5.46 某网络计划第一次调整结果

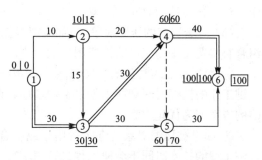

图 5.47 优化后的某网络计划

2. 费用优化

费用优化又称工期成本优化，是指寻求工程总成本最低的工期安排，或按要求工期寻求最低成本的计划安排的过程。

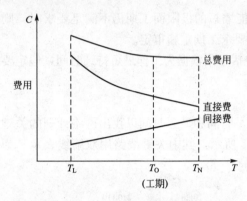

图 5.48 工期—费用曲线

网络计划的总费用由直接费和间接费组成。它们与工期之间的关系，如图 5.48 所示。缩短工期，会引起直接费用的增加和间接费用的减少；延长工期会引起直接费用的减少和间接费用的增加。总费用曲线为 U 形曲线，当工期长时，总费用则提高；当工期短时，总费用也提高。U 形曲线的最低点相对应的工期即为最优工期。

费用优化可按下述步骤进行。

（1）按工作的正常持续时间，确定计算工期和关键线路。

（2）计算各项工作的直接费用率。

工作的持续时间每缩短单位时间而增加的直接费称为直接费用率。直接费用率等于最短时间直接费和正常时间直接费所得之差除以正常持续时间减最短持续时间所得之差而得出的商值，即

$$\Delta C_{i-j} = \frac{CC_{i-j} - CN_{i-j}}{DN_{i-j} - DC_{i-j}} \qquad (5-47)$$

式中　ΔC_{i-j}——工作 $i-j$ 的直接费用率；

$\quad CC_{i-j}$——工作 $i-j$ 的最短时间直接费，即将工作 $i-j$ 的持续时间缩短为最短持续时间后，完成该工作所需直接费；

$\quad CN_{i-j}$——工作 $i-j$ 的正常时间直接费，即按正常持续时间完成工作 $i-j$ 所需的直接费；

$\quad DN_{i-j}$——工作 $i-j$ 的正常持续时间；

$\quad DC_{i-j}$——工作 $i-j$ 的最短持续时间。

（3）确定间接费用率。

间接费用率是工作的持续时间每缩短单位时间减少的间接费，间接费率一般根据实际情况确定。

（4）在网络计划中找出直接费率（或组织直接费率）最小的一项关键工作或一组关键工作，作为缩短持续时间的对象。

（5）对于选定的压缩对象（一项关键工作或一组关键工作），首先比较其直接费用率或组合直接费用率与工程间接费用率的大小。

① 如果被压缩对象的直接费用率或组织直接费用率大于工程间接费用率，说明压缩关键工作的持续时间会使工程总费用增加，此时应停止缩短关键工作的持续时间，在此之前的方案即为优化方案。

② 如果被压缩对象的直接费用率或组合直接费用率等于工程间接费用率，说明压缩关键工程的技术时间不会使工程总费用增加，故应缩短关键工程的持续时间。

③ 如果被压缩对象的直接费用率或组合直接费用率小于工程间接费用率，说明压缩

关键工程的持续时间会使工程总费用减少，故应缩短关键工作的持续时间。

（6）当需要缩短关键工作的持续时间时，其缩短值必须符合所在关键线路不能变成非关键线路，且缩短后的持续时间不小于最短持续时间的原则。

（7）计算关键工作持续时间缩短后相应增加的总费用。

（8）重复上述步骤（4）—（7），直至计算工期满足要求工期或被压缩对象的直接费用率或组合直接费用率大于工程间接费用率为止。

现在举例说明优化方法和步骤。

【例 5.8】 某工程双代号网络计划如图 5.49 所示。有关数据列于表 5-7 中，该工程的间接费用率为 0.8 万元/天，试对其进行费用优化。

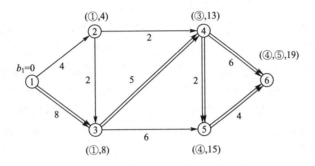

图 5.49 初始网络计划

解：（1）根据各项工作的正常持续时间，用标号法确定网络计划的计算工期和关键线路，如图 5.49 所示。计算工期为 19 天，关键线路有两条，即①→③→④→⑥和①→③→⑤→⑥。

（2）计算各项工作的直接费用率，根据式（5-47）进行计算，计算结果列在表 5-7 中。

表 5-7 已知数据及工作的直接费用率计算表

工作	正常持续时间			直接费用			
	正常施工/天	最短施工/天	可缩短的时间/天	正常施工/万元	最短施工/万元	差额/万元	费用率/（万元/天）
①—②	4	2	2	7.0	7.4	0.4	0.2
①—③	8	6	2	9.0	11.0	2.0	1.0
②—③	2	1	1	5.7	6.0	0.3	0.3
②—④	2	1	1	5.5	6.0	0.5	0.5
③—④	5	3	2	8.0	8.4	0.4	0.2
③—⑤	6	4	2	8.0	9.6	1.6	0.8
④—⑤	2	1	1	5.0	5.7	0.7	0.7
④—⑥	6	4	2	7.5	8.5	1.0	0.5
⑤—⑥	4	2	2	6.5	6.9	0.4	0.2
总计				62.2			

(3) 计算工程总费用。

直接费用总和＝7.0＋9.0＋5.7＋5.5＋8.0＋8.0＋5.0＋7.5＋6.5＝62.2(万元)

间接费总和＝0.8×19＝15.2(万元)

工程总费用＝62.2＋15.2＝77.4(万元)

(4) 通过压缩关键工作的持续时间进行费用优化。

① 第一次压缩。从图 5.49 可知，该网络计划中有两条关键线路，为了同时缩短两条关键线路的总持续时间，有以下 4 个压缩方案。

a. 压缩工作①—③，直接费用率为 1.0 万元/天。

b. 压缩工作③—④，直接费用率为 0.2 万元/天。

c. 同时压缩工作④—⑤和④—⑥，组合直接费用率为 0.7＋0.5＝1.2 万元/天。

d. 同时压缩工作④—⑥和⑤—⑥，组合直接费用率为 0.5＋0.2＝0.7 万元/天。

在上述压缩方案中，由于工作③—④的直接费用率最小，故应选择工作③—④作为压缩对象。工作③—④的直接费用率 0.2 万元/天，小于间接费用率 0.8 万元/天，说明压缩工作③—④可使工程总费用降低。由于将工作③—④的持续时间压缩至最短持续时间 3天，关键工作将被压缩成关键工作，故将其持续时间压缩 1 天，第一次压缩后的网络计划如图 5.50 所示。

② 第二次压缩。从图 5.50 可知，该网络计划中有三条关键线路，为了同时缩短三条关键线路的总持续时间，有以下 5 个压缩方案。

a. 压缩工作①—③，直接费用率为 1.0 万元/天。

b. 同时压缩工作③—④和③—⑤，组合直接费用率为 0.2＋0.8＝1.0 万元/天。

c. 同时压缩工作③—④和⑤—⑥，组合直接费用率为 0.2＋0.2＝0.4 万元/天。

d. 同时压缩工作③—⑤、④—⑤和④—⑥，组合直接费用率为 0.8＋0.7＋0.5＝2.0万元/天。

e. 同时压缩工作④—⑥和⑤—⑥，组合直接费用率为 0.5＋0.2＝0.7 万元/天。

在上述压缩方案中，由于工作③—④和工作⑤—⑥的组合直接费用率 0.4 万元/天，小于间接费用率 0.8 万元/天，说明同时压缩工作③—④和工作⑤—⑥可使工程总费用降低。由于工作③—④的持续时间只能压缩 1 天，工作⑤—⑥的持续时间也只能压缩 1 天。将这两项工作的持续时间同时压缩 1 天后，利用标号法重新确定计算工期和关键线路。此时，关键线路由压缩前的三条变成两条，原来的关键工作④—⑤未经压缩而被动地变成了非关键工作。第二次压缩后的网络计划如图 5.51 所示。

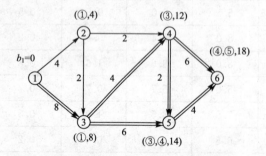

图 5.50　第一次压缩后的网络计划图

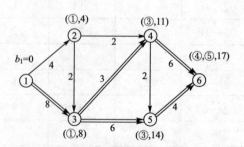

图 5.51　第二次压缩后的网络计划

③ 第三次压缩。从图 5.51 可知，由于工作③—④不能再压缩，而为同时缩短两条关键线路的总持续时间，有以下 3 个压缩方案。

a. 压缩工作①—③，直接费用率为 1.0 万元/天。

b. 同时压缩工作④—⑥和⑤—⑥的组合直接费用率 0.7 万元/天为最小，且小于间接费用率 0.8 万元/天，说明同时压缩工作④—⑥和工作⑤—⑥可使工程总费用降低。由于工作⑤—⑥的持续时间只能压缩 1 天后，利用标号法重新确定计算工期和关键线路。此时关键线路仍然为两条。第三次压缩后的网络计划如图 5.52 所示。

④ 第四次压缩。从图 5.52 可知，由于工作③—④和工作⑤—⑥不能再压缩，而为了同时缩短两条关键线路的总持续时间，只有以下两个压缩方案。

a. 压缩工作①—③，直接费用率为 1.0 万元/天。

b. 同时压缩工作③—⑤和④—⑥，组合直接费用率为 0.8+0.5＝1.3 万元/天。

在上述压缩方案中，由于工作①—③的直接费用率最小，故应选择工作①—③作为压缩对象。但由于工作①—③的直接费用率 1.0 万元/天，大于间接费用率 0.8 万元/天，说明压缩工作①—③会使工程总费用增加。因此，不需要压缩工作①—③，优化方案已经得到费用优化后的网络计划如图 5.53 所示。图中箭线上方括号内数字为工作的直接费。以上费用优化过程见表 5-8。

表 5-8　费用优化表

压缩次数	被压缩的工作代号	直接费用率或组合直接费用率/(万元/天)	费率差/(万元/天)	缩短时间	费用增加值	总工期/(天)	总费用/(万元)
0	—	—	—	—	—	19	77.4
1	③—④	0.2	−0.6	1	−0.6	18	76.8
2	③—④ ⑤—⑥	0.4	−0.4	1	−0.4	17	76.4
3	④—⑥ ⑤—⑥	0.7	−0.1	1	−0.1	16	76.3
4	①—③	1.0	+0.2	—	—	—	—

注：费率差是指工作直接费用率与工程间接费用率之差，它表示工期缩短单位时间时工程总费用增加的数值。

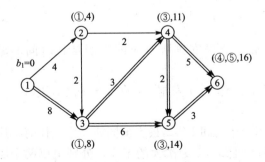

图 5.52　第三次压缩后的网络计划

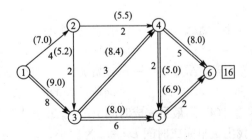

图 5.53　费用优化后的网络计划

(5) 计算优化后的工程总费用。

直接费总和＝7.0＋9.0＋5.7＋5.5＋8.4＋8.0＋5.0＋8.0＋6.9＝63.5(万元)

间接费总和＝0.8×16＝12.8(万元)

工程总费用＝63.5＋12.8＝76.3(万元)

3. 资源优化

资源是指为完成一项计划任务所需的人力、材料、机械设备和资金等的统称。完成一项工程任务所需的资源量最基本上是不变的，不可能通过资源优化将其减少。资源优化的目的是通过改变工作的开始时间和完成时间，使资源按照时间的分布符合优化目标。

一项工作在单位时间内所需的某种资源的数量称为资源强度；网络计划中各项工作在某一单位时间内所需某种资源数量之和称为资源需用量；单位时间内可供使用的某种资源的最大数量称为资源限量。

资源优化主要有"资源有限—工期最短"和"工期固定—资源均衡"两种。前者是通过调整计划安排，在满足资源限制条件下，使工期延长最少的过程；而后者是通过调整计划安排，在工期保持不变的条件下，使资源需用量尽可能均衡的过程。

进行资源优化时的前提条件如下。

(1) 在优化过程中，不改变网络计划中各项工作之间的逻辑关系。

(2) 在优化过程中，不改变网络计划中各项工作的持续时间。

(3) 网络计划中各项工作的资源强度为常数，即资源均衡，而且是合理的。

(4) 除规定可中断的工作外，一般不允许中断工作，应保持其连续性。

1)"资源有限—工期最短"的优化

优化步骤如下。

(1) 按照各项工作的最早开始时间安排进度计划，即绘制早时标网络计划，并计算网络计划每个时间单位的资源需要量。

(2) 从计划开始日期起，逐个检查每个时间单位资源需要量是否超过所能供应的资源限量。如果在整个工期范围内每个时间单位的资源需要量均能满足资源限量的要求，则可行优化方案就编制完成；否则必须进行计划调整。

(3) 分析超过资源限量的时段，按式(5-48)计算 $\Delta D_{m'-n',i'-j'}$ 值，依据它确定新的安排顺序。

$$\Delta D_{m'-n',i'-j'}=\min\{\Delta D_{m-n,i-j}\} \tag{5-48}$$

$$\Delta D_{m-n,i-j}=EF_{m-n}-LS_{i-j} \tag{5-49}$$

式中　$\Delta D_{m'-n',i'-j'}$——在各种顺序安排中，最佳顺序安排所对应的工期延长时间的最小值；

$\Delta D_{m-n,i-j}$——在资源冲突的诸工作中，工作 $i-j$ 安排在工作 $m-n$ 之后进行，工期所延长的时间。

(4) 当最早完成时间 $EF_{m'-n'}$ 最小值和最迟开始时间 $LS_{i'-j'}$ 最大值同属一个工作时，应找出最早完成时间 $EF_{m'-n'}$ 为次小，最迟开始时间 $LS_{i'-j'}$ 为次大的工作，分别组成两个顺序方案，再从中选取较小者进行调整。

(5) 绘制调整后网络计划，重新计算每个时间单位的资源需要量。

(6) 重复上述(2)~(4)，直至网络计划整个工期范围内每个时间单位的资源需要量均满足资源限量为止。

【**例 5.9**】 某网络计划如图 5.54 所示，图中箭线上的数为工作持续时间，箭线下的数为工作资源强度，假定每天只有 9 个工人可供使用，如何安排各工作最早开始时间使工期达到最短？

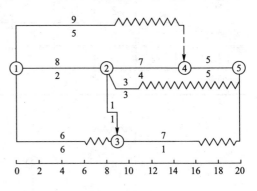

图 5.54 某网络计划

解：(1) 计算每日资源需要量，见表 5-9，(也可通过绘制劳动力动态曲线得到每日资源需要量)。

表 5-9 每日资源数量

工作日	1	2	3	4	5	6	7	8	9	10	11
资源数量	5	5	5	9	11	8	8	4	4	8	8
工作日	12	13	14	15	16	17	18	19	20	21	11
资源数量	8	7	7	4	4	4	4	4	5	5	5

(2) 逐日检查是否满足要求？在表 5-10 中看到第一天资源需用量就超过可供资源量(9 人)要求，必须进行工作最早开始时间调整。

表 5-10 超过资源限量的时段的工作时间参数表

工作代号 $i-j$	EF_{i-j}	LS_{i-j}
1—4	9	6
1—2	8	0
1—3	6	7

(3) 分析资源超限的时段。在第 1~6 天，有工作①—④、①—②、①—③，分别计算 EF_{i-j}、LS_{i-j}，确定调整工作最早开始时间方案。

根据公式(5-48)和式(5-49)，确定 $\Delta D_{m'-n',i'-j'}$ 最小值，$\min\{EF_{m-n}\}$ 和 $\max\{LS_{i-j}\}$ 属于同一工作①—③，找出 EF_{m-n} 的次小值及 LS_{i-j} 的次大值是 8 和 6，组成两组方案。

$$\Delta D_{1-3,1-4}=6-6=0$$

$$\Delta D_{1-2,1-3}=8-7=1$$

选择工作①—④安排在工作①—③之后进行，工期不增加，每天资源需用量从 13 人减少到 8 人，满足要求。如果有多个平行作业工作，当调整一项工作的最早开始时间后仍不能满足要求，就应继续调整。

重复以上计算方法与步骤。可行优化方见表 5-11 及如图 5.55 所示。

表 5 - 11　可行优化方案的每日资源数量表

工作日	1	2	3	4	5	6	7	8	9	10	11
资源数量	8	8	8	8	8	8	7	7	6	9	9
工作日	12	13	14	15	16	17	18	19	20	21	22
资源数量	9	9	9	9	8	4	9	6	6	6	6

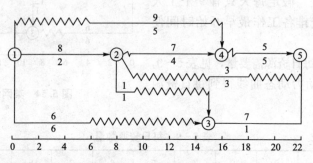

图 5.55　可行优化网络计划

2)"工期固定—资源均衡"的优化

"工期固定—资源均衡"的优化是在工期保持不变的条件下,调整工程施工进度计划,使资源需要量尽可能均衡,即整个工程每个单位时间的资源需要量不出现过高的高峰和低谷。这样可以大大减少施工现场各种临时设施的规模,不仅有利于工程建设的组织与管理,而且可以降低工程施工费用。

"工期固定—资源均衡"的优化方法有多种,如削高峰法、方差值最小法、极差值最小法等。这里仅介绍削高峰法,削高峰法的步骤如下。

(1)计算网络计划每天资源需用量。

(2)确定削峰目标,其值等于每天资源需用量的最大值减去一个单位量。

(3)找出高峰时段的最后时间 T_h 及有关工作的最早开始时间 ES_{i-j} 和总时差 TF_{i-j}。

(4)按式(5 - 50)计算有关工作的时间差值 ΔT_{i-j}。

$$\Delta T_{i-j} = TF_{i-j} - (T_h - ES_{i-j}) \qquad (5 - 50)$$

优先以时间差值最大的工作 $i'-j'$ 作调整对象,$ES_{i'-j'} = T_h$。

(5)若峰值不能再减少,即求得资源均衡优化方案,否则,重复以上步骤。

【例 5.10】　某时标网络计划如图 5.56 所示,图中箭线上的数为工作持续时间,箭线下的数为工作资源强度,试对其进行资源均衡优化。

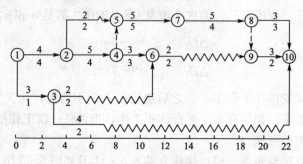

图 5.56　某时标网络计划

解：（1）计算每日所需资源数量，见表 5 - 12。

表 5 - 12 每日资源数量表

工作日	1	2	3	4	5	6	7	8	9	10	11
资源数量	5	5	5	7	9	8	8	6	6	8	8
工作日	12	13	14	15	16	17	18	19	20	21	11
资源数量	8	7	7	4	4	4	4	4	5	5	5

（2）确定削峰目标，其值等于表 5 - 12 中最大值减去一个单位量。削峰目标定为 10（⑪－①）。

（3）找出 T_h 及有关工作的最早开始时间 ES_{i-j} 和总时差 TF_{i-j}。

$$T_h = 5$$

在第 5 天有②—⑤、②—④、③—⑥、③—⑩这 4 个工作，相应的 FF_{i-j} 和 ES_{i-j} 分别为 2、4、0、4、12、3、15、3。

（4）公式（5 - 50）计算有关工作的时间差值 ΔT_{i-j}。

$$\Delta T_{2-5} = 2 - (5 - 4) = 1$$

$$\Delta T_{2-4} = 0 - (5 - 4) = -1$$

$$\Delta T_{3-6} = 12 - (5 - 3) = 10$$

$$\Delta T_{3-10} = 15 - (5 - 3) = 13$$

其中工作③—⑩的 ΔT_{3-10} 值最大，故优先将该工作向右移动 2 天（即第 5 天以后开始），然后计算每日资源数量，看峰值是否小于或等于削峰目标（＝10）。如果由于工作③—⑩最早开始时间改变，在其他时段中出现超过削峰目标的情况时，则重复（3）～（5）步骤，直至不超过削峰目标为止。本例工作③—⑩调整后，其他时间里没有再出现超过削峰目标，见表 5 - 13 及如图 5.57 所示。

表 5 - 13 每日资源数量表

工作日	1	2	3	4	5	6	7	8	9	10	11
资源数量	5	5	5	9	8	8	6	6	8	8	
工作日	12	13	14	15	16	17	18	19	20	21	11
资源数量	8	7	7	4	4	4	4	4	5	5	5

（5）从表 5 - 13 得知，经第一次调整后，资源数量最大值为 9，故削峰目标定为 8。逐日检查至第 5 天，资源数量超过削峰目标值，在第 5 天中有工作②—④、③—⑥、②—⑤，计算各 ΔT_{i-j} 值。

$$\Delta T_{2-4} = 0 - (5 - 4) = -1$$

$$\Delta T_{3-6} = 12 - (5 - 3) = 10$$

$$\Delta T_{2-5} = 2 - (5 - 4) = 1$$

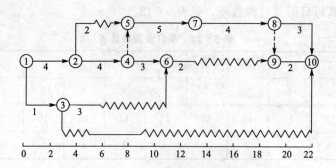

图 5.57 第一次调整后的时标网络计划

其中 ΔT_{3-6} 值为最大，故优先调整工作③—⑥，将其向右移动 2 天，资源数量变化见表 5-14。

表 5-14 每日资源数量表

工作日	1	2	3	4	5	6	7	8	9	10	11
资源数量	5	5	5	4	6	11	11	6	6	8	8
工作日	12	13	14	15	16	17	18	19	20	21	11
资源数量	8	7	7	4	4	4	4	4	5	5	5

从表 5-14 可知在第 6、7 两天资源数量又超过 8。在这一时段中有工作②—⑤、②—④、③—⑥、③—⑩，再计算 ΔT_{i-j} 值。

$$\Delta T_{2-5}=2-(7-4)=-1$$
$$\Delta T_{2-4}=0-(7-4)=-3$$
$$\Delta T_{3-6}=10-(7-5)=8$$
$$\Delta T_{3-10}=12-(7-5)=10$$

按理应选择 ΔT_{i-j} 值最大的工作③—⑩，但因为它的资源强度为 2，调整它仍然不能达到削峰目标，故选择工作③—⑥（它的资源强度为 3），满足削峰目标，将其向右移动 2 天。

通过重复上述计算步骤，最后削峰目标定为 7，不能再减少了，优化计算结果见表 5-15 及如图 5.58 所示。

表 5-15 每日资源数量表

工作日	1	2	3	4	5	6	7	8	9	10	11
资源数量	5	5	5	4	6	6	6	7	7	5	7
工作日	12	13	14	15	16	17	18	19	20	21	11
资源数量	7	7	7	7	7	7	7	6	5	5	5

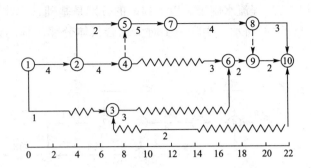

图 5.58 资源调整完成的时标网络计划

 特别提示

　　网络计划的优化是一个复杂的过程，需要借助计算机完成。

【观察思考】
源优化的思路。

5.6　网络进度计划实例

　　网络进度计划是施工组织设计的重要组成部分，其体系应与施工组织设计体系相一致，有一级施工组织设计就必须有一级网络计划。在此，仅介绍分部工程网络计划和单位工程网络计划的编制实例。

　　1. 网络计划的编制步骤

　　（1）调查研究收集资料。
　　（2）明确施工方案和施工方法。
　　（3）明确工期目标。
　　（4）划分施工过程，明确各施工过程的施工顺序。
　　（5）计算各施工过程的工程量、劳动量、机械台班量。
　　（6）明确各施工的班组人数、机械台数、工作班数，计算各施工过程的工作持续时间。
　　（7）绘制初始网络图。
　　（8）计算各项工作参数，确定关键线路、工期。
　　（9）检查初始网络计划的工期是否符合工期目标，资源是否均衡，成本是否较低。
　　（10）进行优化调整。
　　（11）绘制正式网络计划。
　　（12）上报审批。

　　2. 分部工程网络计划

　　在编制分部工程网络计划时，要在单位工程对该分部工程限定的进度目标时间范围内，既考虑施工过程之间的工艺关系，又考虑其组织关系，同时还应注意网络图的构图，并且尽可能组织主导施工过程流水施工。以下列举的分别是基础、主体、装饰分部工程的网络计划，如图 5.59～5.62 所示。实际施工时应结合具体分部工程的特点进行网络计划的编制。

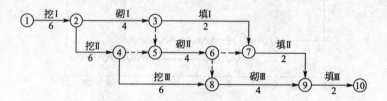

图 5.59　某基础工程网络计划

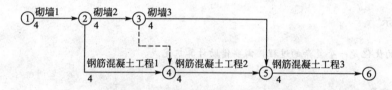

图 5.60　某砖混结构主体工程标准层网络计划

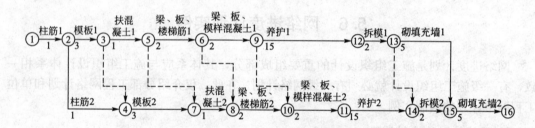

图 5.61　某框架结构主体工程标准层网络计划

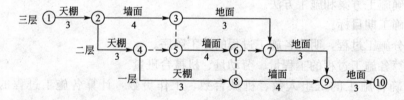

图 5.62　某楼室内装饰工程网络计划

3. 单位工程网络计划

在编制单位工程网络计划时，要按照施工顺序，将各分部过程的网络计划最大限度地合理搭接起来，一般需考虑相邻分部工程的前者最后一个分项工程与后者的第一个分项工程的施工顺序关系，最后汇总为单位工程初始网络计划。为了使单位工程初始网络计划满足规定的工期、资源、成本等目标，应根据上级要求、合同规定、施工条件及经济效益等，进行检查与调整优化工作，然后绘制正式网络计划，上报审批后执行。

以下是 3 个单位工程的网络计划，如图 5.63～图 5.65 所示。实际施工时应结合具体单位工程的结构形式、施工特点进行单位工程网络计划的编制。

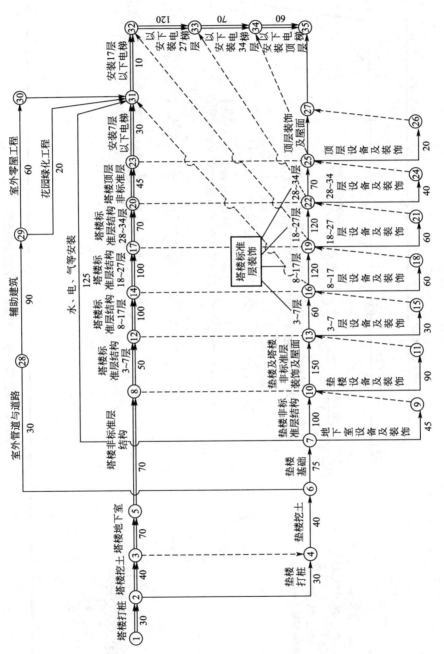

图 5.63 某大楼的控制性网络计划

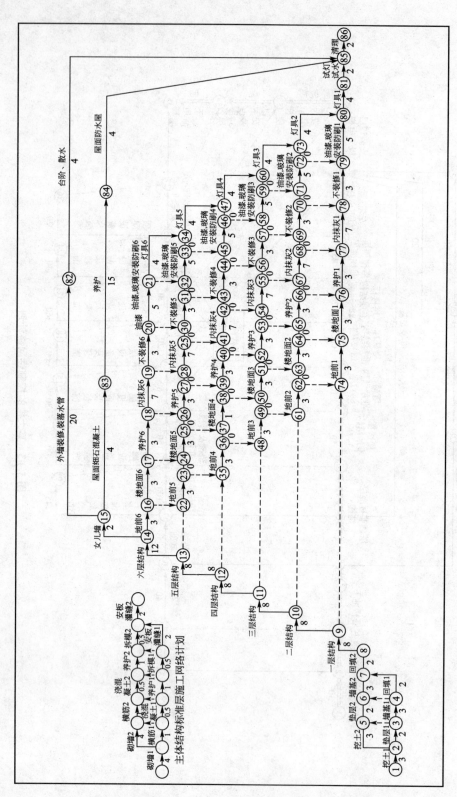

图 5.64　某五层二单元砖混住宅施工网络计划

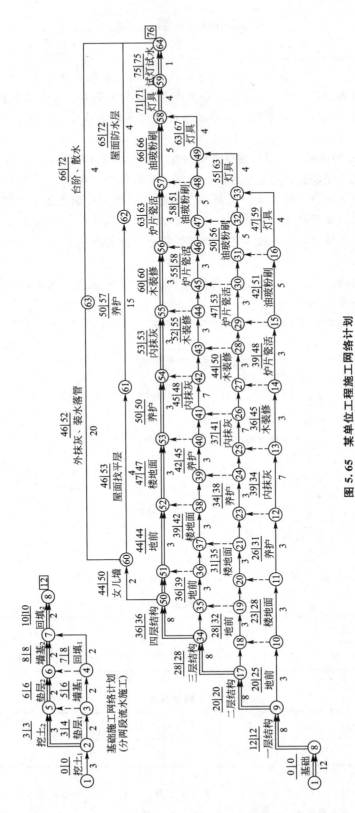

图 5.65 某单位工程施工网络计划

注：箭线上方标注的两个时间参数分别是最早开始时间（左）和最迟开始时间（右）。

本 章 小 结

1. 用网络图表达任务构成、工作顺序并加注工作时间参数的进度计划称为网络计划。网络计划按节点和箭线的含义不同，分单代号网络计划和双代号网络计划。

2. 双代号网络计划的时间参数有6个，通过时间参数的计算，可得到关键线路、关键工作，工期，便于进行工期控制。

3. 时标网络计划是网络计划与横道计划的有机结合，它在横道图的基础上引进了网络计划中工作之间逻辑关系的表达方法，既解决了横道图中各项工作相互关系不明确、许多时间参数无法计算的缺点，又解决了网络计划图形时间表达不直观的问题。它的主要特点是各项工作的开始与完成时间一目了然，表达直观，还能直接显示各项工作的自由时差，关键线路、关键工作也能很快得出，基本上不必再进行网络计划时间参数的计算。

4. 网络计划编制完成以后，需要对初始方案进行优化和调整。优化的类型有工期优化、费用优化和资源优化。

复习思考题

1. 什么是网络计划？什么是网络图？
2. 什么叫双代号网络图？什么叫单代号网络图？
3. 什么是逻辑关系？网络计划有哪几种逻辑关系？有何区别？
4. 简述双代号网络图的组成要素。
5. 何谓虚工作？虚工作有何作用？
6. 何谓关键工作？如何确定？
7. 何谓线路？何谓关键线路？如何确定关键线路？
8. 何谓总时差和自由时差？试说明其意义。
9. 双代号时标网络计划有何特点？
10. 试根据表5-16和表5-17所示的各工作之间的逻辑关系，绘制双代号网络图。

表5-16 逻辑关系表

工作名称	A	B	C	D	E	G	H
紧前工作	C、D	E、H	—	—	—	H、D	—

表5-17 逻辑关系表

工作名称	A	B	C	D	E	F	G	H
紧前工作	—	A	B	B	B	C、D	C、E	F、G

11. 计算如图5.66所示的6个工作时间参数，并确定工期、关键工作和关键线路。
12. 将如图5.66所示的双代号网络计划绘制成时标网络计划。

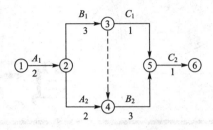

图5.66 某工程网络计划

13. 已知网络计划如图5.67所示要示，箭线下方括号外为正常持续时间，括号内为最短持续时间，箭线上方括号内为优先选择系数。要求目标工期为12天，试对其进行工期优化。

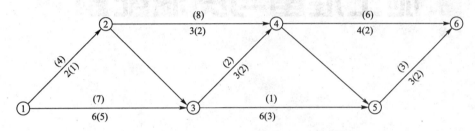

图5.67 某网络计划

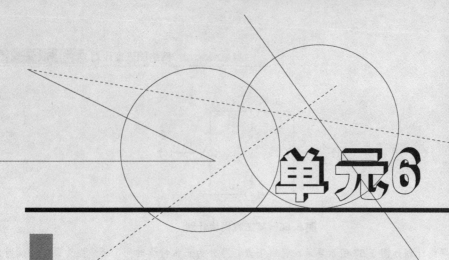

单元6

施工准备与资源配置

章节导读

　　《礼记·中庸》中写道："凡事预则立，不预则废。"说的是"不论做什么事，事先有准备，就能得到成功，不然就会失败。"强调了准备工作的必要性与重要性。而随着社会经济的飞速发展和建筑施工技术水平的不断进步，现代建筑施工过程已成为一项集科技、管理于一体的十分复杂的生产活动，不仅涉及成千上万的各种专业建筑工人和数量众多的各类建筑机械、设备的组织，还包括种类繁多的、数以几十甚至几百万吨计的建筑材料、制品和构配件的生产、运输、贮存和供应工作，施工机具的供应、维修和保养工作，施工现场临时供水、供电、供热，以及安排施工现场的生产和生活所需要的各种临时建筑物等工作。这些工作都必须在事前进行全面的、周密的、经济与可行的准备，这对于建筑工程能否顺利开工、顺利进行和完成具有十分重要的意义。

　　建筑工程施工准备工作是施工企业生产经营管理的重要组成部分，也是施工项目管理的重要内容，同时也是我国基本建设程序的要求，因此施工准备工作是搞好工程施工的基础和前提条件。

6.1　施工准备工作计划的编制

6.1.1　施工准备工作的意义、分类、要求

　　施工准备工作是指为了保证工程顺利开工和施工活动正常进行而事先做好的各项准备工作。它从签订施工合同开始，至工程施工竣工验收合格结束，不仅存在于工程开工之前，而且贯穿于整个工程施工的全过程。因此，应当自始至终坚持"不打无准备之仗"的原则来做好这项工作，否则就会丧失主动权，处处被动，甚至使施工无法开展。

 引例 1

　　毛泽东在其著作《论持久战》中提到："凡事预则立，不预则废，没有事先的计划和准备，就不能获得战争的胜利。"

 引例 2

　　运动员在比赛开始前，都需要做"热身"，这是运动前必需的准备工作，可以使各关节充分伸展，避免和预防运动伤害的发生，同时帮助运动员取得更好的成绩。

【观察思考】

　　从学习、生活中观察一个建筑工程施工项目，通过了解其施工过程，明确施工准备工作的意义、要求与主要内容。

　　1. 施工准备工作的意义

　　（1）遵循建筑施工程序。

　　施工准备工作是建筑施工程序、施工项目管理程序中的一个重要阶段。现代建筑工程施工是十分复杂的生产活动，其技术规律和市场经济规律要求工程施工必须严格按照建筑施工程序和施工项目管理程序进行。施工准备工作是保证整个工程施工和安装顺利进行的重要环节，只有认真做好施工准备工作，才能取得良好的施工效果。

　　（2）创造工程开工和顺利施工条件。

　　工程施工中不仅需要耗用大量的材料，使用多种施工机械设备，组织安排各工种的劳

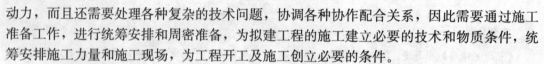

动力，而且还需要处理各种复杂的技术问题，协调各种协作配合关系，因此需要通过施工准备工作，进行统筹安排和周密准备，为拟建工程的施工建立必要的技术和物质条件，统筹安排施工力量和施工现场，为工程开工及施工创立必要的条件。

（3）降低施工风险。

由于建筑产品及其施工生产的特点，其生产过程受外界干扰及自然因素的影响较大，因而施工中可能遇到的风险较多。只有根据周密的分析和多年积累的施工经验，采取有效防范控制措施，充分做好施工准备工作，加强应变能力，才能有效降低风险损失。

（4）提高企业综合经济效益。

认真做好施工准备工作，有利于发挥企业优势，合理供应资源，加快施工进度、提高工程质量、降低工程成本、增加企业经济效益、赢得企业社会信誉，实现企业管理现代化，从而提高企业综合经济效益。

实践证明，只有重视且认真细致地做好施工准备工作，积极为工程项目创造一切施工条件，才能保证施工顺利进行。否则，就会给工程的施工带来麻烦和损失，以致造成施工停顿、质量安全事故等恶果。

特别提示

《建筑法》第七条："建筑工程开工前，建设单位应当按照国家有关规定向工程所在地县级以上人民政府建设行政主管部门申请领取施工许可证；但是，国务院建设行政主管部门确定的限额以下的小型工程除外。"

按照国务院规定的权限和程序批准开工报告的建筑工程，不再领取施工许可证。

2. 施工准备工作的分类

（1）按施工准备工作的范围不同进行分类。

① 施工总准备（全场性施工准备）。它是以整个建设项目为对象而进行的各项施工准备。其作用是为整个建设项目的顺利施工创造条件，既为全场性的施工活动服务，也兼顾单位工程施工条件的准备。

② 单项（单位）工程施工条件准备。它是以一个建筑物或构筑物为对象而进行的各项施工准备。其作用是为单项（单位）工程的顺利施工创造条件，即为单项（单位）工程做好一切准备，又要为分部（分项）工程施工进行作业条件的准备。

③ 分部（分项）工程作业条件准备。它是以一个分部（分项）工程或冬雨期施工工程为对象而进行的作业条件准备。

（2）按工程所处的施工阶段不同进行分类。

① 开工前的施工准备工作。它是在拟建工程正式开工之前所进行的带有全局性和总体性的施工准备。其作用是为工程开工创造必要的施工条件。

② 各阶段施工前的施工准备。它是在工程开工后，某一单位工程或某个分部（分项）工程或某个施工阶段、某个施工环节施工前所进行的带有局部性或经常性的施工准备。

其作用是为每个施工阶段创造必要的施工条件，它一方面是开工前施工准备工作的深化和具体化；另一方面，要根据各施工阶段的实际需要和变化情况，随时做出补充修正与调整。

如一般框架结构建筑的施工，可以分为地基基础工程、主体结构工程、屋面工程、装饰装修工程等施工阶段，每个施工阶段的施工内容不同，所需要的技术条件、物资条件、组织措施要求和现场平面布置等方面也就不同，因此，在每个施工阶段开始之前，都必须做好相应的施工准备。

因此，施工准备工作具有整体性与阶段性的统一，且体现出连续性，必须有计划、有步骤、分期、分阶段地进行。

3. 做好施工准备工作的要求

(1) 取得协作单位的支持和配合。

施工准备工作涉及面广，不仅施工单位要努力完成，还要取得建设单位、监理单位、设计单位、供应单位、银行及其他协作单位的大力支持，分工负责，统一协调，共同做好施工准备工作。

(2) 分阶段、有组织、有计划、有步骤地进行。

为落实各项施工准备工作，加强检查与监督，必须根据各项施工准备工作的内容、时间和人员，编制施工准备工作计划。还可以利用网络计划技术，进行施工准备期的调整，尽量缩短施工准备时间，确保各项施工准备工作有组织、有计划、分期分批地进行，贯穿于施工全过程。

(3) 应有严格的保证措施。

① 建立施工准备工作责任制。按施工准备工作计划将各项准备工作责任落实到有关部门和个人，明确各级技术负责人在施工准备工作中应负的责任，以便确保按计划要求的内容与时间进行。现场施工准备工作应由项目经理部全权负责。

② 建立施工准备工作检查制度。在施工准备工作实施过程中，应定期检查施工准备工作计划的执行情况，以便及时发现问题，分析原因，排除障碍，协调施工准备工作进度或调整施工准备工作计划。

③ 实行开工报告和审批制度。工程开工前施工准备工作完成后，施工项目经理部应申请开工报告，报由企业领导审批同意后方可开工。实行建设监理的工程，企业还应将开工报告送监理工程师审批，由监理工程师签发开工通知书，在限定时间内开工，不得拖延。开工报告见表 6-1。

表 6-1　工程开工报告

编号：＿＿＿＿＿＿
表号：监 A—04

工程名称	
合同编号	

＿＿＿＿＿＿＿＿＿＿（监理单位）：

　　我单位承担＿＿＿＿＿＿＿＿＿＿＿＿＿＿工程施工任务，已完成开工前的各项准备工作（施工组织设计、施工概预算、分包单位等以及现场设施），已办妥各项手续（建筑许可、施工许可）。计划于＿＿＿＿年＿＿月＿＿日开工，请审批。

　　附：施工组织设计（施工方案）及说明书等。

施工单位（章）　　　　日期＿＿＿＿＿＿
技术负责人　　　　　　日期＿＿＿＿＿＿

监理单位审查意见：

监理工程师　　　　　　日期＿＿＿＿＿＿
总监理工程师　　　　　日期＿＿＿＿＿＿
监理单位（章）　　　　日期＿＿＿＿＿＿

注：本表由施工承包单位填报，一式三份，监理单位、施工承包单位、业主各一份。

【观察思考】

请收集一份建筑工程的开工报告，注意填写的主要内容。

(4) 施工准备工作应做好几个结合。

① 施工与设计的结合。施工合同签订后，施工单位应尽快与设计单位联系，在总体规划、平面布局、结构选型、构件选择、新材料、新技术的采用以及出图顺序等方面取得一致意见，便于日后施工。

② 室外准备与室内准备工作的结合。室内准备工作主要指各种技术经济资料的编制和汇集（如熟悉图纸、编制施工组织设计等）；室外准备工作主要指施工现场准备和物资准备。室内准备对室外准备起指导作用，室外准备是室内准备的具体落实。

③ 土建工程与专业工程的结合。工程总承包单位（一般为土建施工单位），在明确施工任务，拟定施工准备工作的初步计划后，应及时通知各相关协作专业单位，使各专业单位及时完成施工准备工作，做好与土建单位的协作配合。

④ 前期准备与后期准备的结合。施工准备工作不仅工程开工前要做，工程开工也要做，因此，要统筹安排前、后期的施工准备工作，既立足于前期准备，又着眼于后期准备，把握时机，及时完成施工准备工作。

6.1.2 施工准备工作的内容

施工准备工作的主要内容一般可以归纳为以下几个方面：原始资料的调查研究、施工技术资料准备，资源准备、施工现场准备、季节施工准备。

施工准备工作的具体内容应视工程本身及其具备的条件而定。如只包含一个单项工程的施工项目和包含多个单项工程的群体项目；一般小型工程项目和技术复杂的大中型项目；新建项目和改扩建项目；在未开发地区兴建的项目与在城市中兴建的项目等，因工程的特点、性质、规模及不同的施工条件，对施工准备工作提出不同的内容要求。在确定施工准备工作内容时，应按照项目的规划确定，并制订各阶段施工准备工作计划，方能为项目开工与顺利施工创造必要的条件。

 特别提示

《建筑法》第八条　申请领取施工许可证，应当具备下列条件。

(1) 已经办理该建筑工程用地批准手续。

(2) 在城市规划区的建筑工程，已经取得规划许可证。

(3) 需要拆迁的，其拆迁进度符合施工要求。

(4) 已经确定建筑施工企业。

(5) 有满足施工需要的施工图纸及技术资料。

(6) 有保证工程质量和安全的具体措施。

(7) 建设资金已经落实。

(8) 法律、行政法规规定的其他条件。

6.1.3 施工准备工作计划的编制

为了落实各项施工准备工作，加强检查和监督，必须根据各项施工准备的内容、时间和人员，编制出施工准备工作计划，见表 6-2。

表6-2 施工准备工作计划表

序号	施工准备工作名称	简要内容	施工准备工作要求	负责单位	负责人	起止时间		备注
						×月×日	×月×日	

由于各项施工准备工作不是分离的、孤立的，而是互相补充、互相配合的，为了提高施工准备工作的质量，加快施工准备工作的速度，除了用表6-2编制施工准备工作计划外，还可采用编制施工准备工作网络计划的方法，以明确各项准备工作之间的逻辑关系，找出关键线路，并在网络计划图上进行施工准备工期的调整，尽量缩短准备工作的时间，使各项工作有领导、有组织、有计划和分期分批地进行。

施工准备工作计划的编制程序如图6.1所示。

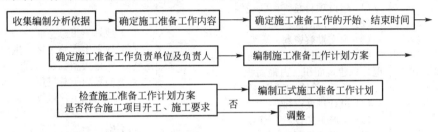

图6.1 施工准备工作计划的编制程序

6.2 原始资料的调查研究

引例3

毛泽东在其《反对本本主义》一文中提到一句名言："没有调查研究，就没有发言权。"

革命导师马克思和恩格斯也特别重视调查与研究。恩格斯在居留英国期间，曾对英国的工人状况和工人运动作了周密的调查研究，写出《英国工人阶级状况》一书。马克思拟定过关于各国工人阶级状况的统计调查提纲和《工人调查表》。长达40年创作《资本论》的过程，就是马克思对资本主义社会进行调查研究的过程。

原始资料的调查研究是施工准备工作的一项重要内容，也是编制施工组织设计的重要依据。尤其当施工单位进入一个新的城市或地区，对建设地区的技术经济条件、场地特征和社会情况等不熟悉时显得尤为重要。原始资料的调查研究应有计划、有目的地进行，事先应拟定详细的调查提纲，调查范围、内容等应根据拟建工程规模、性质、复杂程度、工期及对当地了解程度确定。对调查收集的资料应注意整理归纳、分析研究，对其中特别重要的资料，必须复查数据的真实性和可靠性。

6.2.1 项目特征与要求的调查

施工单位应按所拟定的调查提纲，首先向建设单位、勘察设计单位收集有关项目的计划任务书、工程选址报告、初步设计、施工图以及工程概预算等资料(表6-3)；向当地有关行政管理部门收集现行的项目施工相关规定、标准以及与该项目建设有关的文件等资料；向建筑施工企业与主管部门了解参加项目施工的各家单位的施工能力与管理状况等。

表 6-3　向建设单位与设计单位调查的项目

序号	调查单位	调查内容	调查目的
1	建设单位	(1) 建设项目设计任务书、有关文件 (2) 建设项目性质、规模、生产能力 (3) 生产工艺流程、主要工艺设备名称及来源、供应时间、分批和全部到货时间 (4) 建设期限、开工时间、交工先后顺序、竣工投产时间 (5) 总概算投资、年度建设计划 (6) 施工准备工作计划的内容、安排、工作进度表	(1) 施工依据 (2) 项目建设部署 (3) 制定主要工程施工方案 (4) 规划施工总进度计划 (5) 安排年度施工进度计划 (6) 规划施工总平面 (7) 确定占地范围
2	设计单位	(1) 建设项目总平面图规划 (2) 工程地质勘察资料 (3) 水文勘察资料 (4) 项目建筑规模，建筑、结构、装修概况，总建筑面积、占地面积 (5) 单项(单位)工程个数 (6) 设计进度安排 (7) 生产工艺设计、特点 (8) 地形测量图	(1) 规划施工总平面图 (2) 规划生产施工区、生活区 (3) 安排大型临建工程 (4) 概算施工总进度 (5) 规划施工总进度 (6) 计算平整场地土石方量 (7) 确定地基、基础施工方案

6.2.2　交通运输条件的调查

交通运输方式一般常见的有铁路、水路、公路、航空等。交通运输资料可向当地铁路、公路运输和航运、航空管理部门调查，主要为组织施工运输业务，选择运输方式提供技术经济分析比较的依据，见表 6-4。

表 6-4　交通运输条件调查的项目

序号	调查项目	调查内容	调查目的
1	铁路	(1) 邻近铁路专用线、车站到工地的距离及沿途运输条件 (2) 站场卸货线长度、起重能力和储存能力 (3) 装载单个货物的最大尺寸、重量的限制	
2	公路	(1) 主要材料产地到工地的公路登记、路面构造、路宽及完成情况，允许最大载重量、途经桥涵等级、允许最大尺寸、最大载重量 (2) 当地专业运输机构及附近村镇提供的装卸、运输能力、(吨公里)汽车、畜力、人力车数量及运输效率、运费、装卸费 (3) 当地有无汽车修配厂、修配能力及到工地距离	(1) 选择运输方式 (2) 拟定运输计划
3	航运	(1) 货源、工地到邻近河流、码头、渡口的距离，道路情况 (2) 洪水、平水、枯水期通航的最大船只及吨位，取得船只的可能性 (3) 码头装卸能力、最大起重量，增设码头的可能性 (4) 渡口的渡船能力，同时可载汽车、马车数、每日次数，为施工提供的运载能力 (5) 运费、渡口费、装卸费	

6.2.3 机械设备与建筑材料的调查

机械设备指项目施工的主要生产设备，建筑材料指水泥、钢材、木材、砂、石、砖、预制构件、半成品及成品等。这些资料可以向当地的计划、经济、物资管理等部门调查，主要作为确定材料和设备采购（租赁）供应计划、加工方式、储存和堆放场地以及搭设临时设施的依据，见表6-5。

表6-5　机械设备与建筑材料条件调查的项目

序号	调查项目	调查内容	调查目的
1	三大材料	（1）本地区钢材生产情况，质量、规格、钢号、供应能力等 （2）本地区木材供应情况，规格、等级、数量等 （3）本地区水泥厂数量、质量、品种、标号、供应能力	（1）确定临时设施及堆放场地 （2）确定木材加工计划 （3）确定水泥贮存方式
2	特殊材料	（1）需要的品种、规格、数量 （2）试制、加工及供应情况	（1）制定供应计划 （2）确定储存方式
3	主要设备	（1）主要工艺设备名称、规格、数量及供货单位 （2）供应时间，分批及全部到货的时间	（1）确定临时设施及对方场地 （2）拟定防雨措施
4	地方材料	（1）本地区沙子供应情况、规格、等级、数量等 （2）本地区石子供应情况、规格、等级、数量等 （3）本地区砌筑材料供应情况、规格、等级、数量等	（1）制定供应计划 （2）确定对付场地

6.2.4 水、电、气供应条件的调查

水、电、气及其他能源资料可向当地城建、电力、电讯等部门和建设单位调查，主要为选择施工临时供水、供电、供气方式提供技术经济比较分析的依据，见表6-6。

表6-6　水、电、气供应条件调查的项目

序号	调查项目	调查内容	调查目的
1	给排水	（1）工地用水与当地现有水源连接的可能性，供水量、管线铺设地点、管径、材料、埋深、水压、水质及水费，水源到工地的距离，沿途地形、地物状况 （2）自选临时江河水源的水质、水量、取水方式，到工地距离，沿途地形地物状况，自选临时水井位置、深度、管径、出水量及水质 （3）利用永久性排水设施的可能性，施工排水去向、距离及坡度，有无洪水影响，防洪设施情况	（1）确定生活、生产供水方案 （2）确定工地排水方案及防洪设施 （3）拟定供排水设施的施工进度计划

（续）

序号	调查项目	调查内容	调查目的
2	供电	（1）当地电源位置、引入可能性，供电量、电压、导线截面及电费，引入方向、接线地点及到工地距离，沿途地形地物情况 （2）建设单位及施工单位自有发、变电设备型号、数量及容量 （3）利用邻近电讯设施的可能性，电话、电报局等到工地距离，可能增设的电讯设备、线路情况	（1）确定供电方案 （2）确定通讯方案 （3）拟定供电、通讯设施的施工进度计划
3	蒸汽等	（1）蒸汽来源、供应量、接管地点、管径、埋深，到工地距离，沿途地形地物情况，蒸汽价格 （2）建设单位、施工单位自有锅炉型号、数量及能力，所需燃料及水质标准 （3）当地或建设单位可能提供的压缩空气、氧气的能力，到工地距离	（1）确定生产、生活用气方案 （2）确定压缩空气、氧气供应计划

6.2.5 建设地区自然条件的调查

主要内容包括对建设地区的气象、地形、地貌、工程地质、水文地质、周围环境、地上障碍物、地下隐蔽物等项调查。这些资料可向当地气象台站、勘察设计单位调查以及施工单位对现场进行勘测得到，为确定施工方法、技术措施、冬雨期施工措施以及施工进度计划编制和施工平面规划布置等提供依据，见表 6-7。

表 6-7　建设地区自然条件调查的项目

序号	调查项目	调查内容	调查目的
		气象	
1	气温	（1）年平均、最高、最低、最冷、最热月份月平均温度 （2）冬、夏季室外计算温度 （3）≤-3℃、0℃、5℃的天数，起止时间	（1）确定防暑降温措施 （2）确定冬季施工措施 （3）估计混凝土、砂浆强度
2	雨（雪）	（1）雨季起止时间 （2）月平均降雨（雪）量、最大降雨（雪）量、一昼夜最大降雨（雪）量 （3）全年雷暴日数	（1）确定雨季施工措施 （2）确定工地排水、防洪方案 （3）确定防雷设施
3	风	（1）主导风向及频率（风玫瑰图） （2）≥8级风的全年天数、时间	（1）确定临时设施布置方案 （2）确定高空作业及吊装技术安全措施

（续）

序号	调查项目	调查内容	调查目的
		工程地形、地质	
1	地形	(1) 区域地形图：1/10000～1/25000 (2) 工程位置地形图：1/1000～1/2000 (3) 该地区城市规划图 (4) 经纬坐标桩、水准基桩位置	(1) 选择施工用地 (2) 布置施工总平面图 (3) 场地平整及土方量计算 (4) 了解障碍物及数量
2	工程地质	(1) 钻孔布置图 (2) 地址剖面图：土层类别、厚度 (3) 物理力学指标：天然含水率、孔隙比、塑性指数、渗透系数、压缩试验及地基土强度 (4) 地层稳定性：断层滑块、流砂 (5) 最大冻结深度 (6) 枯井、古墓、防空洞及地下构筑物等情况	(1) 选择土方施工方法 (2) 确定地基土处理方法 (3) 选择基础施工方法 (4) 复核地基基础设计 (5) 拟定障碍物拆除计划
3	地震	地震等级、烈度大小	对基础的影响、注意事项
		工程水文地质	
1	地下水	(1) 最高、最低水位及时间 (2) 水的流向、流速及流量 (3) 水质分析：的化学成分 (4) 抽水试验	(1) 选择基础施工方案 (2) 确定降低地下水方法 (3) 拟定防止侵蚀性介质的措施
2	地表水	(1) 临近江河湖泊到工地距离 (2) 洪水、平水、枯水期的水位、流量及航道深度 (3) 水质分析 (4) 最大、最小冻结深度及冻结时间	(1) 确定临时给水方案 (2) 确定运输方式 (3) 选择水工工程施工方案 (4) 确定防洪方案

6.2.6　劳动力与生活条件的调查

这些资料可向当地劳动、商业、卫生、教育、邮电、交通等主管部门调查，作为拟劳动力调配计划，建立施工生活基地，确定临时设施面积的依据，见表6-8。

表6-8　劳动力与生活条件调查的项目

序号	调查项目	调查内容	调查目的
1	社会劳动力	(1) 少数民族地区风俗习惯 (2) 当地能提供的劳动力人数、技术水平及来源 (3) 上述人员的生活安排	(1) 拟定劳动力计划 (2) 安排临时设施
2	房屋设施	(1) 必须在工地居住的单身人数与户数 (2) 能作为施工用的现有房屋数量、面积、结构、位置及水、暖、电卫设备情况 (3) 上述建筑物适宜用途	(1) 确定原有房屋为施工服务的可能性 (2) 安排临时设施

（续）

序号	调查项目	调查内容	调查目的
3	生活服务	（1）文化教育、消防治安等机构能为施工提供的支援 （2）邻近医疗单位到工地距离，可能就医情况 （3）周围是否有有害气体、污染情况，有无地方病	安排职工生活基地，解除后顾之忧

6.3 施工技术资料的准备

6.3.1 施工技术资料准备的意义

施工技术资料准备即通常所说的"内业"工作，它是施工准备的核心，指导着现场施工准备工作，对于保证建筑产品质量，实现安全生产，加快工程进度，提高工程经济效益都具

有十分重要的意义。任何技术差错和隐患都可能引起人身安全和质量事故，造成生命财产

和经济的巨大损失，因此，必须重视做好施工技术资料准备。

【观察思考】

观察在建的建筑工程项目，了解建筑工程施工中作为指导施工的依据资料，并注意哪些资料是工程开工前必须具备的？

6.3.2 施工技术资料准备的内容

施工技术资料准备的主要内容包括熟悉和审查施工图纸，编制施工组织设计，编制施工图预算和施工预算等。

1. 熟悉和审查施工图纸

施工图全部（或分阶段）出图以后，施工单位应依据建设单位和设计单位提供的初步设计或扩大初步设计（技术设计）、施工图设计、建筑总平面图、土方竖向设计和城市规划等资料文件，调查、收集的原始资料等，组织有关人员对施工图纸进行学习和审查，使参与施工的人员掌握施工图的内容、要求和特点，同时发现施工图存在的问题，以便在图纸会审时统一解决，确保工程施工顺利进行。

（1）熟悉图纸阶段。由施工项目经理部组织有关工程技术人员认真熟悉图纸，了解设计总图与建设单位要求以及施工应达到的技术标准，明确工程流程。

熟悉图纸时应按以下要求进行。

① 先精后细。先看平、立、剖面图，了解整个工程概貌，对总的长、宽、轴线尺寸、标高、层高、总高有大体印象，再看细部做法，核对总尺寸与细部尺寸、位置、标高是否相符，门窗表中的门窗型号、规格、形状、数量是否与结构相符等。

② 先小后大。先看小样图，后看大样图。核对平、立、剖面图中标注的细部做法，与大样图做法是否相符；所采用的标准构件图集编号、类型、型号，与设计图纸有无矛盾，索引符号有无漏标，大样图是否齐全等。

③ 先建筑后结构。先看建筑图，后看结构图。把建筑图与结构图互相对照，核对轴线尺寸、标高是否相符，查对有无遗漏尺寸，有无构造不合理处。

④ 先一般后特殊。先看一般部位和要求，后看特殊部位和要求。特殊部位一般包括地基处理方法、变形缝设置、防水处理要求和抗震、防火、保温、隔热、防尘、特殊装修等技术要求。

⑤ 图纸与说明结合。在看图时应对照设计总说明和图中的细部说明，核对图纸和说明有无矛盾，规定是否明确，要求是否可行，做法是否合理等。

⑥ 土建与安装结合。看土建图时，应有针对性地看安装图，核对与土建有关的安装图有无矛盾，预埋件、预留洞、槽的位置、尺寸是否一致，了解安装对土建的要求，以便考虑在施工中的协作配合。

⑦ 图纸要求与实际情况结合。核对图纸有无不符合施工实际处，如建筑物相对位置、场地标高、地质情况等是否与设计图纸相符，对一些特殊施工工艺，施工单位能否做到等。

(2) 自审图纸阶段。施工项目经理部组织各工种人员对本工种有关图纸进行审查，掌握和了解图纸细节；在此基础上，由总承包单位内部的土建与水、暖、电等专业，共同核对图纸，消除差错，协商施工配合事项；最后总承包单位与分包单位在各自审查图纸基础上，共同核对图纸中的差错及协商有关施工配合问题。

自审图纸时可按以下要求进行。

① 审查拟建工程地点，建筑总平面图同国家、城市或地区规划是否一致，建筑物或构筑物的设计功能和使用要求是否符合环卫、防火及美化城市方面的要求。

② 审查设计图纸是否完整齐全，是否符合国家有关技术规范要求。

③ 审查建筑、结构、设备安装图纸是否相符，有无"错、漏、碰、缺"，内部结构和工艺设备有无矛盾。

④ 审查地基处理与基础设计同拟建工程地点的工程地质和水文地质等条件是否一致，建筑物或构筑物与原地下构筑物及管线之间有无矛盾。深基础防水方案是否可靠，材料设备能否解决。

⑤ 明确拟建工程的结构形式和特点，复核主要承重结构的承载力、刚度和稳定性是否满足要求，审查设计图纸中形体复杂、施工难度大和技术要求高的分部分项工程或新结构、新材料、新工艺在施工技术和管理水平上能否满足质量和工期要求，选用的材料、构配件、设备等能否解决。

⑥ 明确建设期限，分期分批投产或交付使用的顺序和时间，工程所用的主要材料、设备的数量、规格、来源和供货日期。

⑦ 明确建设单位、设计单位和施工单位等之间的协作、配合关系，以及建设单位可以提供的施工条件。

⑧ 审查设计是否考虑施工的需要，各种结构的承载力、刚度和稳定性是否满足设置内爬、附着、固定式塔式起重机等使用的要求。

(3) 图纸会审阶段。一般工程由建设单位组织并主持会议，设计单位交底，施工单位、监理单位参加。重点工程或规模较大及结构、装修较复杂的工程，如有必要可邀请各主管部门、消防、防疫与协作单位参加。

图纸会审的一般流程为设计单位做设计交底，施工单位对图纸提出问题，有关单位发表意见，与会者讨论、研究、协商，逐条解决问题达成共识，组织会审的单位汇总成文，各单位会签，形成图纸会审纪要，见表6-9。图纸会审纪要作为与施工图纸具有同等法律效力的技术文件使用，并成为指导项目施工以及进行项目施工结算的依据。

表6-9 施工图纸会审记录

会审日期： 年 月 日 共 页 第 页

工程名称					
参加会审单位（盖公章）	建设单位	勘察单位	设计单位	监理单位	施工单位
参加会审人员					

图纸会审应注意以下问题。

① 设计是否符合国家有关方针、政策和规定。

② 设计规模、内容是否符合国家有关的技术规范要求，尤其是强制性标准的要求，是否符合环境保护和消防安全的要求。

③ 建筑设计是否符合国家有关的技术规范要求，尤其是强制性标准的要求，是否符合环境保护和消防安全的要求。

④ 建筑平面布置是否符合核准的按建筑红线划定的详图和现场实际情况；是否提供符合要求的永久水准点或临时水准点位置。

⑤ 图纸及说明是否齐全、清楚、明确。

⑥ 结构、建筑、设备等图纸本身及相互间有无错误和矛盾，图纸与说明之间有无矛盾。

⑦ 有无特殊材料(包括新材料)要求，其品种、规格、数量能否满足需要。

⑧ 设计是否符合施工技术装备条件，如需采取特殊技术措施时，技术上有无困难，能否保证安全施工。

⑨ 地基处理及基础设计有无问题，建筑物与地下构筑物、管线之间有无矛盾。

⑩ 建(构)筑物及设备的各部位尺寸、轴线位置、标高、预留孔洞及预埋件、大样图及做法说明有无错误和矛盾。

 特别提示

《建设工程施工合同示范文本》

8.1发包人按专用条款约定的内容和时间完成以下工作。

(7) 组织承包人和设计单位进行图纸会审和设计交底。

《建筑法》第五十八条"建筑施工企业对工程的施工质量负责。建筑施工企业必须按照工程设计图纸和施工技术标准施工，不得偷工减料。工程设计的修改由原设计单位负责，建筑施工企业不得擅自修改工程设计。"

2．编制施工组织设计

施工组织设计是施工单位在施工准备阶段编制的指导拟建工程从施工准备到竣工验收乃至保修回访的技术经济的综合性文件，也是编制施工预算、实行项目管理的依据，是施工准备工作的主要文件。它是在投标书的施工组织设计的基础上，结合所收集的原始资料等，根据施工图纸及会审纪要，按照编制施工组织设计的基本原则，综合建设单位、监理单位、设计单位的具体要求进行编制，以保证工程好、快、省、安全、顺利地完成。

施工单位必须在约定的时间内完成施工组织设计的编制与自审工作，并填写施工组织设计报审表，报送项目监理机构。总监理工程师应在约定的时间内，组织专业监理工程师审查，提出审查意见后，由总监理工程师审定批准，需要施工单位修改时，由总监理工程师签发书面意见，退回施工单位修改后再报审，总监理工程师应重新审定，已审定的施工组织设计由项目监理机构报送建设单位。施工单位应按审定的施工组织设计文件组织施工，如需对其内容做较大变更，应在实施前将变更书面内容报送项目监理机构重新审定。对规模大、结构复杂或属新结构、特种结构的工程，专业监理工程师提出审查意见后，由总监理工程师签发审查意见，必要时与建设单位协商，组织有关专家会审。

3．编制施工图预算和施工预算

（1）编制施工图预算。

施工图预算是根据施工图纸计算的工程量，套用有关的预算定额或单价及其取费标准编制的建筑安装工程造价的经济文件。它是施工单位与建设单位签订施工承包合同、进行工程结算和成本核算的依据。

（2）编制施工预算。

施工预算是施工单位根据施工合同价款、施工图纸、施工组织设计或施工方案、施工定额等文件编制的企业内部经济文件，它直接受施工合同中合同价款的控制，是施工前的一项重要准备工作。它是施工企业内部控制各项成本支出、考核用工、签发施工任务书、限额领料，基层进行经济核算、进行经济活动分析的依据。

6.4　施工现场的准备

6.4.1　现场准备工作的重要性

施工现场是施工的全体参加者为了夺取优质、高速、低耗的目标，而有节奏、均衡、连续地进行战术决战的活动空间。

施工现场准备即通常所说的室外准备（外业准备），主要是为了给项目施工创造有利的施工条件和物资保证，是确保工程按计划开工和顺利进行的重要环节。施工现场准备工作应按合同约定与施工组织设计的要求进行。

6.4.2　现场准备工作的范围与内容

1．施工现场准备工作的范围

施工现场准备工作由两个方面组成，一是建设单位应完成的施工现场准备工作；二是施工单位应完成的施工现场准备工作。建设单位与施工单位的施工现场准备工作均就绪时，施工现场就具备了施工条件。

建设单位应按合同条款中约定的内容和时间完成相应的现场准备工作，也可以委托施工单位完成，但双方应在合同专用条款内进行约定，其费用由建设单位承担。

施工单位应按合同条款中约定的内容和施工组织设计的要求完成施工现场准备工作。

 特别提示

《建设工程施工合同示范文本》

8.1 发包人按专用条款约定的内容和时间完成以下工作。

(1) 办理土地征用、拆迁补偿、平整施工场地等工作，使施工场地具备施工条件，在开工后继续负责解决以上事项遗留问题。

(2) 将施工所需水、电、电讯线路从施工场地外部接至专用条款约定地点，保证施工期间的需要。

(3) 开通施工场地与城乡公共道路的通道，以及专用条款约定的施工场地内的主要道路，满足施工运输的需要，保证施工期间的畅通。

(4) 协调处理施工场地周围地下管线和邻近建筑物、构筑物(包括文物保护建筑)、古树名木的保护工作、承担有关费用。

9.1 承包人按专用条款约定的内容和时间完成以下工作。

(1) 根据工程需要，提供和维修非夜间施工使用的照明、围栏设施，负责安全保卫。

(2) 按专用条款约定的数量和要求，向发包人提供施工场地办公和生活的房屋及设施，发包人承担由此发生的费用。

(3) 遵守政府有关主管部门对施工场地交通、施工噪声以及环境保护和安全生产等的管理规定，按规定办理有关手续，并以书面形式通知发包人，发包人承担由此发生的费用，因承包人责任造成的罚款除外。

(4) 按专用条款约定做好施工场地地下管线和邻近建筑物、构筑物(包括文物保护建筑)、古树名木的保护工作。

(5) 保证施工场地清洁符合环境卫生管理的有关规定，交工前清理现场达到专用条款约定的要求，承担因自身原因违反有关规定造成的损失和罚款。

2. 现场准备工作的内容

(1) 拆除障碍物。施工现场内的一切地上、地下障碍物，都应在开工前拆除。这项工作一般是由建设单位完成的，但也可委托施工单位完成。如果由施工单位完成这项工作，应事先摸清现场情况，尤其在城市老城区中，由于原有建筑物和构筑物情况复杂，并且往往资料不全，在拆除前需要采取相应措施，防止发生事故。

拆除房屋等建筑物时，一般应先切断水源、电源，再进行拆除。若采用爆破拆除时，必须经有关部门批准，由专业爆破单位与有资格的专业人员承担。

拆除架空电线(电力、通信)、地下电缆(包括电力、通信)时，应先与电力、通信部门联系并办理有关手续后方可进行。

拆除自来水、污水、煤气、热力等管线时，应先与有关部门取得联系，办好手续后由专业公司完成。

场地内若有树木，需报园林部门批准后方可砍伐。

拆除障碍物留下的渣土等杂物应清除出场。运输时应遵守交通、环保部门的有关规

定。

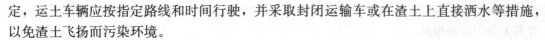

定，运土车辆应按指定路线和时间行驶，并采取封闭运输车或在渣土上直接洒水等措施，以免渣土飞扬而污染环境。

（2）建立现场测量控制网。由于施工工期长，现场情况变化大，因此，保证控制网点的稳定、正确，是确保施工质量的先决条件，特别是在城区施工现场，由于障碍多、通视条件差，给测量工作带来一定难度。进行现场控制网点的测量时应根据建设单位提供的、规划部门给定的永久性坐标和高程，按建筑总图的要求，妥善设立现场永久性标桩，为施工全过程的投测创造条件。

控制网一般采用方格网，网点的位置应视工程范围大小和控制精度而定。建筑方格网多由 100~200cm 的正方形或矩形组成，如果土方工程需要，还应测绘地形图，通常这项工作由专业测量队完成，但施工单位还需根据施工具体需要做一些加密网点等补充工作。

测量放线时，应校验和校正经纬仪、水准仪、钢尺等测量仪器；校核结线桩与水准点，制定切实可行的测量方案，包括平面控制、标高控制、沉降观测和竣工测量等工作。

建筑物定位放线，一般通过施工图纸中的平面控制轴线确定建筑物位置，测定并经自检合格后提交有关部门和建设单位或监理人员验线，以保证定位的准确性。沿红线的建筑物放线后，还要由城市规划部门验线以防止建筑物压红线或超红线，为正常顺利地施工创造条件。

（3）"三通一平"。是指在施工现场范围内，接通施工用水、用电、道路和平整场地的工作。实际上，施工现场往往不止需要水通、电通、路通，如需要蒸汽供应，架设热力管线，称"热通"；通电话作为通信联络工具，称"话通"；通煤气称"气通"等，但最基本的还是"三通"。

① 平整场地。清除障碍物后，即可进行场地平整工作，按照建筑总平面、施工总平面、勘测地形图和场地平整施工方案等技术文件的要求，通过测量，计算出填挖土方工程量，设计土方调配方案，确定平整场地的施工方案，组织人力和机械进行场地平整。应尽量做到挖填方量趋于平衡，总运输量最小，便于机械施工和充分利用建筑物挖方填土，并应防止利用地表土、软弱土层、草皮、建筑垃圾等做填方。

② 路通。施工现场的道路是组织物资进场的动脉，拟建工程开工前，必须按照施工总平面图要求，修建必要的临时道路。为了节约临时工程费用，缩短施工准备工作时间，应尽量利用原有道路设施或拟建永久性道路，形成畅通的运输网络，使现场施工道路的布置确保运输和消防用车等的行驶畅通。临时道路的等级，可根据交通流量和运输车辆确定。

③ 水通。施工用水包括生产、生活与消防用水，应按施工总平面图的规划进行安排，施工给水尽可能与永久性的给水系统结合起来。临时管线的铺设，既要满足施工用水的需要，又要施工方便，并且尽量缩短管线的长度，以降低铺设的成本。

④ 电通。电是施工现场的主要动力来源，施工现场用电包括施工动力用电和照明用电。由于施工供电面积大、起动电流大、负荷变化多和手持式用电机具多，施工现场临时用电要考虑安全和节能要求。开工前应按照施工组织设计要求，接通电力和电讯设施，应首先考虑从建设单位给定的电源上获得，如供电能力不足，则应考虑在现场建立自备发电系统，确保施工现场动力设备和通信设备的正常运行。

（4）搭设临时设施。现场生活和生产用的临时设施，应按照施工平面布置图的要求进行，临时建筑平面图及主要房屋结构图都应报请城市规划、市政、消防、交通、环境保护等有关部门审查批准。

为了保证行人安全及文明施工，同时便于施工，应用围墙（围挡）将施工用地围护起来，围墙（围挡）的形式、材料和高度应符合市容管理的有关规定和要求，并在主要出入口设置标牌挂图，标明工程项目名称、施工单位、项目负责人等。

所有生产及生活用临时设施，包括各种仓库、搅拌站、加工作业棚、宿舍、办公用房、食堂、文化生活设施等，均应按批准的施工组织设计组织搭设，并尽量利用施工现场或附近原有设施（包括要拆迁但可暂时利用的建筑物）和在建工程本身供施工使用的部分用房，尽可能减少临时设施的数量，以便节约用地、节省投资。

6.5 资源的准备

资源准备指的是施工所需的劳动力组织准备和施工机具设备、建筑材料、构配件、成品等物资准备。它是一项复杂而细致的工作，直接关系到工程的施工质量、进度、成本、安全，因此资源准备是施工准备工作中一项重要的工作内容。

6.5.1 劳动力组织准备

1. 项目组织机构组建

实行项目管理的工程，建立项目组织机构就是建立项目经理部。高效率的项目组织机构是为建设单位服务的，是为项目管理目标服务的。这项工作实施的合理与否关系着工程能否顺利进行。施工单位建立项目经理部，应针对工程特点和建设单位要求，根据有关规定进行。

（1）项目组织机构的设置原则。

① 用户满意原则。施工单位应根据建设单位的要求和合同约定组建项目组织机构，让建设单位满意放心。

② 全能配套原则。项目经理应会管理、善经营、懂技术，具有较强的适应能力与应变能力和开拓进取精神。项目组织机构的成员要有施工经验、创造精神、工作效率高，做到既合理分工又密切协作，人员配置应满足施工项目管理的需要，如大型项目，管理人员必须具有一级项目经理资质，管理人员中的高级职称人员不应低于10％。

③ 精干高效原则。项目组织机构应尽量压缩管理层次，因事设职，因职选人，做到管理人员精干、一职多能、人尽其才、恪尽职守，以适应市场变化要求，避免松散、重叠、人浮于事。

④ 管理跨度原则。管理跨度过大，会造成鞭长莫及且心有余而力不足；管理跨度过小，人员增多，则造成资源浪费。因此，项目组织机构各层面的设置是否合理，要看确定的管理跨度是否科学，也就是应使每一个管理层面都保持适当的工作幅度，以使其各层面管理人员在职责范围内实施有效的控制。

⑤ 系统化管理原则。建设项目是由许多子系统组成的有机整体，系统内部存在大量的"结合"部，项目组织机构各层次的管理职能的设计应形成一个相互制约、相互联系的完整体系。

特别提示

《建设工程项目管理规范》

它规定了设立项目经理部的原则如下。

a. 根据项目管理规划大纲确定的组织形式设立。

b. 根据规模、复杂程度和专业特点设立。

c. 应使项目经理部成为弹性组织。

d. 面向现场，满足目标控制的需要。

e. 应建立有益于组织运转的规章制度。

（2）项目组织机构的设立步骤。

① 根据施工单位批准的"施工项目管理规划大纲"，确定项目组织机构的管理任务和组织形式。

② 确定项目组织机构的层次，设立职能部门与工作岗位。

③ 确定项目组织机构的人员、拟定工作职责、权限。

④ 由项目经理根据"项目管理目标责任书"进行目标分解。

⑤ 组织有关人员制定规章制度和目标责任考核、奖惩制度。

（3）项目组织机构的组织形式应根据施工项目的规模、结构复杂程度、专业特点、人员素质和地域范围确定，并应符合下列规定。

① 大中型项目宜按矩阵式项目管理组织设置项目组织机构。

② 远离企业管理层的大中型项目宜按事业部式项目管理组织设置项目组织机构。

③ 小型项目宜按直线职能式项目管理组织设置项目组织机构。

2. 组织精干的施工队伍

（1）组织施工队伍。

组织施工队伍时应认真考虑专业工程的合理配合，技工和普工的比例要满足合理的劳动组织要求。按组织施工的方式要求，确定建立混合施工队组或是专业施工队组及其数量。组建施工队组应坚持合理、精干的原则，同时制定出该工程的劳动力需用量计划。

（2）集结施工力量，组织劳动力进场。

项目组织机构组建后，按照开工日期和劳动力需要量计划组织劳动力进场。

3. 优化劳动组合与技术培训

针对工程施工要求，强化各工种的技术培训，优化劳动组合，主要抓好以下工作。

（1）针对工程施工难点，组织工程技术人员和工人队组中的骨干力量，进行类似工程的考察学习。

（2）做好专业工程技术培训，提高对新工艺、新材料使用操作的适应能力。

（3）强化质量意识，抓好质量教育，增强质量观念。

（4）工人队组实行优化组合、双向选择、动态管理，最大限度地调动职工的积极性。

（5）认真全面地进行施工组织设计的落实和技术交底工作。

施工组织设计、计划和技术交底的目的是把施工项目的设计内容、施工计划和施工技术等要求，详尽地向施工队组和工人讲解交代。这是落实计划和技术责任制的好办法。

施工组织设计、计划和技术交底的时间在单位工程或分部(项)工程开工前及时进行，以保证严格按照施工图纸、施工组织设计、安全操作规程和施工验收规范等要求进行施工。

施工组织设计、计划和技术交底的内容如下。

施工进度计划、月(旬)作业计划；施工组织设计，尤其是施工工艺、质量标准、安全技术措施、降低成本措施和施工验收规范的要求；新结构、新材料、新技术和新工艺的实施方案和保证措施；图纸会审中所确定的有关部位的设计变更和技术核定等事项。

交底工作应该按照管理系统逐级进行，由上而下直到工人队组。

交底的方式有书面形式、口头形式和现场示范形式等。

施工队组、工人接受施工组织设计、计划和技术交底后，要组织其成员进行认真的分析研究，弄清关键部位、质量标准、安全措施和操作要领。必要时应该进行示范，并明确任务及做好分工协作，同时建立健全岗位责任制和保证措施。

4. 建立健全各项管理制度

施工现场的各项管理制度是否建立、健全，直接影响其各项施工活动的顺利进行。有章不循，其后果是严重的，而无章可循更是危险的。为此必须建立健全工地的各项管理制度。

项目管理人员岗位责任制度；项目技术管理制度；项目质量管理制度；项目安全管理制度；项目计划、统计与进度管理制度；项目成本核算制度；项目材料、机械设备管理制度；项目现场管理制度；项目分配与奖励制度；项目例会及施工日志制度；项目分包及劳务管理制度；项目组织协调制度；项目信息管理制度。

项目组织机构自行制定的规章制度与施工单位现行的有关规定不一致时，应报送施工单位或其授权的职能部门批准。

5. 做好分包安排

对于本施工单位难以承担的一些专业项目，如深基础开挖和支护、大型结构安装和设备安装等项目，应及早做好分包或劳务安排，加强与有关单位的沟通与协调，签订分包合同或劳务合同，以保证按计划组织施工。

6. 组织好科研攻关

凡工程施工中采用带有试验性质的一些新材料、新产品、新工艺项目，应在建设单位、主管部门的参与下，组织有关设计、科研、教学等单位共同进行科研工作，并明确相互承担的试验项目、工作步骤、时间要求、经费来源和职责分工。

所有科研项目，必须经过技术鉴定后，再用于施工生产活动。

6.5.2　施工物资准备

施工物资准备是指施工中必须有的劳动手段(施工机械、工具)和劳动对象(材料、配件、构件)等的准备。

工程施工所需的材料、构(配)件、机具和设备品种多且数量大，能否保证按计划供应，对整个施工过程的工期、质量和成本，有着举足轻重的作用。各种施工物资只有运到现场并有必要的储备后，才具备必要的开工条件。因此，要将这项工作作为施工准备工作的一个重要方面来抓。

施工管理人员应尽早地计算出各阶段对材料、施工机械、设备、工具等的需用量，并说明供应单位、交货地点、运输方式等，特别是对预制构件，必须尽早地从施工图中摘录出构件的规格、质量、品种和数量，制表造册，向预制加工厂订货并确定分批交货清单、交货地点及时间，对大型施工机械、辅助机械及设备要精确计算工作日，并确定进场时间，做到进场后立即使用，用毕后立即退场，提高机械利用率，节省机械台班费及停留费。

物资准备的具体内容有材料准备、构(配)件及设备加工订货准备、施工机具准备、生产工艺设备准备、运输设备和施工物资价格管理等。

1. 材料准备

(1) 根据施工方案、施工进度计划和施工预算中的工料分析，编制工程所需材料的需用量计划，作为备料、供料和确定仓库、堆场面积及组织运输的依据。

(2) 根据材料需用量计划，做好材料的申请、订货和采购工作，使计划得到落实。

(3) 组织材料按计划进场，按施工平面图和相应位置堆放，并做好合理储备、保管工作。

(4) 严格进场验收制度，加强检查、核对材料的数量和规格，做好材料试验和检验工作，保证施工质量。

2. 构配件及设备加工订货准备

(1) 根据施工进度计划及施工预算所提供的各种构配件及设备数量，做好加工翻样工作，并编制相应的需用量计划。

(2) 根据各种构配件及设备的需用计划，向有关厂家提出加工订货计划要求，并签订订货合同。

(3) 组织构配件和设备按计划进场，按施工平面布置图做好存放及保管工作。

3. 施工机具准备

(1) 各种土方机械，混凝土、砂浆搅拌设备，垂直及水平运输机械，钢筋加工设备、木工机械、焊接设备、打夯机、排水设备等应根据施工方案，明确施工机具配备的要求、数量以及施工进度安排，并编制施工机具需用量计划。

(2) 拟由本施工单位内部负责解决的施工机具，应根据需用量计划组织落实，确保按期供应进场。

(3) 对施工单位缺少且施工又必需的施工机具，应与有关单位签订订购或租赁合同，以满足施工需要。

(4) 对于大型施工机械(如塔式起重机、挖土机、桩基设备等)的需求量和时间，应加强与有关方面(如专业分包单位)的联系，以便及时提出要求，落实后签订有关分包合同，并为大型机械按期进场做好现场有关准备工作。

(5) 安装、调试施工机具。按照施工机具需要量计划，组织施工机具进场，根据施工总平面图将施工机具安置在规定的地方或仓库。对于施工机具要进行就位、搭棚、接电源、保养、调试工作。对所有施工机具都必须在使用前进行检查和试运转。

4. 生产工艺设备准备

订购生产用的生产工艺设备，要注意交货时间与土建进度密切配合。因为某些庞大设备的安装往往需要与土建施工穿插进行，如果土建全部完成或封顶后，设备安装将面临极大困难，故各种设备的交货时间要与安装时间密切配合，它将直接影响建设工期。

在准备时，应按照施工项目工艺流程及工艺设备的布置图，提出工艺设备的名称、型号、生产能力和需要量，确定分期分批进场时间和保管方式，编制工艺设备需要量计划，为组织运输、确定堆场面积提供依据。

5. 运输准备

(1) 根据上述 4 项需用量计划，编制运输需用量计划，并组织落实运输工具。

(2) 按照上述 4 项需用量计划明确的进场日期，联系和调配所需运输工具，确保材料、构(配)件和机具设备按期进场。

6. 强化施工物资价格管理

(1) 建立市场信息制度，定期收集、披露市场物资价格信息，提高透明度。

(2) 在市场价格信息指导下，"货比三家"，选优进货；对大宗物资的采购要采取招标采购方式，在保证物资质量和工程质量的前提下，降低成本、提高效益。

6.6 季节性施工准备

6.6.1 季节性施工准备的必要性

由于建筑产品与建筑施工的特点，建筑工程施工绝大部分工作是露天作业，受气候影响比较大，因此，在冬期、雨期及夏季施工中，必须从具体条件出发，正确选择施工方法，合理安排施工项目，采取必要的防护措施，做好季节性施工准备工作，以保证按期、保质、安全地完成施工任务，取得较好的技术经济效果。

6.6.2 季节性施工准备的内容

季节性施工准备工作的主要内容有冬期施工准备、雨期施工准备及夏季施工准备。

1. 冬期施工准备工作

(1) 应采取的组织措施。

① 合理安排冬期施工项目。冬期施工条件差，技术要求高，费用增加，因此要合理安排施工进度计划，尽量安排保证施工质量且费用增加不多的项目在冬期施工，如吊装、打桩，室内装饰装修等工程；而费用增加较多又不容易保证质量的项目则不宜安排在冬期施工，如土方、基础、外装修、屋面防水等工程。

② 编制冬期施工方案。进行冬期施工的施工活动，在入冬前应组织专人编制冬期施工方案，结合工程实际情况及施工经验等进行，可依据《建筑工程冬期施工规程》(JGJ 104—1997)。

冬期施工方案编制原则如下。

确保工程质量经济便是使增加的费用为最少；所需的热源和材料有可靠的来源，并尽

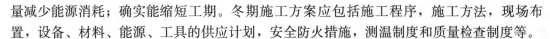

量减少能源消耗；确实能缩短工期。冬期施工方案应包括施工程序，施工方法，现场布置，设备、材料、能源、工具的供应计划，安全防火措施，测温制度和质量检查制度等。

冬期施工方案编制完成并审批后，项目经理部应组织有关人员学习，并向队组进行交底。

③ 组织人员培训。进入冬期施工前，对掺外加剂人员、测温保温人员、锅炉司炉工和火炉管理人员，应专门组织技术业务培训，学习本工作范围内的有关知识，明确职责，经考试合格后，方准上岗工作。

④ 经常与当地气象台站保持联系，及时接收天气预报，防止寒流突然袭击。

⑤ 安排专人测量冬季施工期间的室外气温、暖棚内气温、砂浆温度、混凝土的温度并做好记录。

（2）施工图纸的准备。凡进行冬期施工的施工活动，必须复核施工图纸，查对其是否能适应冬期施工要求。如墙体的高厚比、横墙间距等有关的结构稳定性，现浇改为预制以及工程结构能否在冷状态下安全过冬等问题，应通过施工图纸的会审加以解决。

（3）施工现场条件的准备。

① 根据实物工程量，提前组织有关机具、外加剂和保温材料、测温材料进场。

② 搭建加热用的锅炉房、搅拌站、敷设管道，对锅炉进行试火试旺，对各种加热的材料、设备要检查其安全可靠性。

③ 计算变压器容量，接通电源。

④ 对工地的临时给水排水管道及白灰膏等材料做好保温防冻工作，防止道路积水成冰，及时清扫积雪，保证运输道路畅通。

⑤ 做好冬期施工的混凝土、砂浆及掺外加剂的试配试验工作，提出施工配合比。

⑥ 做好室内施工项目的保温，如先完成供热系统，安装好门窗玻璃等，以保证室内其他项目能顺利施工。

（4）安全与防火工作。

① 冬期施工时，应针对路面、坡面以及露天工作面采取防滑措施，。

② 天降大雪后必须将架子上的积雪清扫干净，并检查马道平台，如有松动下沉现象，务必及时处理。

③ 施工时如接触汽源、热水，要防止烫伤；使用氯化钙、漂白粉时，要防止腐蚀皮肤。

④ 施工中使用有毒化学品，如亚硝酸钠，要严加保管，防止突发性误食中毒。

⑤ 对现场火源要加强管理；使用天然气、煤气时，要防止爆炸；使用焦炭炉、煤炉或天然气、煤气时，应注意通风换气，防止煤气中毒。

⑥ 电源开关、控制箱等设施要加锁，并设专人负责管理，防止漏电、触电。

2. 雨期施工准备

（1）合理安排雨期施工项目。为避免雨期窝工造成的工期损失，一般情况下，在雨期到来之前，应多安排完成基础、地下工程、土方工程、室外及屋面工程等不宜在雨期施工的项目；多安排室内工作在雨期施工。

（2）加强施工管理，做好雨期施工的安全教育。要认真编制雨期施工技术措施，如雨期前后的沉降观测措施，保证防水层雨期施工质量的措施，保证混凝土配合比、浇筑质量的措施，钢筋除锈的措施等，认真组织贯彻实施。

加强对职工的安全教育，防止各种事故发生。

(3) 防洪排涝，做好现场排水工作。工程地点若在河流附近，上游有大面积山地丘陵，应有防洪排涝准备。

施工现场雨期来临前，应做好排水沟渠的开挖，准备好抽水设备，防止场地积水和地沟、基槽、地下室等浸水，对工程施工造成损失。

(4) 做好道路维护，保证运输畅通。雨期前检查道路边坡排水，适当提高路面，防止路面凹陷，保证运输畅通。

(5) 做好现场物资的储存与保管。雨期到来前，应多储存物资，减少雨期运输量，以节约费用。要准备必要的防雨器材，库房四周要有排水沟渠，防止物资淋雨浸水而变质，仓库要做好地面防潮和屋面防漏雨工作。

(6) 做好机具设备等防护。雨期施工对现场的各种设施、机具要加强检查，特别是脚手架、垂直运输设施等，要采取防倒塌、防雷击、防漏电等一系列技术措施，现场机具设备(焊机、闸箱等)要有防雨措施。

3. 夏季施工准备

1) 编制夏季施工项目的施工方案

夏季施工条件差、气温高、干燥，针对夏季施工的这一特点，对于安排在夏季施工的项目，应编制夏季施工的施工方案及采取的技术措施。如对于大体积混凝土在夏季施工，必须合理选择浇筑时间，做好测温和养护工作，以保证大体积混凝土的施工的质量。

2) 现场防雷装置的准备

夏季经常有雷雨，工地现场应有防雷装置，特别是高层建筑和脚手架等要按规定设临时避雷装置，并确保工地现场用电设备的安全运行。

3) 施工人员防暑降温工作的准备

夏季施工，还必须做好施工人员的防暑降温工作，调整作息时间，从事高温工作的场所及通风不良的地方应加强通风和降温措施，做到安全施工。

本 章 小 结

1. 施工准备工作是施工前必须事先完成的工作，对施工任务的开始、开展与顺利完成有重要意义。按施工准备工作的范围不同可以分施工总准备(全场性施工准备)、单项(单位)工程施工条件准备与分部(分项)工程作业条件准备三类，按工程所处的施工阶段不同可以分开工前的施工准备工作与各阶段施工前的施工准备两类。施工准备工作具有整体性与阶段性的统一，且体现出连续性，必须有计划、有步骤、分期、分阶段地进行。

2. 施工准备工作的具体内容应视工程本身及其具备的条件而定。施工准备工作的主要内容一般可以归纳为以下几个方面：原始资料的调查研究、施工技术资料准备、资源准备、施工现场准备、季节施工准备。在工程开工前应按要求编制施工准备工作计划。

3. 原始资料的调查研究是施工准备工作的一项重要内容，也是编制施工组织设计的重要依据，包括项目特征与要求的调查、交通运输条件的调查、机械设备与建筑材料的调查、水、电、气供应条件的调查、建设地区自然条件的调查、劳动力与生活条件的调查等。

4. 施工技术资料准备是施工准备工作的核心，主要内容包括熟悉和审查施工图纸，编制施工组织设计，编制施工图预算和施工预算等。

5. 施工现场准备即通常所说的室外准备（外业准备）由两个方面组成，一是建设单位应完成的施工现场准备工作；二是施工单位应完成的施工现场准备工作。主要内容有拆除障碍物、建立现场测量控制网、"三通一平"、搭设临时设施等。

6. 资源准备指的是施工所需的各项物资与人员的准备，包括劳动力组织准备和施工机具设备、建筑材料、构配件、成品等物资准备。

7. 由于建筑产品与建筑施工的特点，建筑工程施工受气候影响较大，在特殊的气候与季节必须做好相应的准备工作。季节性施工准备工作的主要内容有冬期施工准备、雨期施工准备及夏季施工准备。

复习思考题

1. 试述施工准备工作的意义。
2. 简述施工准备工作的分类和主要内容。
3. 试述施工准备工作计划的编制程序。
4. 原始资料的调查包括哪些方面？各方面的主要内容有哪些？
5. 熟悉图纸有哪些要求？图纸会审应包括哪些内容？
6. 施工现场准备包括哪些内容？
7. 资源准备包括哪些方面？如何做好劳动力组织准备？
8. 如何做好冬期施工准备工作？
9. 如何做好雨期、夏季施工准备工作？
10. 收集一份建筑工程施工承包合同。

单元7

施工现场平面布置

了解建筑施工现场平面布置的作用、意义、分类等，掌握搅拌站、加工棚、仓库及材料堆场的布置要求，掌握运输道路的布置要求，掌握临时设施的布置要求，掌握临时供水、临时供电的布置要求，掌握起重机械的布置要求。

教学要求

知识要点	能力要求	相关知识	所占分值（100分）	自评分数
施工平面布置概述	熟悉建筑施工平面布置图的基本知识	施工平面布置的作用、意义、分类	15	
三通一平布置	（1）能够根据水通的基本要求布置供水管线 （2）能够根据电通的基本要求布置供电线路 （3）能够根据路通的基本要求布置现场道路 （4）掌握平整场地的基本要求	供水管线的布置、供电线路的布置、道路的布置	20	
临时供水供电布置	（1）掌握临时供水的计算 （2）掌握临时供电的计算	临时供水管径的计算、临时供电变电器的计算	35	
临时设施布置	掌握临时设施的布置要求。	厂房、堆场、仓库的布置	30	

章节导读

《建筑施工组织设计规范》为国家标准，编号为 GB/T 50502—2009，本规范由中国建筑技术集团有限公司、中国建筑工程总公司会同有关单位编制而成。本规范在编制过程中总结了近几十年来施工组织设计在我国建筑工程施工领域应用的主要经验，充分考虑了各地区、各企业的不同状况、在广泛征求意见的基础上，通过反复讨论、修改和完善，最后经审查定稿。本规范由住房和城乡建设部负责管理，中国建筑技术集团有限公司负责具体技术内容的解释。下面介绍一下本规范中规定的关于施工平面布置的内容。

4.6 施工总平面布置

4.6.1 施工总平面布置应符合下列原则。

1. 平面布置科学合理，施工场地占用面积少。

2. 合理组织运输，减少二次搬运。

3. 施工区域的划分和场地的临时占用应符合总体施工部署和施工流程的要求，减少相互干扰。

4. 充分利用既有建(构)筑物和既有设施为项目施工服务降低临时设施的建造费用。

5. 临时设施应方便生产和生活，办公区、生活区和生产区宜分离设置。

6. 符合节能、环保、安全和消防等要求。

7. 遵守当地主管部门和建设单位关于施工现场安全文明施工的相关规定。

4.6.2 施工总平面布置图应符合下列要求。

1. 根据项目总体施工部署，绘制现场不同施工阶段(期)的总平面布置图。

2. 施工总平面布置图的绘制应符合国家相关标准要求并附必要说明。

4.6.3 施工总平面布置图应包括下列内容。

1. 项目施工用地范围内的地形状况。

2. 全部拟建的建(构)筑物和其他基础设施的位置。

3. 项目施工用地范围内的加工设施、运输设施、存贮设施、供电设施、供水供热设施、排水排污设施、临时施工道路和办公、生活用房等。

4. 施工现场必备的安全、消防、保卫和环境保护等设施。

5. 相邻的地上、地下既有建(构)筑物及相关环境。

今天学习的施工现场平面布置就是要通过系统的学习去了解它们的主要内容及绘制程序与方法，尤其是掌握三通一平的布置、供水供电的布置、临时设施的布置等重点内容，这些工作对节约施工成本、提高劳动效率、保证施工的安全实施等有着非常重要的意义。

7.1 施工平面布置概述

 引例

某工程施工平面图说明

1. 施工临时设施

根据本工程的特点及现场考察的实际情况，考虑所有临时设施尽量靠近原有道路布置。工程所需的工程材料根据现场需要，在工地附近临时堆放。为了更大的工作面，工程的办公和住宿都沿着工程的围墙设置，施工用的搅拌机设置在工程实体视野和工作面宽广的位置如图7.1所示。

2. 施工场地水电布置

本工程施工用的水、电考虑从市政用电引入，沿着临时设施的主体工程设置。

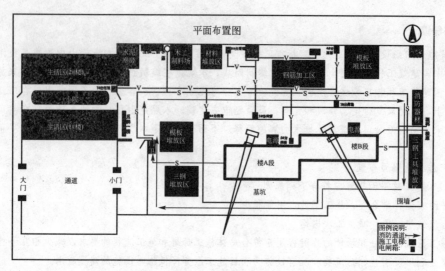

图 7.1　平面布置图

3. 施工排水

临时集中的场地内根据污水排放情况，挖设排水沟，尽量引入已建永久排水系统内。沿线管沟开挖场地，除在周边挖排水沟截水外，另配若干水泵，以备基槽(坑)积水时将积水抽出。

4. 施工场地硬化

施工道路硬化沿着施工临时设施和视材料堆放所需的道路而定，硬化的地方采用 100mm 厚 C10 混凝土或泥结碎石。水泥库房必须架空离地不小于 30cm，做防潮处理。

　　施工平面图是对拟建工程的施工现场所作的平面规划和布置，是施工组织设计的主要内容，是现场文明施工的基本保证，是布置施工现场的依据，也是施工准备工作的一项重要依据。具体而言，它是用以解决施工所需的各项设施和永久建筑(拟建的和已建的)相互间的合理布局，按照施工布置、施工方案和施工进度计划，将各项生产、生活设施在现场平面上进行周密规划和布置，同时，也是实现文明施工、节约场地、减少临时设施费用的先决条件。

　　施工平面图表明工程施工所需机械、加工场地，材料、成品、半成品堆场、临时道路、临时供水、供电、供热管网和其他临时设施的合理布置位置。绘制施工平面图一般用 1：200～1：500 的比例。

　　对于一些工程量大、工期较长或场地狭小的工程，往往按基础、结构、装修分不同施工阶段绘制施工平面图。

7.1.1　施工平面布置的意义

　　施工场地平面布置是施工组织设计的重要组成部分之一，它对指导现场文明施工有着重要意义。否则，施工场地布置不合理会造成施工秩序的混乱。一个项目的施工场地要容纳上百人以上的队伍进行施工，各自承担不同的任务难免会互相干扰，再加上施工场地布置得不明确或考虑不周到，施工过程中就有可能占用其他队伍的施工场地，影响其他队伍的施工，就会产生纠纷。许多材料、机械需要存放，进行施工场地平面布置时如欠全面考虑，就会可能出现存放位置占用建筑物的设计位置等。这样都会因此影响施工进度而增加施

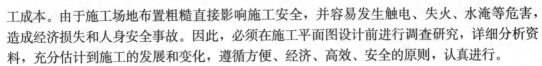

工成本。由于施工场地布置粗糙直接影响施工安全，并容易发生触电、失火、水淹等危害，造成经济损失和人身安全事故。因此，必须在施工平面图设计前进行调查研究，详细分析资料，充分估计到施工的发展和变化，遵循方便、经济、高效、安全的原则，认真进行。

设计全场性施工平面图时，必须特别注意，节约用地，同时要保证施工安全与方便，这样就既需要紧凑地布置现场，缩短各种管线道路，节约投资，少占农田和便于施工管理，又要合理布置现场，保证临时设施不致妨碍工程施工，减少物资接运、升运次数，并符合安保要求和防火规则。

7.1.2 施工平面图设计的内容

施工平面图中规定的内容要因时间、需要，结合实际情况来决定。工程施工平面图一般应表明以下内容。

(1) 建筑总平面图上已建和拟建地上、地下的一切建筑物、构筑物和管线位置或尺寸。

(2) 测量放线标桩、杂土及垃圾堆放场地。

(3) 垂直运输设备的平面位置，脚手架、防护棚位置。

(4) 材料、加工成品、半成品、施工机具设备的堆放场地。

(5) 生产、生活用临时设施(包括搅拌站、钢筋棚、木工棚、仓库、办公室、临时供水、供电、供暖线路和现场道路等)并附一览表。一览表中应分别列出名称、规格、数量及面积大小。

(6) 安全、防火设施。

(7) 必要的图例、比例尺，方向及风向标记。

在工程实际中施工平面图，可根据工程规模、施工条件和生产需要适当增减。例如，当现场采用商品混凝土时，混凝土的制作往往在场外进行，这样施工现场的临时堆场就简单多了，但现场的临时道路要求相对高一些。

7.1.3 施工平面图设计的依据

一般可根据建筑总平面图、现场地形地貌、现有水源、电源、热源、道路、四周可以利用的房屋和空地、施工组织总设计、本工程的施工方案与施工方法、施工进度计划及各临时设施的计算资料来绘制。其中，较为重要的为如下几点。

1. 建筑总平面图

在设计施工平面布置图前，应对施工现场的情况做深入详细的调查研究，掌握一切拟建及已建的房屋和地下管道的位置。如果对施工有影响，则需考虑提前拆除或者迁移。

2. 单位工程施工图

要掌握结构类型和特点，建筑物的平面形状、高度，材料做法等。

3. 已拟订好的施工方法和施工进度计划

了解单位工程施工的进度及主要施工方法，以便布置各阶段的施工现场。

4. 施工现场的现有条件

掌握施工现场的水源、电源、排水管沟、弃土地点以及现场四周可利用的空地；了解建设单位能提供的原有可利用的房屋及其他生活设施(如食堂、锅炉房、浴室等)的条件。

7.1.4 施工平面图的设计原则

1. 布置紧凑，占地要省，不占或少占农田

在满足施工条件下，要尽可能地减少施工用地。少占施工用地除了在解决城市场地拥挤和少占农田方面有重要意义外，对于建筑施工而言也减少了场内运输工作量和临时水电管网，既便于管理又减少了施工成本。为了减少占用施工场地，常可采取一些技术措施予以解决。例如，合理地计算各种材料现场的储备量，以减少堆场面积，对于预制构件可采用叠浇方式，尽量采用商品混凝土、采用多层装配式活动房屋作临时建筑等。

2. 尽量降低运输费用，保证运输方便，减少二次搬运

最大限度地减少场内材料运输，特别是减少场内二次搬运。为了缩短运距，各种材料尽可能按计划分期、分批进场，充分利用场地。合理安排生产流程，施工机械的位置及材料、半成品等的堆场应根据使用时间的要求，尽量靠近使用地点。要合理地选择运输方式和铺设工地的运输道路，以保证各种建筑材料和其他资源的运距及转运次数为最少。在同等条件下，应优先减少楼面上的水平运输工作。

3. 在保证工程顺利进行的前提下，力争减少临时设施的工程量，降低临时设施费用

为了降低临时工程的施工费用，最有效的办法是尽量利用已有或拟建的房屋和各种管线为施工服务。另外，对必须建造的临时设施，应尽量采用装拆式或临时固定式。尽可能利用施工现场附近的原有建筑物作为施工临时设施等。临时道路的选择方案应使土方量最小，临时水电系统的选择应使管网线路的长度为最短等。

4. 要满足安全、消防、环境保护和劳动保护的要求，符合国家有关规定和法规

为了保证施工的顺利进行，要求场内道路畅通，机械设备所用的缆绳、电线及有关排水沟、供水管等不得妨碍场内交通。易燃设施(如木工房、油漆材料仓库等)和有碍人体健康的设施(如熬柏油、化石灰等)应满足消防要求，并布置在空旷和下风处。主要的消防设施(如灭火器等)应布置在易燃场所的显眼处并设有必要的标志。

5. 要便于工人生产与生活

正确合理地布置行政管理和文化生活福利临时用房的相对位置，使工人因往返而消耗的时间最少。

7.1.5 施工平面图的设计步骤

单位工程施工平面图的一般设计步骤是：确定垂直起重运输机械的位置→布置材料、构件、仓库和搅拌站的位置→布置运输道路→布置行政管理、文化、生活、福利用房等临时设施→布置临时供水管网、临时供电管网。

1. 布置起重机位置及开行路线

起重机的位置影响仓库、材料堆场、砂浆搅拌站、混凝土搅拌站等的位置及场内道路和水电管网的布置，因此要首先布置。

布置起重机的位置要根据现场建筑物四周的施工场地的条件及吊装工艺。如起重机、挖土机的起重臂操作范围内，使起重机的起重幅度能将材料和构件运至任何施工地点，避免出现"死角"。

2. 布置材料、预制构件仓库和搅拌站的位置

（1）在起重机布置位置确定后，布置材料、预制构件堆场及搅拌站位置。材料堆放尽量靠近使用地点，减少或避免二次搬运，并考虑到运输及卸料方便。

（2）如用固定式垂直运输设备，则材料、构件堆场应尽量靠近垂直运输设备，以减少二次搬运。

（3）预制构件的堆放位置要考虑到吊装顺序。先吊的放在上面，后吊的放在下面，吊装构件进场时间应密切与吊装进度配合，力求直接卸到就位位置，避免二次搬运。

3. 布置运输道路

尽可能将拟建的永久性道路提前建成后为施工使用，或先造好永久性道路的路基，在交工前再铺路面。现场的道路最好是环行布置，以保证运输工具回转、调头方便。

单位工程施工平面图的道路布置，应与全工地性施工总平面图的道路相配合。

4. 布置行政管理及生活用临时房屋

工地出入口要设门岗，办公室位置要靠近现场，工人生活用房尽可能利用建设单位永久性设施。若系新建企业，则生活区应与现场分隔开。一般新建企业的行政管理及生活用临时房屋由全工地施工总平面来考虑。

5. 布置水电管网

（1）施工临时用水、用电。根据实践经验，一般面积在 $5000 \sim 10000m^2$ 的单位工程施工用水的主管直径为 $50 \sim 100mm$，支管直径为 $40mm$ 或直径 $25mm$。

（2）施工现场应设消防水池、水桶、灭火机等消防设施。单位工程施工中的防火，一般利用建设单位永久性消防设备。

（3）当水压不够则可加设高压泵或设蓄水池解决。

（4）单位工程施工用电应在全工地施工总平面图中一并规划，若属于扩建的单位工程，一般计算出在施工期间的用电总数，提供建设单位解决，往往不另设变压器。

（5）工地排水沟管最好与永久性排水系统结合，特别注意暴雨季节其他地区的地面水涌入的可能。有这种可能的情况下，在工地四周要设置排水沟。

【观察思考】

通过某施工工地或网络的方式，了解施工平面布置图的内容，并与《建筑施工组织设计规范》中施工现场平面布置内容相比较分析它们之间的差异。

7.2 三通一平布置

 引例 2

某水泥厂项目用地三通一平施工方案

1. 项目地理位置

项目建造在曹妃甸工业区内，厂址规划用地面积 125.78km，施工范围及生活的临时用地面积 $32160m^2$。

2. 道路

厂区内提供的道路，重载车辆(如混凝土罐车、泵车以及工程材料运输车等)无法直接到达施工现场，所以道路重新修筑。

修路方案：

从场内提供的重载道路综合仓库东南角开始，向东南施工场地(耐磨件厂房)西北角直线距离628.8m；再向南与场地外围道路连接距离120.75m；因建筑物跨度大在建筑物内修筑2条临时道路共计470.5m。

总计需要修筑临时道路1220.05m。根据施工现场行走车辆的需要，修一条60cm厚8m宽由山皮石铺设的双向单车道，计划填土山石方量6075.849m³。

道路修筑方案：

1) 原路面清理压实作业

(1) 在道路施工范围内，对含有地表水、淤泥、垃圾等地方应进行排除清理。

(2) 对清理后原路面进行平整，经现场管理人员检查合格后进行初步碾压工作。

2) 填方施工

(1) 填方前准备工作。先进行施工测量，对含水较大的地方，在填方两侧开挖临时排水沟，必要时在路基中挖纵横排水沟，加快路基晾干。按技术规范要求对表土进行清理，清理后，将路基碾压使之达到规定要求。

(2) 填筑方法。填筑采用依次进行、由北侧开始、机械为主、人工为辅的作业方法进行施工。在达到要求的填方上，将合格的填料(山皮石)运到填筑地点，其卸料依次进行，派专人指挥，按规定数量均匀卸料，以免影响摊铺厚度和质量。

(3) 填筑施工程序。自卸汽车分运到填筑地段→推土机推平→人工修整→振动压路机碾压。

(4) 碾压顺序。碾压遵循先低后高、先轻后重的原则，直线段由填方两侧向中心碾压，有弯道段由弯道内侧向外碾压。碾压时前后两次轮迹重叠20~30cm，并尽快压到规定的压实度。

(5) 施工机械。施工机械的选择应根据工程规模、场地大小、填料种类、压实度要求、气候条件、压实机械效率的因素综合考虑确定。主要机械设备包括装载机、推土机、自卸车、挖掘机、压路机等。

3. 供电工程

1) 本工程配备机械(表7-1)

表7-1 进场施工机械

序号	机械设备名称	数量	额定功率
1	钢筋调直机	1	5.5kW
2	钢筋切断机	1	4kW
3	钢筋炜弯机	1	3kW
4	电焊机	3	33kW
5	木工圆盘机	1	3kW
6	砼振捣机	4	2.8kW
7	对焊机	1	26kW
8	砼搅拌机	2	12.5kW

2) 施工供电设计

根据施工情况，以上设备不可能同时使用，最大利用约70%，为65kW，照明加10%，最大额定功率65kW×1.1＝71.5kW 故选用五线铝芯电缆3×120mm²＋2×75mm²。电缆敷设长度1km，敷设方式采用直埋。

3）施工用电具体事实细则

施工现场专用的中性点直接接地的电力系统中必须采用 TN-S 接零保护系统。

施工现场每处重复接地的接地电阻值应不大于 10Ω，且不得少于 3 处（总被电箱、线路中间和末端处），重复接地线应与保护零线相连，接地电阻每月检测一次。

接地装置的接地线应采用 2 根芯的导体，在不同点与接地体做电气连接，垂直接地体应采用角钢、钢管或圆钢，不得采用螺纹钢。

保护零线应由工作接地线，配电室的零线或第一级漏电保护器电源侧的零线引出，保护零线应接至每一台用电设备的金属外壳（包括被电箱）。

保护零线的截面应不小于工作零线的截面，并使用统一标志的颜色，任何情况下不得将之作负荷载，与电气设备相连的保护零线的截面不小于 $2.5mm^2$ 的多股铜线。

保护零线与电气设备连接应采用钢鼻子的可靠连接，不得交接。工作零线和保护零线在配电箱内应通过端子板连接，其保护零线在其他地方不得有接头。

同一施工现场的电气设备不得一部分做保护零线，一部分做保护接地。

4）电器设置

设备功率大于 5.5kW 的动力线路采用加设自动开关电器或降压启动设置，不得采用手动电器直接控制。

各种开关电器的额定值应与其控制用电设备的额定值相适应。

熔丝应与设备容量相匹配，不得用多根熔丝绞接代替一根熔丝，每根熔丝的规格应一致，严禁其他金属代替。

配电箱内的电器必须可靠完好，不得使用破损、不合格的电器。

4. 供水工程

1）水源

采用甲方指定供水点接引供水。从接水点到施工生活现场距离 2km。

2）用水量

根据施工现场情况，在平时施工与生活中日用水量在 $20\sim50m^3$，在工程施工高峰期日用水量达到 $100\sim150m^3$。

3）供水管道

为满足以后日用水 $150m^3$ 的能力，埋设时采用 DN50 管道，管道埋设深度不得少于 800mm。

5. 场地平整

1）工程范围

施工场地、临时生活用地、材料加工场地、材料堆放场地等临时用地。

2）工程量

生活临时用地：$1000m^2$ 钢筋加工区：$2000m^2$

施工材料堆放：$2000m^2$ 施工场地工作用地（建筑外 6m）：$4260m^2$

施工场地：$22819.2m^2$

3）施工环境

因施工现场海拔较低，施工段为雨季极易积水，对钢筋等施工材料以及生活等造成极大的影响，无法保证正常施工。所以对生活临时用地、钢筋加工区、施工材料堆放区、施工现场工作用地等共计 $9260m^2$ 的区域，用山皮石垫高。

4）工程做法

对加高区域填山皮石高度 80cm，总填方量 $7408m^3$，工程做法与临时道路相同，且同道路施工依次进行。

7.2.1 布置运输道路

场内道路的布置,主要是满足材料构件的运输和消防的要求。应使道路通到各材料及构件堆放场地,并离它越近越好,以便装卸。消防对道路的要求,除了消防车能直接开到消火栓处之外,还应使道路靠近建筑物、木料场,以便消防车能直接进行灭火抢救。

布置道路时还应考虑下列几方面要求。

(1) 尽量使道路布置成环形,以提高运输车辆的行车速度,使道路形成循环,提高车辆的通过能力;消防通道宽度不小于 3.5m。

(2) 应考虑第二期开工的建筑物位置和地下管线的布置;要与后期施工结合起来考虑,以免临时改道或道路被切断影响运输。

(3) 布置道路应尽量把临时道路与永久道路相结合,即可先修永久性道路的路基,作为临时道路使用,尤其是对需修建场外临时道路时,要着重考虑这一点,可节约大量投资。在有条件的地方,能把永久性道路路面也事先修建好,这更有利于运输。

道路的布置还应满足一定的技术要求,如路面的宽度,最小转弯半径等,见表 7-2。

表 7-2 施工现场最小道路宽度及转弯半径 单位:m

车辆、道路类别	道路宽度	最小转弯半径
汽车单行道	≥3.5	9
汽车双行道	≥6.0	9
平板拖车单行道	≥4.0	12
平板拖车双行道	≥8.0	12

7.2.2 布置供水管网

布置供水管网形式如图 7.2 所示。

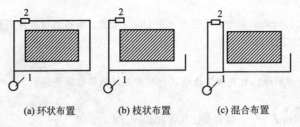

(a) 环状布置   (b) 枝状布置   (c) 混合布置

图 7.2 布置供水管网形式
1—水源;2—混凝土搅拌站

(1) 环形管网。管网为环形封闭形状,优点是能够保证可靠地供水,当管网某一处发生故障时,水仍能沿管网其他支管供水。缺点是管线长,造价高,管材耗量大。

(2) 枝形管网。管网由干线及支线两部分组成。管线长度短,造价低,但供水可靠性差。

(3) 混合式管网。主要用水区及干管采用环形管网,其他用水区采用枝形支线供水,这种混合式管网,兼备两种管网的优点,在工地中,采用较多。

布置供水管网时还应考虑室外消防栓的布置要求：室外消防栓应沿道路设置，间距不应超过120m，距房屋外墙为1.5~5m，距道路不应大于2m。现场消防栓处昼夜要设有明显标志，配备足够的水龙带，周围3m以内，不准存放任何物品。室外消防栓给水管的直径，不小于100mm。高层建筑施工，应设置专用高压泵和消防竖管。消防高压泵应用非易燃材料建造，设在安全位置。

为了防止水的意外中断，可在建筑物附近设置简单蓄水池，储有一定数量的生产和消防用水。如果水压不足时，尚应设置高压水泵。为便于排除地面水和地下水，要及时修通永久性下水道，并结合现场地形在建筑物四周设置排泄地面水和地下水的沟渠。

管线可埋于地下，也可铺设在地面上，由当时的气温条件和使用期限的长短而定。最好埋设在地面以下，以防汽车及其他机械在上面行走时压坏。严寒地区应埋设在冰冻线以下，明管部分应做保温处理。

7.2.3 施工现场临时用电线路布置

施工现场临时用电线路布置时，一般有两种形式。

（1）枝状系统。按用电地点直接架设干线与支线。优点是省线材、造价低；缺点是万一线路内发生任何故障断电，将影响其他用电设备的使用。因此，对需要连续供电的机械设备(如水泵等)则应避免使用枝形线路。

（2）网状系统。即用一个变压器或两个变压器，在闭合线路上供电。在大工地及起重机械(如塔吊)多的现场，最好用网状系统，既可以保证供电，又可以减少机械用电时的电压降。

施工现场布置用电线路时，既要满足生产用电，还应使线路最短。如工地有吊装机械时，供电线路应布置在吊装机械运行路线的回转半径以外。如确有困难时，在吊装机械回转半径以内的部分线路，必须搭设防护栏，其防护高度应超过线2m，机械在运转时应采取必要的措施，以确保吊装时的安全。

施工现场用的变压器，应布置在现场边缘高压线接入处，四周设置铁丝网等围挡。变压器不宜布置在交通要道口；配电室应靠近变压器，便于管理。

现场架空线必须采用绝缘铜线或绝缘铝线。架空线必须设在专用的电杆上，并且要布置在道路一侧，禁止架设在树木、脚手架上。

以上就是单位工程施工平面图设计的要点。在实际设计中，各种因素往往互相牵连，互相影响。要求反复酝酿，考虑平面和空间的可能性和合理性。

【观察思考】
观察某住宅项目的三通一平施工作业，了解三通一平的施工特点和布置要求。

7.3 临时供水供电布置

7.3.1 工地临时供水

1. 基本要求

一般需要考虑施工现场的生产用水和生活用水。一般由建设单位的干管或自行布置的干管接到用水地点。布置时应力求管网总长度最短。临时供水首先要经过计算、设计，然后进行设置。施工组织设计的供水计算和设计可以简化或根据经验进行安排，一般 5000～10000m² 的建筑工程施工，施工用水主干管为 50～100mm，支管为 40mm 或 25mm。

2. 工地临时供水计算

用水量计算如下。

(1) 施工现场用水量计算。

$$q_1 = 1.1 \times \frac{\sum Q_1 N_1 K_1}{t \times 8 \times 3600}$$

式中　q_1——生产用水量(L/s)；

K_1——未预计的施工用水系数(取 1.25～1.5)；

Q_1——年(季、月)度工程量(以实物计量单位来珠示)；

N_1——施工用水定额；

t——每天工作班数(班)；

1.1——未预计的施工用水系数。

(2) 施工机械用水量计算。

$$q_2 = 1.1 \times \frac{\sum Q_2 N_2 K_2}{8 \times 3600}$$

式中　q_2——机械用水量(L/s)；

Q_2——同一种机械台班数；

N_2——施工该种机械台班的用水定额；

K_2——施工现场用水不均衡系数(取 1.1～2)；

(3) 施工现场生活用水量计算。

$$q_3 = 1.1 \times \frac{\sum P_1 N_3 K_3}{24 \times 3600}$$

式中　q_3——施工现场生活用水量(L/s)；

P_1——施工现场高峰昼夜人数；

N_3——施工现场用水定额 [20～60/(人×班)]；

K_3——施工现场用水不均衡系数(取 1.3～1.5)；

1.1——未预见用水量的修正系数。

(4) 生活区生活用水量。

$$q_4 = \frac{P_2 K_4 N_4}{24 \times 3600}$$

式中　q_4——生活区生活用水(L/S)；

P_2——生活区居民人数；

K_4——生活区用水不均衡系数(2～2.5)；

K_4——生活区昼夜全部生活用水定额，每人每昼夜均为 100～120L。

(5) 消防用水。消防用水量 q_5 应根据建筑工地的大小及居住人数确定，可按照下表 7-3 中定额来确定。

表7-3 消防用水量定额

项次	用水项目	按火灾同时发生次数计	耗水量(L/s)
1	居住区消防用水 5000人以内 10000人以内 25000人以内	一次 二次 二次	10 10~15 15~20
2	施工现场消防用水 现场面积在25hm²以内 每增加25hm²递增	二次	10~15 5

注：公顷的单位符号为hm²。

（6）总用水量计算。

① 当 $q_1+q_2+q_3+q_4 \leqslant q_5$ 时，则

$$Q=q_4+\frac{1}{2}(q_1+q_2+q_3+q_4)$$

② 当 $q_1+q_2+q_3+q_4 > q_5$ 时，则

$$Q=q_1+q_2+q_3+q_4$$

③ 当工地面积小于5公顷，且 $q_1+q_2+q_3+q_4 < q_5$ 时，则

$$Q=q_5$$

供水管径计算，即

$$D=\sqrt{\frac{4Q \times 1000}{\pi v}}$$

式中　D——供水管直径(mm)；

　　　Q——总用水量；

　　　v——管网中的水流速度(m/s)考虑消防供水时取2.5~3。

（7）临时供水水源的选择、管网布置及管径的计算。

临时供水的水源，可用现成的给水管、地下水（如井水）及地面水（如河水、湖水等）等。在选择水源时，应该注意：①水量能满足最大需水量的需要；②生活用水的水质应符合卫生要求；③搅拌混凝土及灰浆用水的水质应符合搅拌用水的要求。

临时供水方式有3种情况。

① 利用现有的城市给水或工业给水系统。

② 在新开辟地区没有现成的给水系统时，在可能条件下，应尽量先修建永久性给水系统。

③ 当没有现成的给水系统，而永久性给水系统又不能提前完成时，应设立临时性给水系统。

配水管网布置的原则是在保证连续供水的情况下，管道铺设越短越好。分期分区施工时，应按施工区域布置，并同时还应考虑到，在工程进展中各段管网应便于移置。

临时给水管网的布置有下列3种方案：①环式管网；②枝式管网；③混合式管网。

临时给水管网的布置常采用枝式管网，因为这种布置的总长度最小，但此种管网若在其中某一点发生局部故障时，有断水之威胁。从保证连续供水的要求上看，环式管网最为可靠，但这种方案所铺设的管网总长度较大。混合式总管采用环式，支管采用枝式，可以

兼有以上两种方案的优点。

临时水管的铺设，可用明管或暗管。以暗管最为合适，它既不妨碍施工，又不影响运输工作。

7.3.2 布置临时供电管网

1. 基本要求

（1）配电线路的布置与水管网相似，也是分为环状、枝状及混合式 3 种，其优缺点与给水管网也相似。工地电力网，一般 3～10kV 的高压线路采用环状；380/220V 的低压线采用枝状。供电线路应尽可能接到各用电设备、用电场所附近，以便各施工机械及动力设备或照明引线接用电。一般来说，各变压器应设置在该变压器所负担的用电设备集中、用电量大的地方，以使供电线路布置较短。

（2）各供电线路布置宜在路边，一般用木杆或水泥杆架空设置，杆距为 25～40m。应保持线路的平直，高度一般为 4～6m，离开建筑物的距离为 6m，离铁路轨顶不应小于7.5m。任何情况下，各供电线路都不得妨碍交通运输和施工机械的进、退场及使用。同时要避开堆场、临时设施、开挖沟槽和后期拟建工程。

（3）从供电线路上引入用电点的接线必须从电杆引出。各用电设备必须装配与设备功率相应的闸刀开关，其高度与装设点应便于操作，单机单闸，不允许一闸多机使用。配电箱及闸刀开关在室外装配时，应有防雨措施，严防漏电、短路及触电事故发生。

2. 工地临时供电量计算

（1）工地临时供电包括施工及照明用电两个方面，计算公式如下

$$P = 1.1(K_1 \sum P_c + K_2 \sum P_a + K_3 \sum P_b)$$

式中　P——计算用电量(kW)，即供电设备总需要容量；

　　　P_c——全部施工动力用电设备额定用量之和；

　　　P_a——室内照明设备额定用电量之和；

　　　P_b——室外照明设备额定用电量之和；

　　　K_1——全部施工用电设备同时使用系数；总数 10 台以内取 0.75；10～30 台取 0.7；
　　　　　　30 台以上取 0.6；

　　　K_2——室内照明设备同时使用系数，取 0.8；

　　　K_3——室外照明设备同时使用系数，取 1.0。

综合考虑施工用电约占总用电量 90%，室内外照明电约占总用电量 10%，则有

$$P = 1.1(K_1 \sum P_c + 0.1P) = 1.24K_1 \sum P_c$$

（2）变压器容量计算。

变压器容量计算公式如下：

$$P_0 = \frac{1.05P}{\cos\phi} = 1.4P$$

式中　P_0——变压器容量(kVA)；

　　　1.05——功率损失系数；

　　　$\cos\phi$——用电设备功率因素，一般建筑工地取 0.75。

（3）配电导线截面计算。

① 按导线的允许电流选择。

三相四线制低压线路上的电流可以按照下式计算。

$$I_1 = \frac{1000P}{\sqrt{3} \cdot U_1 \cdot \cos\phi} = 2P$$

式中　　I_1——线路工作电流值（A）；

　　　　U_1——线路工作电压值（V），三相四线制低压时取 380V。

② 按导线的允许电压降校核。

配电导线截面的电压可以按照下式计算：

$$e = \frac{\sum P \cdot L}{C \cdot S} = \frac{\sum M}{C \cdot S} \leqslant [e] = 7\%$$

式中　　$[e]$——导线电压降（%），对工地临时网路取 7%；

　　　　P——各段线路负荷计算功率（kW），即计算用电量；

　　　　L——各段线路长度（m）；

　　　　C——材料内部系数，三相四线铜线取 77.0，三相四线铝线取 46.3；

　　　　S——导线截面积（mm²）；

　　　　M——各段线路负荷矩（kW·m）。

【观察思考】

建筑工地施工时所采用的供水管径为多少？施工现场是否有变压器？如果有，是什么规格的？

7.4　临时设施布置

 引例 3

某住宅项目临时设施布置方案

本工程施工过程中严格按照滨州市标化工地的标准、积极配合甲方、监理的各项要求，进行认真策划和进行施工，确保工程文明施工的目标顺利实现。

1. 办公区

办公区拟设置一幢两层共 14 间的办公楼，一幢一层共 7 间的仓库和工具间，办公区域一定范围内对场地进行硬化处理。

办公区场地地面全部硬化，办公区内的临时用房全部采用彩钢板房，办公室内项目和企业的各规章制度全部上墙，办公硬件设施全部采用新采购的，项目经理部设置内部局域网，开通外部互联网。办公室地面用强化地板铺设。现场会议室布置项目效果图、项目施工管理目标方针、项目施工各阶段动态数据统计、现场施工成果展示等。

办公区基础采用刚性基础（砌砖大放脚），150 厚块石和 100 厚 C15 砼垫层。

2. 大门及围墙

现场设置两个大门，大门的门柱按照甲方的要求与其他标段（组团）的做法一致，门宽度在 6m 以上，大门采用双开钢质大门。大门处设置门卫，门卫为单层彩钢板房，门卫要求 24 小时连续值班。建立门卫制度，材料和人员进出场严格执行门卫制度。大门处设置车辆冲洗池和污水沉淀池，污水排放的线路设计需与甲方、监理进行沟通，确定排放办法。车辆冲洗设备和冲洗人员安排专人负责，人员要求相对固定。车辆经清洗和遮盖后出场，严防车辆携带泥沙出场造成遗撒。大门门面上刷写施工企业名称。

3. 生产区

施工道路采用150厚C20混凝土面层，道路两侧设置排水沟，路断面切割出伸缩缝。

加工车间和通向楼层内的地面通道采用装配式型钢门式钢架，门式钢架的表面颜色采用橘黄色，屋面采用蓝色彩钢板，彩钢板屋面上面再设置两层的脚手片防护层。每个加工车间内配置3~4个灭火器。

各种加工机械前必须按要求悬挂安全操作规程、保修制度和责任人。

材料、构件、料具等堆放时，悬挂有名称、品种、规格等检查合格标牌。钢材等材料堆放场地处设置排水沟，材料堆放与地面架空。水泥桶仓采用全密闭式，其他易飞扬细颗粒建筑材料封闭存放或采取覆盖等措施。易燃、易爆和有毒有害物品应分类存放并专人保管。

所有材料的堆放均按指定位置堆放，不能产生混合现象。材料堆放要求整齐，有标识。不需要的材料及时联系清理出现场。

施工现场设置有遮阳(雨)篷和木椅并相对固定的保温桶和开水供应点。

塔吊使用过程中加强地面和楼面指挥人员的配合，要求地面和楼面吊装材料时必须有指挥人员。

脚手架搭设的方案必须与甲方人员沟通，征求甲方和监理的意见，脚手架钢管的颜色和外立面的广告宣传须征得甲方的同意，脚手架外立面安全网必须没有污染和破损现象。

地面和楼面的临边、洞口的临边围护钢管及楼梯扶手栏杆的钢管的油漆颜色整个现场必须统一。

现场管理绝对服从甲方和监理的建议和要求。

项目部专门设置一个部门负责现场及生活区文明施工管理。

严格采用动火审批制度，动火审批人必须实地查看现场，并提出防范要求才能签发动火证，电梯井、管笼等处动火必须有明火监控管理，做好专职防火监护员监护工作和防止火星下落的措施。

在建筑结构内的施工垃圾清运，采用搭设封闭式临时专用垃圾道运输或采用容器吊运或袋装，严禁随意凌空抛撒，施工垃圾应及时清运，并适量洒水，减少污染。

4. 生活区

生活区与现场单独分离，设置门卫24h值班，安排2个专职人员专门负责生活区的日常管理和卫生清洁管理。

生活区拟在原基础上增设4幢两层共48间的工人宿舍，工人宿舍采用彩钢板房；卫生间和淋浴房位于底层，墙裙2000mm高贴白色瓷砖。

食堂、餐厅、民工学校位于底层，蓝色彩钢板房。生活区设置集中洗衣台和凉衣处。生活区每幢房子前地面设置排水沟，排水沟上全程设施钢筋格栅盖板。

工人宿舍"五小"设置全部配备齐全，夏季高温前集中配备空调，定期联系卫生部门对生活区进行消毒。宿舍内一律用铁床或统一搭设床铺。一人一铺，全部采用低压电照明。宿舍悬挂卫生、防火制度牌。配备好足够的灭火器材。

项目部将负责生活区围墙外围的垃圾清理和管理工作。

食堂人员需经医生体检，持有健康证，上班时穿戴白衣帽；食堂灶台、备餐桌铺贴白瓷砖，保持环境清洁；食堂内配备冰柜、消毒柜；食堂贮藏生、熟食分开；厨房内有灭蝇、蚊、蟑螂、鼠等措施。

工人宿舍定期组织检查、评比，开展竞赛奖惩活动。

生活区临时用房基础采用刚性基础(砌砖大放脚)，150厚块石和100厚C15砼垫层(同办公区基础做法)。

7.4.1 生产性临时设施

生产性临时设施是指直接为生产服务的临时设施，如临时加工厂、现场作业棚、检修间等，表7-4和表7-5列出了部分生产性设施搭设数量的参考指标。

表7-4 临时加工厂所需面积参考指标

序号	加工厂名称	年产量		单位产量所需建筑面积	占地总面积/m²	备注
		单位	数量			
1	混凝土搅拌站	m²	3200	0.022	按砂石堆场考虑	400L搅拌机2台
			4800	0.021（m²/m²）		400L搅拌机3台
			6400	0.020		400L搅拌机4台
2	临时性混凝土预制厂	m²	1000	0.25	2000	生产屋面板和中小型梁柱板等，配有蒸养设施
			2000	0.20（m²/m）	3000	
			3000	0.15	4000	
			5000	0.125	<6000	
3	钢筋加工厂	t	200	0.35	280～560	加工、成型、焊接
			500	0.25（m²/t）	380～750	
			1000	0.20	400～800	
			2000	0.15	450～900	
4	金属结构加工厂（包括一般铁件）	所需场地(m²/台)				按一批加工数量计算
		10		年产500t		
		8		年产1000t		
		6		年产2000t		
		5		年产3000t		
5	石灰消化——贮灰池、淋灰池、淋灰槽	5×3=15(m²)				每600kg石灰可消化1m²石灰膏每2个贮灰池配1套淋灰池和淋灰槽
		4×3=12(m²)				
		3×2=6(m²)				

表7-5 现场作业棚所需面积参考指标

序号	名称	单位	面积/m²
1	木工作业棚	m²/人	2
2	钢筋作业棚	m²/人	3
3	搅拌棚	m²/台	10～18
4	卷扬机棚	m²/台	6～12
5	电工房	m²	15
6	白铁工房	m²	20
7	油漆工房	m²	20
8	机、钳工修理房	m²	20

7.4.2 物资储存临时设施

施工现场的物资储存设施专为在建工程服务，一方面，要做到能保证施工的正常需要，另一方面，又不宜贮存过多，以免加大仓库面积，积压资金或过期变质。仓库面积计算数据参考指标见表7-6。

表7-6 仓库面积计算数据参考指标

序号	材料名称	储备天数 d	每 m² 储存量	单位	堆置限制高度 m	仓库类型
1	钢材 工字钢、槽钢 角钢 钢筋（直筋） 钢筋（箍筋）	40～50	1.5 0.8～0.9 1.2～1.8 1.8～2.4 0.8～1.2	t	1.0 0.5 1.2 1.2 1.0	露天 露天 露天 露天 棚或库约占20%
	钢板	40～50	2.4～2.7		1.0	露天
2	五金	20～30	1.0		2.2	库
3	水泥	30～40	1.4	t	1.5	库
4	生石灰（块）	20～30	1～1.5		1.5	棚
	生石灰（带装）	10～20	1～1.3		1.5	棚
	石膏	10～20	1.2～1.7		2.0	棚
5	砂、石子（机械堆置）	10～30	2.4	m³	3.0	露天
6	木材	40～50	0.8		2.0	露天
7	红砖	10～30	0.5	千块	1.5	露天
8	玻璃	20～30	6～10	箱	0.8	棚或库
9	卷材	20～30	20～30	卷	2.0	库
10	沥青	20～30	0.8		1.2	露天
11	钢筋骨架	3～7	0.12～0.18		—	露天
12	金属结构	3～7	0.16～0.24	t	—	露天
13	铁件	10～20	0.9～1.5		1.5	露天或棚
14	钢门窗	10～20	0.65		2	棚
15	水、电及卫生设备	20～30	0.35		1	棚、库各1/2
16	模板	3～7	0.7	m²	—	露天
17	轻质混凝土制品	3～7	1.1		2	露天

7.4.3 行政生活福利临时设施

为服务于建筑工程的施工，工地的临时设施应包括行政管理用房、料具仓库、加工间及生活用房等几大类。现场原有的房屋，在不妨碍施工的前提下，应加以保留利用；有时为了节省临时设施面积，可先建造小区建筑中的附属建筑的一部分，建后先作施工临时设施使用，待整个工程施工完毕后再行移交，如所建的工程是处在一个大工地，有若干个幢号同时施工，则应统一布置临时设施。行政生活福利临时设施建筑面积参考指标见表7-7。

表7-7 行政生活福利临时设施建筑面积参考指标

临时房屋名称		参考指标/(m²/人)	说明
办公室		3～4	按管理人员人数
宿舍	双层床	2.0～2.5	按高峰年(季)平均职工人数
	单层床	3.5～4.5	(扣除不在工地住宿人数)
食堂		3.5～4	
浴室		0.5～0.8	
活动室		0.07～0.1	按高峰年平均职工人数
现场小型设施	开水房	0.01～0.04	
	厕所	0.020～0.07	

【观察思考】

通过对身边一些建筑工地施工现场情况的调查，了解施工现场包含哪些临时设施，具体有多大面积？分布在什么位置？

7.5 平面布置实例

施工总平面布置方案

7.5.1 施工总平面布置依据

(1)总平面图、基础平面图、各层平面图及立面图。
(2)施工部署和主要施工方案。
(3)总进度计划及资源需用量计划。
(4)业主给定的施工用地范围、水源、电源位置。
(5)施工现场安全防火标准。
(6)招标文件。

7.5.2 施工平面图布置原则及管理体系

1. 平面管理原则

根据施工总平面设计及各阶段施工特点进行布置，以充分保障阶段性施工为重点，保证施工进度计划的顺利实施为目的。在工程施工前，制定详细的大型设备使用、进退场计划，主材及周转材料的生产、加工、贮存、运输计划，各施工专业队伍进退场调整计划，并制订出上述计划的具体实施方案、具体措施。对施工总平面，项目经理部进行统一策划，做到布置合理、管理有序。

2. 平面管理体系

由一名项目生产副经理负责总平面管理。现场实施总平面管理调度会制度，根据工程进度及施工需要，进行协调和调度，总平面管理的日常工作由工程部负责，施工现场划分责任区，明确分工，定期检查考核，做到管理有序。

3. 基础施工平面布置

基础施工阶段，施工平面任务主要是解决施工过程中各种材料、机械的停放、运输，特点安排好进出场道路的布置，此阶段为满足施工的需要，保证施工进度及施工质量，布置1台塔吊，1台混凝土地泵，施工区现场设置办公用房、业主、监理提供的办公用房、电工房、木工房、标养室、模板堆场、钢筋堆场、临时材料堆场、周转材料堆场等，生活区、钢筋加工场地分段设置。

4. 主体结构施工平面布置

主体结构施工阶段，由于基坑已回填，应分时间段做好平面布置的调整。平面布置要体现结构脚手架的位置，沿建筑物外围增设材料场地。

5. 装修施工平面布置

装修施工阶段，施工平面任务主要是解决装修施工过程中装修材料、设备安装机械、设备的停放。此阶段考虑砌筑和抹灰等装修工程同时进行施工的工程量较大，动物楼和实验楼分别设置1台电动升降机承担垂直运输，以保证施工材料垂直运输的需要。在现场中部设置2台砂浆搅拌机供应砌筑抹灰用砂浆。

6. 施工道路及场内外交通

本工程施工场地比较宽，场内形成循环施工消防道路，与场外道路进行循环。

为满足各阶段的施工需要，现场设1个大门，置于场地西侧，作为施工材料进场及车辆出入的通道。

7. 现场临建、基础设施

本工程施工现场内设工地办公室、值班宿舍、会议室、食堂、小型材料库房、标养室、电工房、木工房等，生活区场地设现场南侧规划六号地上。

（1）办公室、会议室、值班室。采用二层装配式钢架板房；库房采用芯保温板，搭设一层组合式盒子房，食堂、厕所、标养室采用砖砌，具体布置见现场平面图。

（2）标养室。根据本工程建筑面积，现场设红砖组在砌总面积为 $20m^2$ 的标养室，室内设养护间、制作间，用于混凝土及砂浆试块的制作及养护。

（3）电工房。采用夹芯保温板，搭设一层组合式盒子房。

（4）木工房。为避免木模制作、电锯、电刨等操声干扰、影响周围的正常生活秩序，木工房采用隔音材料封闭。

7.5.3 材料存放及管理

本工程钢筋、模板、构件、砂、石、设备安装用管材等露天堆放，设备安装用小型配件、电焊条等入库堆放，水泥存放在水泥库内。

1. 钢筋、模板堆场

本工程所用钢筋均统一在现场钢筋加工厂加工，随施工进度进场，现场内设钢筋堆场。

模板堆放在场院地周围。

因本工程量较小楼层少，现场内的周转材料堆放数量较少，基本不能达到周转使用，根据工程需要有计划有组织地安排进场，尽量直接运至施工作业面。

2. 其他周转材料堆场

包括脚手架、设备安装材料堆场，根据现场实际，在建筑物周围安排临时性场地灵活布置。按计划依次进场，分类型码放整齐，根据需要发放使用。

3. 装修材料堆场

装修材料堆放在结构四周靠提升架近的位置，根据材料特性采取相应的遮盖和保护措施。贵重及易损材料在建筑物内设专用库房进行临时存放。

4. 安装件堆场

为便于运输及安装，在拟建筑物提升架附近进行集中堆放，并根据施工进度需要，按规格型号分期、分批进场。

7.5.4 现场临时用地表

根据结构施工及装修施工的不同需要，施工现场需临时占用部分场地用于修建临时设施及施工料场，各项设施使用面积见表7-8。

表7-8 各项设施使用面积

用途	面积/m²	位置	开始使用时间
现场办公及值班室	260	见平面布置图	20××.07.20
标养室	20	见平面布置图	20××.07.19
木工房	30	见平面布置图	20××.07.15
库房	60	见平面布置图	20××.07.12
钢筋加工及堆场	200	见平面布置图	20××.07.05
模板等周转料具堆场	180	见平面布置图	20××.07.05
砂堆场(装修施工阶段)	50	见平面布置图	20××.07.05
水泥库(装修施工阶段)	50	见平面布置图	20××.07.20
装修材料进场(装修施工阶段)	120	见平面布置图	20××.10.16
安装材料堆场(装修施工阶段)	150	见平面布置图	20××.10.16
回填用土存放场地	400	见平面布置图	20××.07.05

7.5.5 场地围护及现场文明施工

1. 现场围护

(1)现场东、西、南、北侧均用硬质铁板围墙沿划定的边线搭设，围挡下砌200mm

高挡水墙。

(2) 现场内所有场地按照北京市文明施工要求进行平整。所有场地沿坡向场地外侧的方向设置一定的排水坡度，场地四周设排水明沟或暗沟。

2. 文明施工

现场设标牌、导向牌，办公室设门牌，并在显要位置设置施工图牌(一图八板，包括工程简介、工程平面图、组织机构图、工作制度、安全制度等)，并严格按企业形象视觉识别规范手册进行现场 CI 标识；用明显的标志标定现场内和毗邻现场的所有排水口、污水管、电缆沟、市政服务设施的总管、电信电缆和光缆、高架电缆和树木等，并作好相应的保护和维护。大门及围墙也严格按企业形象视觉识别规范手册进行现场 CI 标识。

7.5.6 临时用水设计

1. 临时用水水源设计

本工程临时用水引自施工现场西侧甲方指定的水源，水源加表计量后供现场使用，干管沿场地外围布设。

DN100 的临时消防管成枝状布置，生活、生产用水管与消防用水并行。

2. 消火栓系统用水量

本工程设计同一时间消火栓系统用水量为 10L/S。

3. 施工区室内、外消火栓系统设计

室外消火栓设计采用低压消防给水系统，按不大于 100m 的间距布置 4 个室外消火栓，消火栓规格为 SX100—1.6。

室内消火栓系统采用室外高压消防给水系统，建筑内在室外压力能满足消防施工水压要求，直接由室外供水管供水。

由于是临时消火栓系统，故按一股充实水柱到达任何部位考虑，在建筑物四角均能满足消防要求。室外消火栓设计采用 19mm 喷嘴，65 栓口，25mm 长麻质水龙带。

4. 生活、生产给水系统

根据需要由现场消防主管预留甩口，分别供给施工生产、生活、食堂及办公需要。上水管主管管径 DN100，支管管径 DN50。

5. 排水系统

本工程设计污水、废水合流排放。厕所的污水、废水先排入化粪池处理，然后接至现场附近的排水管网。

6. 管材设计

本工程室内外消防给水管及生产用水管道采用焊接钢管，排水系统 DN200 混凝土下水管。

7. 用水量计算

1) 施工现场用水量计算

$$q_1 = 1.1 \times \frac{\sum Q_1 N_1 K_1}{t \times 8 \times 3600}$$

式中　q_1——施工用水量(L/S);

K_1——未预计的施工用水系数(1.05~1.15);

Q_1——年(季)度工程量(以实物计量单位来表示);

N_1——施工用水定额;

t——每天工作班数(班)。

由于本工程采用商品混凝土,施工高峰期用水主要是混凝土施工养护用水,即 $q_1=1.15\times8000\times200\times1.5/(270\times2\times8\times3600)=0.2\text{L/S}$

2) 施工机械用水量计算

$$q_2=1.1\times\frac{\sum Q_2N_2K_2}{8\times3600}$$

式中　q_2——机械用水量(L/S);

K_1——未预计施工用水系数(1.05~1.15);

Q_2——同一种机械台数;

N_2——施工机械台班用水定额;

K_2——施工现场用水不均稳系数(取 1.1~2)。

本工程无大型施工用水设备,该部分用水量可忽略。

3) 施工现场生活用水量计算

$$q_3=1.1\times\frac{\sum P_1N_3K_3}{24\times3600}$$

式中　q_3——施工现场生活用水量(L/S);

P_1——施工现场高峰昼夜人数;

N_3——施工现场用水定额(20~60L/人×班);

t——每天工作班数,取 2;

K_3——施工现场用水不均衡系数(1.3~1.5)。

$$q_3=300\times40\times1.4/(2\times8\times3600)=0.28\text{L/S}$$

4) 生活区生活用水量

$$q_4=\frac{P_2\cdot K_4\cdot N_5}{24\cdot3600}$$

式中　q_4——生活区生活用水(L/S);

P_2——生活区昼夜全部生活用水定额;

K_4——生活区用水不均衡系数(2~2.5);

N_4——生活区昼夜全部生活用水定额,每人每昼夜约为 100~120L。

$$q_4=300\times100\times2/24\times3600=0.7\text{L/S}$$

5) 消防用水量

查表知 $q_5=10\text{L/S}$。

6) 总用水量计算

$$q_1+q_2+q_3+q_4=0.2+0.28+0.7=1.18\text{L/S}$$

因为 $q_1+q_2+q_3+q_4<q_5$ 并且工地面积小于 5ha。

所以 $Q=q_5=10\text{L/S}$。

7) 管径选择

经查表得知:管径选 $d=100\text{mm}$ 的钢管,为防止冬期受冻,水管采用暗管,埋深 800mm。

施工临时用水布置详见总平面图。

7.5.7 临时用电设计

1. 用电量的计算

经过综合比较。结构施工阶段用电量相对较大，故以结构施工阶段为基准进行施工用电计算。主要机械用电表见表 7-9。

表 7-9 主要机械用电表

序号	机械名称	规格型号	数量	单机功率
1	塔吊	FO/23B	1	75kW
2	电动卷扬机		2	4.5kW
3	混凝土输送泵	HBT—60	1	65kW
4	钢筋冷挤压机	YJH—28	2	3kW
5	电渣压力焊机	XSD—600	2	85kW
6	插入式振动棒	ZX—50	8	1.1kW
7	平板振动器	HB—11	4	1.1kW
8	木工电锯	MJ104	2	3kW
9	木工电刨	MB1043	2	3kW
10	手持电动工具		5	1kW
11	蛙式打夯机	HW—60	8	1.5kW
12	砂浆搅拌机	UJ—325	2	4.5kW
13	电焊机	BX3—500—2	6	38.6kVA
14	水泵	IS80—65/60	2	0.75kW
15	施工外用电梯	CD200/200	2	17.5kW

总用电量：

$$p = 1.05(k_1 \sum p_1 + k_2 \sum p_2 + k_3 \sum p_3 + k_4 \sum p_4)\cos\Phi$$

式中　　p——供电设备总需要容量(kVA)；

　　　　p_1——电动机额定功率(kW)；

　　　　p_2——电焊机额定容量(kVA)；

　　　　p_3——室内照明容量(kW)；

　　　　p_4——室外照明容量(kW)；

$K_1 K_2 K_3 K_4$——用电不均衡系数；

　　$\cos\Phi$——电动机的平均功率因数。

查表可知 $\cos\Phi=0.7$，$K_1=0.6$，$K_2=0.5$，$K_3=0.8$，$K_4=1.0$，以工程施工高峰期为基准进行用电量计算。

　　　　$P=1.05(0.6×156/0.7+0.5×131.6+0.8×20+20)=253.8(\text{kVA})$

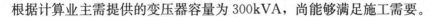

根据计算业主需提供的变压器容量为 300kVA，尚能够满足施工需要。

2．为保证施工现场连续供电

现场配备 1 台 200X1 柴油机电机，额定功率为 200kW。

3．电缆的敷设

现场电缆采用埋地敷设。电缆沿电缆沟埋地敷设，深度 700mm，电缆埋设时用沙土回填，上盖红砖抹砂浆。电缆过路必须穿钢管。

每台塔吊设一级电箱控制，其他所有用电单位使用二、三级箱用电。

4．现场采用的接地形式及防雷接地设计方案

一般各配电箱、电机、机械设备等所有不带电的金属外壳均应作可靠接地，接地电阻不大于 10Ω，如达不到要求，可由现场加接地极或加降阻剂等。接地应与现场配电室的接地系统可靠连接。接地装置的做法参见华北标或国标。

施工现场内的塔吊安装防雷装置，加装避雷针，针长为 1～2m。同时加装避雷针的机械设备所用的动力控制、照明、信号、通信等线路应采用钢管敷设，并将钢管和该机械设备的金属结构体作电气连接。接地电阻不大于 10Ω。

塔吊回路在专用箱设置重复接地，接地电阻小于 4Ω。接地体可采用 50×50×5，长度 2.5m 的镀角钢，间隔 5m 打入地下。接地线彩霞 40×4 的镀锌角钢与接地体焊接，保证接地体和 PE 线端子做良好的电气连接。

5．临时用电系统的使用、管理与维护

（1）塔吊专用箱必须从配电室单独引线，采用接地保护。

（2）消防泵电源必须从现场配电总开关上口接出，不得接在下口。

（3）非安全电压线路须穿墙体预留洞进入楼层。

（4）楼层照明灯具高度必须大于 1.9m。

（5）楼层配电箱必须安放在干燥通风的部位。

（6）工地所有配电箱都要标明箱的名称、所控制的各线路称谓、编号、用途等。

（7）配电箱及开关箱的周围应有两人同时工作的足够空间和通道，不要在箱旁堆放建筑材料和杂草、杂物。

（8）为了在发生火灾等紧急情况时能保证现场照明不中断，配电箱内的动力开关与照明开关必须分开使用。

（9）开关箱应由分配电箱配电。注意开关箱内的用电设备不可一闸多用，每台设备应有各自的开关箱，严禁一个开关电器控制两台以上的用电设备（含插座），以保证安全。

（10）开关箱内的开关电器的额定值与动作整定值应与用电设备匹配。

（11）潮湿场所照明必须使用安全电压。

现场平面图如图 7.3 所示。

知识链接

施工现场总平面的管理是项目部最重要的工作之一，为了使施工现场按照施工进度的要求有条不紊

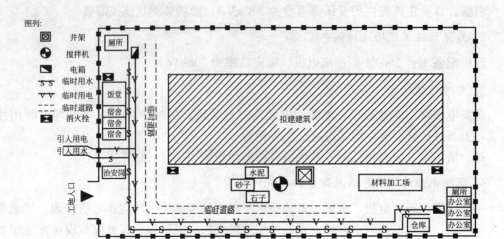

图 7.3 现场平面图

地组织施工，项目部应分工到人负责，分片包干，由项目经理总负责，统筹安排，使之始终保持良好状态，场地未经同意不得任意占用。

【观察思考】

　　到附近工地观察其施工平面布置图，了解施工平面布置图的内容、图例、绘制方法和技巧，并查阅施工平面布置方案。

本 章 小 结

　　1. 施工平面图是对拟建工程的施工现场所作的平面规划和布置，是施工组织设计的主要内容，是现场文明施工的基本保证，是布置施工现场的依据，也是施工准备工作的一项重要依据。

　　2. 单位工程施工平面图的一般设计步骤是：确定垂直起重运输机械的位置→布置材料、构件、仓库和搅拌站的位置→布置运输道路→布置行政管理、文化、生活、福利用房等临时设施→布置临时供水管网、临时供电管网。

　　3. 工地临时供水一般需要考虑施工现场的生产用水和生活用水。

　　4. 工地临时供电包括施工及照明用电两个方面。

　　5. 供水管网布置形式分为环形管网、枝形管网、混合式管网。

复习思考题

1. 施工平面图的概念是什么？
2. 施工平面图的作用是什么？
3. 施工平面图设计的原则是什么？
4. 施工平面图设计的依据有哪些？
5. 施工现场布置的供水系统有哪些形式？

6. 施工现场布置的供水系统用水量包括什么内容?

7. 施工现场布置的供电系统的用电量计算有哪些内容?

8. 施工现场布置道路的具体要求有哪些?

9. 临时设施包括哪些设施?

10. 参观实际工程,查阅、收集实际工程的施工现场平面布置图,指出平面图设计中存在的问题。

单元8

施工组织设计实施

了解施工组织设计实施存在的问题，理解施工组织设计编制与实施的关系，掌握施工组织设计实施实务；掌握施工组织设计的审查程序及要点；掌握施工组织设计实施的技术组织措施；理解施工组织设计的技术经济指标的含义及应用。

教学要求

知识要点	能力要求	相关知识	所占分值（100分）	自评分数
施工组织设计实施	（1）了解施工组织设计实施存在的问题 （2）理解施工组织设计编制与实施关系 （3）掌握施工组织设计实施实务	建筑施工、方案编制相关知识	30	
施工组织设计审查	（1）掌握承包单位的施工组织设计审批程序及要点 （2）掌握监理单位施工组织设计审批程序及要点	建筑行业相关法规、规范知识、建筑施工技术相关知识	30	
施工技术组织措施	（1）掌握施工组织设计实施过程中保证质量、进度、降低成本、安全、环境保护等相关技术措施	施工组织、施工技术等相关知识	25	
技术经济指标	（2）理解施工组织设计中相关技术经济指标含义及应用	建筑经济、工程管理等相关知识	15	

章节导读

现代化工程施工是一项十分复杂的生产活动，施工组织设计是指导施工的重要文件。施工组织设计实施具有指导性、权威性和可调性。在施工组织设计实施过程，还存在一些不足，如施工人员贯彻执行施工组织设计的自觉性不够，方案不能依据实际情况的改变及时调整、对施工组织设计执行情况检查、督促、落实不够等。

今天学习的施工组织设计实施就是要通过系统的学习去了解施工组织设计实施过程中的缺陷和不足；针对不足，并从程序上和具体技术措施上提出施工组织设计实施实务。同时，针对施工组织设计重技术轻经济的特点，提出施工组织设计技术经济分析的措施。

8.1 施工组织设计

引例 I

某厂综合办公楼工程，主体为框架结构，地下一层，地上 3～7 层，总建筑面积 12000m²。开工前，施工单位组织有关人员熟悉分析环境，根据实际情况，对每一个施工过程进行充分考虑，并制定相应控制措施，形成了工序合理、计划周密的完整施工组织设计。施工过程中，施工技术人员做到有管理点、有控制手段、有责任目标；使每个施工过程都在受控状态下有计划地完成。最后，工期于当年 1 月 8 日开工，11 月 28 日竣工，工期不足 11 个月，比定额工期提前 5 个月，质量达到市优水平，成本降低额也达到了计划目标。

某厂单层工业厂房的施工，其建筑面积约 2000m²。内有设备基础，工程在开始施工前编制切实可行的施工组织设计，根据具体情况主体安装的施工采用封闭式的施工方案，由于吊装工作是在跨内进行，吊车在跨内行走，现场的土质不是很好，地基承受吊车的荷载能力较差，因此，施工组织设计中细致地考虑了这些问题，作出了在主体吊装期间，在起重机行走路线处垫残脚手板，以助起重机的行走，既达到了安全吊装的目的，又不影响设备基础的施工。但现场的施工管理人员，凭自己主管想法不按施工组织设计进行，吊装时并未采用起重机下垫残脚手板，而是填入大量的土石屑以利起重机行走，主体吊装顺利完成了，然而给后来设备基础基坑的开挖工作带来了极大的困难。因为，经过起重机碾压后的土石屑的开挖是十分困难的，这样给本工程造成了工期拖延、经济损失等不良的后果。

8.1.1 施工组织设计的编制与实施相互依存、相互约束，不可分割

施工组织设计是为施工项目所选定的施工方案和安排施工进度，是指导开展复杂而有序施工活动的技术依据；施工组织设计所编制的劳动力、材料、机具等资源需用量计划，直接为各项资源的组织供应工作提供了依据；施工组织设计为施工现场所做的规划和布置，为现场文明施工创造了条件，并为现场平面管理提供了依据。

施工组织设计作为指导拟建工程项目施工的全局性综合文件，应尽量适应施工过程的复杂性和具体施工项目的特殊性，并尽可能地保持施工生产的连续性、均衡性和协调性，以使施工生产活动取得最佳经济效益。

施工组织设计的编制，形成了指导工程实施的技术经济文件，为提高实施质量提供了组织和技术条件；施工组织设计的实施对设计效果提供了实践检验的条件，并在实践中不断改进和完善施工组织设计，提高设计质量积累先进和科学的技术和组织管理经验。因此，施工组织设计的编制和实施是相互依存、相互约束，不可分割的。

【观察思考】

请思考投标施工组织设计与实施性施工组织设计的本质区别；实施性施工组织设计的

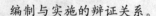

编制与实施的辩证关系。

8.1.2 施工组织设计实施存在的问题

1. 施工组织设计的指导性、权威性和可调性之间的关系认识不足

施工组织设计在付诸实施过程中的问题是没有处理好施工组织设计的指导性、权威性和可调性之间的关系，施工组织设计的地位和作用决定了其在施工生产中的权威性，其指导性是不言而喻的。施工生产的复杂和施工条件的变化要求对施工组织设计作必要而客观的调整。在实施过程中，要正确认识这3个性质。

施工组织设计的调整是根据客观条件调整的，不能凭主观和个人意志调整，更不能因其可调性而否认其指导作用。施工组织设计的指导作用取决于对客观条件的把握和预见程度，也取决于编制者主观努力。只有充分认识指导性，重视其权威性前提下，积极而谨慎地根据客观条件作必要的调整，才能充分地发挥主观能动作用，实事求是地进行施工生产。

这里有两个问题需要注意：①由于施工组织设计给企业带来的利益不直接，造成危害不如安全那么明显、质量那么直接，忽视施工组织设计的作用；开工前对工程分析不足，施工时主观能动作用发挥不够；②调整施工组织设计时没有将各技术经济指标、生产要素和组织方式综合考虑，从而达不到调整的目标，或者是在施工时紧时缓、资源需求极不均衡的情况下达到目标，造成隐形的浪费。

2. 施工人员贯彻执行施工组织设计的自觉性不够

一旦施工组织设计编制好，一经批准即成为进行施工准备和组织整个施工的指导性文件，必须严肃对待，认真执行。施工单位的施工活动，必须按照施工组织设计进行安排；施工、物资供应等部门必须按照施工组织设计的内容认真安排各自的工作。

但是，对待施工组织设计，有的施工人员往往缺乏正确认识，忽视技术管理工作，施工放任自流；还有的施工人员，由于自身具有一定的施工经验，有些措施不纳入方案，你编你的，我干我的，施工组织设计到手放置一旁，按照主观经验干，这些做法随机性较大，预见性不强，缺乏计划性，往往会造成损失，从而导致现场管理的混乱和施工组织设计不能指导现场的施工。

3. 实际情况的改变，方案不能及时调整

在组织施工过程中，实际情况与原方案预想情况发生变化是常见的。如设计图纸变更、租赁工具、设备及材料市场发生变化（价格、型号、规格、品种、供货时间）、劳动力、自然气候（雨天、暴风雪、地震等）、业主问题（资金、变更、工期等）、现场意外质量安全事故等，这些都有可能影响到现场发生与施工组织设计预想情况以外的事情。因此，作为指导施工的施工组织设计必须随时随地按现场发生的实际情况进行调整和补充。

有的施工现场，对方案的改变、工期拖延以不做补充和调整，甚至于施工组织设计中所绘制的进度从一开始就与现场不同，造成现场的施工与施工组织设计产生严重的脱节和不吻合，严重的造成经济损失、进度拖延。

4. 对施工组织设计执行情况检查、督促、落实不够

有些现场主管部门在检查上审查不严、走过场，对施工组织设计的落实情况不重视，

产生麻痹思想，也是施工组织设计编制执行不好的因素之一。

【观察思考】

请谈谈自己所在的实习项目的施工组织设计、施工方案在实施过程中存在的问题。

8.1.3 施工组织设计实施实务

施工组织设计实施的实质，就是把一个静态平衡力案，放到不断变化的施工过程中考核其效果和检查其优劣的过程，以达到预定的目标。

1. 施工组织设计编制的针对性、可操作性是其实施的前提

（1）按照 ISO 9000 系列的管理模式，根据企业情况，制定施工组织设计管理程序文件，使之系统化、规范化；原始资料齐全，目标明确，环境能力估计充分，加强对可能发生问题的预见性，组织严密，最后形成的文件完整、确切。

（2）施工组织设计编制落实到一线管理人员本身，真正做到"谁干谁编"；施工组织设计要抓住重点即简单扼要，权威性强，抓住施工工艺一条线，采用切合实际的施工方法及工艺，达到指导施工的目的。

2. 施工单位承诺人员到位是工程实施保证

为了使工程按计划顺利进行，施工单位要按承诺的技术管理人员、班组人员均需到位，并且必须满足项目技术工艺要求。

（1）施工单位项目负责人、技术负责人、施工员、安全员等管理人员各司其职，确保承包方项目经理每天到位，施工员常驻现场，技术负责人及时解决工程技术问题，有力地指导工程施工的顺利实施。

（2）钢筋工、架子工、电焊工等特种作业人员要做到持证上岗，人证统一。

3. 材料、仪器合格是工程实施的基础

原材料严格按设计、投标文件及规范、施工工艺要求进场；进场时施工单位必须检查质保资料和实物质量；不得擅自变更材料（例如焊条、桩型的变化必须征得设计单位同意）。

（1）测量仪器要具备合格证，年检证。

（2）桩机等建筑机械设备具备合格证。

（3）钢筋、水泥、电焊条等建筑材料要具备合格证及性能检测报告。

4. 严格执行施工组织设计，确保其起到指导施工的作用

在开工前要召开各级生产、技术会议，逐级进行交底，详细讲解其内容、要求和施工的关键与保证措施，拟定完成任务的技术、组织措施。

施工管理人员需要制定管理程序，严格执行施工组织设计。施工现场管理要持之以恒，由始至终、上下一条心，不松懈，做到人人自觉按施工组织设计搞生产，人人关心方案的调整，保证施工组织设计起到指导施工的作用。同时施工管理人员还要做到在施工过程中因不可预见出现的问题造成与方案不符，要及时解决和调整。

5. 动态管理是工程实施的有效手段

过程控制才是最有效的管理。建筑工程实施全过程中，会受外部环境和内部环境各种因素的干扰，干扰后的各项目标将会产生偏差。因此，在实施中应当应用动态控制方法对施工组织设计的各项目标实行控制，加强施工的预控和过程控制，确保各项目标实现。

动态控制必须设计一个信息管理体系，实施中及时、全面、准确地掌握工程进展中定量与定性的信息，定期与不定期地对目标值和实际值进行分析比较；发现偏差，分析原因，积极采取组织、技术、经济、合同等措施加以控制，及时调整。

施工项目的生产活动是一项复杂而有序的生产活动，施工过程中要涉及多单位、多部门、多专业、多工种的组织协调。一个施工项目的施工，可以采用不同的施工组织方式、劳动组织形式；不同的材料机具的供应方式；不同的施工方案，施工进度安排、施工平面布置等。任何一个理想的施工组织设计，在实施过程中，由于人力因素或外界因素的影响，都可能使施工组织计划发生变化。因此，在实施中及时了解检查和调整施工计划，便显得尤为重要。

6. 统筹安排和综合平衡

在施工过程中，搞好人力、物力、财力的统筹安排，保持合理的施工规模，既能满足施工需要，又能带来较好的经济效果。施工过程中的任何平衡都是暂时和相对的，平衡的状态只是保持在一定条件下，而条件不是一成不变的，要及时分析和研究促使条件变化的因素，不断地进行施工条件的反复综合和各专业工种的综合平衡，进一步完善实施性施工组织设计，保证施工的节奏性、均衡性、连续性。

【观察思考】
请思考对于施工组织设计在施工现场的执行上应该重点下哪些工夫？

8.2　施工组织设计审查

引例 2

甲公司中标承担某市地铁工程1标段施工，并签了施工承包合同。为确保工期甲公司决定将 C_1、C_2 两条隧道分包给乙、丙两个工程公司，并签订了两个分包合同。施工前甲公司批准了项目部组织乙、丙两公司分别编制的 C_1、C_2 两条隧道的施工组织设计和安全保证计划，并组织施工。请思考上述做法可有不妥。

为提高施工组织设计的实施质量，施工组织设计必须具有权威性、严肃性。施工组织设计一经审批，不仅是指导施工的技术经济文件，而且也是指导施工的权威性文件。

8.2.1　承包单位的施工组织设计审批

根据《建筑施工组织设计规范》（GBT 50502—2009)相关规定，施工组织设计应由项目负责人结合地区条件和工程特点主持编制，可根据需要分阶段编制和审批。

这里需要对分阶段编制和审批的施工组织设计作以说明，有些分期分批建设的项目跨越时间很长；另外一些项目地基基础、主体结构、装修装饰和机电设备安装并不是由一个总承包单位完成；此外还有一些特殊情况的项目；在征得建设单位同意的情况，施工单位可分阶段编制施工组织设计。

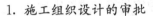

1. 施工组织设计的审批

（1）施工组织总设计应由总承包单位技术负责人审批。

（2）单位工程施工组织设计应由施工单位技术负责人或技术负责人授权的技术人员审批，施工方案应由项目技术负责人审批；重点、难点分部（分项）工程和专项工程施工方案应由施工单位技术部门组织相关专家评审，施工单位技术负责人批准。

2. 分部（分项）工程或专项工程的施工方案审批

（1）由专业承包单位施工的分部（分项）工程或专项工程的施工方案，应由专业承包单位技术负责人或技术负责人授权的技术人员审批；有总承包单位时，应由总承包单位项目技术负责人核准备案。

（2）规模较大的分部（分项）工程和专项工程的施工方案应按单位工程施工组织、设计进行编制和审批。例如主体结构为钢结构的大型建筑工程，其钢结构分部规模很大且在整个工程中占有重要的地位，需另行分包，遇有这种情况的分部（分项）工程或专项工程，其施工方案应按施工组织设计进行编制和审批。

3. 危险性较大分部分项工程施工方案审批

根据《建设工程安全生产管理条例》（国务院第 393 号令）中规定：对下列达到一定规模的危险性较大的分部（分项）工程编制专项施工方案，并附具安全验算结果，经施工单位技术负责人、总监理工程师签字后实施：①基坑支护与降水工程；②土方开挖工程；③模板工程；④起重吊装工程；⑤脚手架工程；⑥拆除、爆破工程；⑦国务院建设行政主管部门或者其他有关部门规定的其他危险性较大的工程。

对前款所列工程中涉及深基坑、地下暗挖工程、高大模板工程的专项施工方案，施工单位还应当组织专家进行论证、审查。

4. 修改或补充的施工组织设计审批

施工组织设计应实行动态管理；项目施工前应进行施工组织设计逐级交底；项目施工过程中应检查、分析施工组织设计的执行情况，并适时调整。依据《建筑施工组织设计规范》（GBT 50502—2009）相关规定，需要对施工组织设计修改或补充的情形如下。

（1）当工程设计图纸发生重大修改时，例如地基基础或主体结构的形式发生变化、装修材料或做法发生重大变化、机电设备系统发生大的调整等，需要对施工组织设计进行修改；对工程设计图纸的一般性修改，视变化情况对施工组织设计进行补充；对工程设计图纸的细微修改或更正，施工组织设计则不需调整。

（2）当有关法律、法规、规程和标准开始实施或发生变更，并涉及工程的实施、检查或验收时，施工组织设计简要进行修改或补充。

（3）由于主客观条件的变化，施工方法有重大变更，原施工组织设计已不能正确地指导施工，需对施工组织设计进行修改或补充。

（4）当施工资源的配置有重大变更，并且影响到施工方法的变化或对施工进度、质量、安全、环境、造价等造成潜在的重大影响时，需对施工组织设计进行修改或补充。

（5）当施工环境发生重大改变，如施工延期造成季节性施工方法变化，施工场地变化造成现场布置和施工方式改变等，致使原来的施工组织设计已不能正确经修改或补充的施工组织设计应重新审批后实施。

总而言之，经过修改或补充的施工组织设计原则上需经原审批级别重新审批。

【观察思考】

区别施工组织总设计、单位工程施工组织设计、施工方案的内涵，并掌握其在审批程序上的异同。

8.2.2 监理单位的施工组织设计审定

1. 审定施工组织设计是总监理重要职责

依据《建设工程监理规范》(GB 50319—2000)第3.2.2条相关规定，审定承包单位提交的开工报告、施工组织设计、技术方案、进度计划是总监理工程师的职责之一。

2. 总监理审定施工组织设计是工程开工重要条件

根据建设工程监理规范(GB 50319—2000)5.2.3条相关规定，工程项目开工前，总监理工程师应组织专业监理工程师审查承包单位报送的施工组织设计(方案)报审表，提出审查意见，并经总监理工程师审核、签认后报建设单位。

根据建设工程监理规范(GB 50319—2000)5.2.8条相关规定，专业监理工程师应审查承包单位报送的工程开工报审表及相关资料，具备开工条件时，由总监理工程师签发；其中"施工组织设计已获总监理工程师批准"是获取开工的重要条件之一。

3. 监理对施工组织设计审定实务

1) 审查依据

审查依据包括工程项目建设文件、现场和周边环境条件、水文地质资料；有关工程建设的法律、法规；国家和地方颁发的施工验收规范、质量检验评定标准和技术规程；工程建设合同；费用及工期定额。

2) 审查施工方案

施工方案的选择是施工组织设计中最重要的环节之一，是决定整个工程全局的关键。因为施工方案一旦确定，则整个工程的施工进度、人力和机械的需要和布置、工程质量及施工安全、工程成本、现场的状况等也就随之确定下来。审核施工方案的基本要求是：是否切实可行、是否满足工程质量要求和施工安全、是否经济合理。

3) 审查施工进度计划

施工进度计划是施工组织设计的核心。监理工程师检查施工进度计划，主要审查其是否符合施工合同和总工期控制目标的要求，审核进度计划与施工方案的协调性和合理性。重点审查：①进度计划的表现方法是否正确；②进度计划安排是否符合总工期要求；③项目划分是否合理，有无重项或漏项，进度计划的安排是否满足连续、均衡施工要求；④是否符合施工方案中有关施工顺序和施工流向的安排，有无恰当安排冬雨季施工；⑤每个施工项目施工延续时间、起止时间是否合理，是否考虑技术与组织间歇。

4) 审查各种资源需要计划

主要审查施工单位劳动力、材料、施工机具等资源的供应计划是否保证施工进度计划的实现，各种资源供应计划是否均衡，使之与施工进度计划相协调。

5) 审查施工平面图

施工现场平面图是安排和布置施工现场的基本依据，是实现有组织有计划和顺利施工的重要条件，是施工现场组织文明施工和加强现场管理的基础。重点审查：①施工平面图布置是否充分考虑整个建设项目施工的全局全过程；②是否在施工平面图上对施工用地范围内生产和生活临时建筑、仓库、堆场、临时弃土堆上地点、加工厂、临时给排水管线、供电线路、施工机械、运输道路等进行统筹安排、合理布置，并有具体位置和尺寸；③施工平面图布置是否与拟建工程的位置有冲突。

6）审查质量保证措施

①审查施工单位是否建立和完善各级质量管理责任制；②审查施工准备阶段的质量措施；③审查原材料、构件、成品和半成品的质量措施；④审查施工阶段的质量措施。

7）审查安全、文明施工措施

①审查施工单位安全生产责任制；②审查有无相应的安全技术措施；③审查施工单位现场施工是否符合文明施工的有关规定。

【观察思考】

总监理工程师对施工组织设计的审定是程序性还是实质性的；或者说总监理工程师审定施工组织设计与承包单位审批施工组织设计在本质上有什么区别？

8.3　施工技术组织措施

引例 3

某建筑公司承建本市一写字楼，总建筑面积54394m²，结构形式为框架—剪力墙结构，基础类型为静力压桩（预应力钢筋混凝土灌注管桩）基础，主体建筑地下2层，地上26层，建筑檐高89.4m。该中心（东楼）工程与西楼工程连成一体，该工程具有独立的交通体系、设备系统及完善的配套设施。为确保工程质量控制，施工单位实行全面质量管理，加强项目质量控制。针对静力压桩（预应力钢筋混凝土灌注管桩）基础施工，施工单位质量控制措施如下：①核查预应力钢筋混凝土管桩出厂合格证与产品质量是否相符；②压桩前对已放线定位的桩位按施工图进行系统的轴线复核，做好定位放线技术复核记录，压桩过程中对每根桩位复核，防止引起桩位的位移；③控制好压桩顺序；④保证桩架稳定垂直，控制桩锤、桩帽、桩身在同一中心线上，沉桩时两台经纬仪从两个面控制沉桩垂直度；⑤做好接桩质量控制。

根据施工项目的工程特点，施工中的重点、难点和施工现场的实际情况，制定相应的技术组织措施，以达到保证和提高施工质量、确保施工安全、降低施工成本、加快施工进度、加强环境保护和实现文明施工的目的。

8.3.1　保证施工的质量措施

事前控制贯穿施工全过程，是全过程的事前控制。开工前主要为人员资证、方案和措施编制、材料和机具、图纸自审等；每道工序施工前作业技术交底中要明确做什么、谁来做、如何做、作业标准和要求、什么时间完成等。事中控制是质量控制重点：主要有工程定位、轴线、标高、预留孔洞及预埋件的位置、尺寸等。事后控制主要包括隐蔽工程验收；工序交接验收；分项、分部工程验收；补充检验，不合格分项处理；成品的保护等。

1. 建立健全质量保证体系

确定工程项目质量目标，健全质量保证体系，建立质量责任制，完善现场质量管理制度,努力推动管理标准化。

2. 做好图纸自审,减少变更

(1) 组织技术人员熟悉、研究图纸,进行图纸自审,深刻理解要求图纸,把施工图中错漏、不合理之处及时与设计沟通。

(2) 对于设计表达不清楚的部位要求设计出节点详图,深化设计。

(3) 对于施工难点部位,要求技术人员绘制施工深化图。

3. 完善方案的针对性、适用性和可操作性

组织技术人员编制切实可行的专项施工方案,并确保其具有针对性和可操作性。

针对工程特点,编制施工组织设计、桩基施工方案、土方开挖、模板搭拆等专项施工方案,操作性强、技术先进、工程质量保证性强、并尽量节约费用;方案要明确机械设备、施工工艺、质保措施、检测方法、安全防护措施等。

4. 强化工序控制

强化工序控制,把影响工序质量的因素都纳入管理状态。

(1) 督促实行"三检制",上道工序验收合格方可进入下道工序。

(2) 确保定位、放线、轴线尺寸、标高测量、楼层轴线引测等准确无误。

(3) 确保基础、地下结构及防水工程施工质量。

(4) 确保主体结构中的关键部位施工质量。

(5) 确保屋面、装饰工程施工质量。

(6) 对采用新材料、新结构、新工艺、新技术的施工项目,提出确保施工质量措施。

(7) 冬雨期施工的施工质量措施。

 引例 4

某市经济适用房和拆迁安置房项目包含 B10、B11a、B11b、B21a 这 4 个地块的建设内容,B10 地块用作街头绿地,B11a 主要建设经济适用房和拆迁安置房,B11b 是幼儿园,B21a 地块主要是经济适用房,总建筑面积 12.5 万 m²,15 栋单体,多为 11 层塔楼,地下室约 3.3 万 m²。针对安居工程特点,且本项目单体多,项目管理复杂,需将工程进度统筹兼顾,压茬进行,加快工程实施,确保安居工程按期交付使用。施工单位抢进度措施如下:①针对项目部分拆迁工作没有完成的状况,切割拆迁遗留问题,充分利用现有条件积极组织施工;②针对项目为群体工程的特点,合理安排施工顺序,避免因施工顺序安排不当,对基础工程乃至以后相当一段时间的施工和场地布置甚至工程交付使用产生影响;③细化开工准备工作控制节点,落实机械、劳动力进场;④基础施工将以后浇带为界,确保基础施工实现大流水,采取措施实现地基基础与主体结构施工的顺利搭接;⑤将钢筋混凝土结构层施工面与墙体砌筑面共同作为进度控制节点,采取措施实现结构与安装、装饰装修的搭接;⑥收尾阶段重点梳理未完工程量,并及时插入施工缺陷检查。

8.3.2 施工进度控制措施

将工程进度统筹兼顾,制定严密的施工方案,分解落实工程任务,严格要求各个环节,专人负责并做好督促,倒排工期,加快进度,保证工程按期交付使用。

1. 编制进度计划,细化控制节点

(1) 分析研究项目的主要矛盾线、关键控制项目、重点协作配合事项和总的建设工期，进行战略性部署。

（2）优化项目一级进度计划，设置开工、桩基础、基础、主体结顶、结构验收、装饰材料方案确定、安装材料设备确定、市政及室外配套设施进场、竣工验收等节点。

（3）并编制切实可行的二级进度计划，细化进度控制点：图审、试桩、打桩、支护施工、塔吊、挖土、地下室、回填土、主体、人货梯、主体砌墙、门窗框、结构验收（中间）、屋面防水、内粉和地楼面插入、外粉、装修、门窗扇、拆架、场地清理等。

2. 前期积极主动"抢"开工

前期抓开工推进，强调的是积极主动地"抢"：一方面是指抓紧落实准备工作；另一方面是指在不具备全面动工的条件下推动局部先动工。具体措施如下。

（1）项目经理抓准备工作的落实。

（2）技术负责人及时完成图纸自审，避免施工期频繁变更；技术负责人及时完成施工方案的编制，并强化方案的针对性、真实性、可操作性。

（3）施工员常驻现场，积极负责开展搭建临时设施、平整硬化场地、修建临时道路等工作，预先作好场地不利条件的改善，确保场地能及时满足开工需要。

3. 中期施工平行推进

中期施工强调的是平行推进，差别管理；合理划分流水段，有效组织班组快节奏地流水穿插施工。各单体同时推进，各单体内部穿插施工，流水作业，科学组织安排施工。多单体中的每道主体施工线路都有可能成为关键线路，所以需要抓平行推进，不让个别单体进度滞后影响整体进度。具体措施如下。

（1）采取措施，实现地基基础与主体结构施工的顺利搭接。

（2）将钢筋混凝土结构层施工面与墙体砌筑面共同作为进度控制依据。

（3）插入结构中间验收，便于内墙粉刷工作及时跟进。

（4）采取措施，实现结构验收与安装、装饰装修的搭接。

4. 后期验收，快扫尾

后期扫尾拖拉是进度控制难点，后期抓验收扫尾，强调的是"快"，即检查要快，整改要快，验收要快。

（1）积极开展扫尾清理工作，梳理剩余工程量。

（2）及时插入施工缺陷检查。

（3）将分户门、防火门的安装作为支付控制的重要节点。

（4）排定垂直运输机械拆除时点，为室外工程创造条件。

 引例 5

某项目为经济适用房工程，地处城市中心交通要道口，是该市改建重点工程；建筑面积22万 m^2，3个组团，共29幢11层小高层住宅及1幢幼儿园。本项目规模大，面积22万 m^2，投资额高。降低施工成本措施如下：①本项目B34，B30、B36组团，分别为3个独立的地下室，淤泥质土对支护结构安全性要求较高，经济性与安全性矛盾比较突出，对支护方案在确保安全性基础上，对经济性进行优化分析，减轻其对工程造价不确定性影响的权重；②项目区域中存在1条河流承担着大罗山的泄洪功能，该城市属台风多发，多雨地区，项目区域中河流防洪堤方案的经济性将直接或间接的影响造价，优化防洪堤方案，合理兼顾经济性；③项目由于投资额大，暂定价格的材料（设备）量大，其价格的确定直接影响到施

工期投资控制的效果，坚持"同价比优、同质比价"的原则。

8.3.3 施工成本降低措施

降低施工成本是指通过有效的工作和具体的措施，在满足质量、进度的前提下，力求使工程实际成本降低。实际投资主要发生在施工阶段，但是节约投资的可能性却主要发生在设计阶段、招标阶段，特别是设计阶段。施工阶段节约成本，重点是深刻理解投资控制依据，严格控制造价变更。成本降低措施与进度控制措施和质量控制措施相辅相成，在满足预定进度目标和质量目标前提下，降低成本。

1. 理解成本目标，掌握控制依据，主动控制

（1）由于施工阶段的投资控制是项目前期各阶段造价控制成果的具体实现，对项目的概算、预算、招标文件、工程量清单的内涵组成充分了解，避免产生不同意见。

（2）熟悉图纸，认真审核工程量，及时增补合同量，做到动态管理，避免先干后算，造成投资、资金、计划安排出现盲目性。

（3）对施工组织设计进行技术经济分析，避免不合理施工措施增加的费用。

2. 过程记录及时、准确，为实施投资控制积累数据

（1）对于工作中发生的不确定性因素，及时、准确记录，为采取相应措施提供依据。

（2）对于产生损失事件，及时作出避损措施，采取手段，避免损失扩大。

（3）将及时提醒相关注意事项，避免成本增加事件发生。

3. 积极调研未定材料、变更方案等因素，控制总造价不合理波动

对于未确定的材料的定价，新增施工方案的变更选择，积极参与调研、分析，并制定出合理的建议方案。

及时准确地做好各项造价的变动记录，控制总造价的不合理波动。

 引例 6

某建筑公司承建高科技孵化器项目，墙体外装修完毕，进行脚手架拆除作业，当拆除到24m时，施工排架突然发生倾斜，导致排架上进行拆除作业的5名作业人员全部坠地，造成2人死亡，3人受伤。据事故调查发现，这5名工人刚刚进驻工地几天，并非专业架子工，上岗前没有接受三级安全教育。此外拆除作业之前，项目部也未对他们进行相应的技术交底。

8.3.4 保证安全施工的措施

1. 健全安全生产管理体系

（1）健全施工现场安全保证体系（包括分包单位），总包单位对分包单位的安全生产工作统一领导、统一管理。

（2）三类人员如施工单位负责人、项目负责人和专职安全生产管理人员及特种作业人员资格证做到"人证统一、证证统一"。

（3）制定安全监管程序，使工程安全状态受控。

2. 分析识别、评价项目施工危险源

识别、分析、评价施工危险源，完善防护措施。

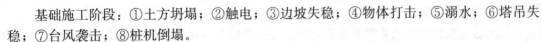

基础施工阶段：①土方坍塌；②触电；③边坡失稳；④物体打击；⑤溺水；⑥塔吊失稳；⑦台风袭击；⑧桩机倒塌。

主体施工阶段：①高空坠落；②物体打击；③触电；④机械伤害；⑤火灾；⑥高温中暑；⑦外墙脚手架坍塌；⑧承重支撑架失稳；⑨塔吊、升降机倒塌；⑩其他。

装修阶段：①高空坠落；②物体打击；③触电；④火灾；⑤塔吊、升降机倒塌等；

3．制定安全文明技术方案、措施

（1）制定安全技术措施、专项施工方案等，如基坑支护、土方开挖、模板高支撑、施工用电、脚手架搭拆、临边防护、塔吊安拆、消防、应急救援预案等。

（2）制定文明施工方案，包括施工过程中的环境保护和不扰民措施，审查对扬尘、抛撒、排污、弃物、噪声、振动、夜间施工等的应对措施。

4．事前加强安全文明教育，事中落实安全文明检查

（1）提高安全工作认识，采用安全知识培训、安全板报、安全标语宣传，营造施工现场安全工作氛围，提高管理人员的安全技术与安全管理水平和工人的安全生产素质。

（2）施工机械、安全设施的合格证、检测、验收、准用手续完备。

（3）对"三宝四口五临边"及深基坑的围护、通道等施工现场安全生产情况进行巡检，对高危作业，容易发生安全事故的薄弱环节作为安全管理重点。

（4）作业场、食宿和休息娱乐设施的安全和卫生条件，及时消除可能影响人身健康和造成人身伤害的工种所在的环境因素。

 引例 7

某酒店工程位于城市繁华闹市区，建筑面积 15300m²，工程结构为全现浇框架结构，局部为钢结构，由地下室、酒店和裙房 3 部分组成。该项目土方施工阶段正值春节，经常遭遇大风天气。该项目总包单位（已通过 ISO 14001）体系认证。为减少扬尘，积极采取措施，用密目安全网对开挖坡面进行覆盖，定时对现场和作业面进行洒水扬尘，选用密闭型的土方运输车辆进行运输，取得了较好效果。

8.3.5 施工现场环境保护措施

1．明确责任、完善制度

施工现场环境保护工作范围广、内容繁杂，必须建立严格的环境保护工作责任制。其中施工项目经理室施工现场环境保护工作的领导者、组织者、指挥者和第一责任人。

加强施工现场环境保护工作的检查，督促环境保护工作有序开展，发现薄弱环节，不断改进工作，还应加强对施工现场的粉尘、噪声、光、废气等监控工作。

2．对施工现场环境保护进行综合治理

（1）建筑垃圾及时清理出场，清理楼层垃圾时严禁临空抛洒；施工现场地面硬化处理，指定专人负责清扫，防止扬尘；对散装材料的运输要密闭；防止车辆将泥沙带出现场；禁止施工现场焚烧产生有毒、有害烟尘和恶臭气体的物质。

（2）禁止将有毒有害废弃物作为回填土；施工现场废水需经沉淀合格后排放；施工现场存放的油料，必须对库房地面进行防渗处理；施工现场的临时食堂，污水排放时可设置隔油池，定期清理，防止污染；施工现场的厕所，化粪池应采取措施防渗；化学品、外加剂等应妥善保管,库内存放,防止环境污染。

(3)尽量减少施工现场晚间施工照明;对必要施工现场晚间照明尽量不照向民宅。

(4)严格施工时间,控制人为噪声,从声源降低噪声。

8.4 技术经济分析

 引例 8

某商住楼工程在进行施工方案设计时,为选择和确定能保证钢结构质量的焊接方法,已初选出电渣焊、埋弧焊、CO_2 焊、混合焊 4 个焊接方案。根据调查资料和实践经验,已定出各评价要素的权重及方案的评分值见表 8-1,可从中选出最优方案。

表 8-1 评价要素及各方案评分值

评价要素	权值	方案满足程度			
		电渣焊	埋弧焊	CO_2 焊	混合焊
焊接质量	0.4	80	70	40	60
焊接效率	0.1	80	70	80	70
焊接成本	0.3	80	100	100	100
操作难度	0.1	50	100	70	90
实现条件	0.1	40	100	100	100
方案总评分值		73	85	71	80

技术可行性是项目施工的前提,经济性是项目施工管理的必要;安全可靠是施工效益的保证,施工组织设计在满足结构安全、工艺安全、技术可行的前提下,尽量考虑经济性。

8.4.1 施工组织设计中技术与经济的关系

1. 施工组织设计中的技术与经济

施工技术层面主要指施工组织设计。施工组织设计是指导工程投标、签订承包合同、施工准备和施工全过程的技术经济文件;作为项目管理的规划性文件,提出施工质量控制、进度控制、成本控制、安全控制、现场管理、各项生产要素管理目标及技术组织措施。

施工经济层面主要是指工程造价。施工企业需要以施工组织设计为依据,并综合考虑企业现有的人力、物力、财力等诸多因素;合理运用有限资源,有效控制成本,少投入、多产出,经济效益最大化。

2. 施工组织设计中技术与经济相辅相成

施工组织设计与工程造价同等重要,两者相辅相成,相互确定。工程造价很大程度上取决于施工方案的先进性,不同的施工方案所反映的工程价格是不一样的。根据合理的施工方案和施工技术,确定的工程造价才合理。

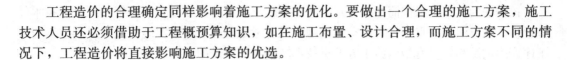

工程造价的合理确定同样影响着施工方案的优化。要做出一个合理的施工方案，施工技术人员还必须借助于工程概预算知识，如在施工布置、设计合理，而施工方案不同的情况下，工程造价将直接影响施工方案的优选。

8.4.2 施工组织设计技术经济指标的分析

1. 施工组织设计技术经济分析目的

建筑工程项目完成后要考虑所获取的经济效益和利润是否达到了最大化，而施工组织设计在技术上是否可行；在经济上是否获利，就需要通过科学的论证分析，只有通过选择经济技术指标效果最佳的方案，才能为施工企业产生更大的利润，因此技术经济分析也是施工组织设计的内容之一。

2. 施工组织设计技术经济分析内容

技术经济分析应围绕工程质量、工期、成本、安全、消耗及其他指标为主要内容。选用施工组织设计方案的原则是在保证工程质量的前提下，做到工期合理、成本较低、施工安全、施工消耗小、其他经济指标合理。

（1）施工质量。包括分部工程、单位工程质量、单项工程和建筑项目的质量标准。

（2）施工工期。包括项目总工期、单项工程工期。

（3）施工成本。包括单项工程、单位工程的造价、成本和利润。

（4）施工安全。包括施工人员伤亡率、重伤率、轻伤率和经济损失4项。

（5）施工消耗。包括建设项目的总用工量，单项工程用工量以及劳动生产率，主要材料消耗和节约量，大型机械使用数量和利用率。

（6）施工其他指标。包括施工设施建造费比例，机械化程度，施工现场利用系数等。

3. 施工组织设计技术经济分析措施

工程项目施工前应认真做好施工组织设计的技术经济分析，做好事前控制，其重点是施工方案的技术经济分析和比选。施工组织设计中对施工方案首先要考虑技术上的可能性，即是否能实现，然后是经济上是否合理，它贯穿于施工的全过程。

选择施工方案，必须在技术可行的基础上，本着从技术经济的角度，因地制宜和审时度势地选择施工方法和施工机械。一个优秀的施工方案，应具备在技术上可行，可以应用新技术、新材料，操作上便易，经济上合理等特点。合理的施工方案，不但能有效保证工程进度、质量和安全，而且能最大限度节约工程投资和降低工程成本。

施工组织设计技术经济分析主要是对技术可行的方案进行分析及对施工方案耗用的劳动力、材料、机械以及工期等进行技术经济的分析，力求采用新技术，从中选择最优方案。在拟定出的若干方案中，如果各施工方案均能满足要求，则最经济的方案即最优方案。

8.4.3 施工组织设计技术经济分析方法

1. 综合费用法

综合费用法主要是对拟定出的若干方案，如果各施工方案均能满足技术可行性要求，则认为最经济的方案即综合费用最小的方案为最优方案。

该方法的优点是操作简便、直观，适用于施工技术不是很复杂的施工组织设计技术经济评价。该方法的缺点是只考虑费用问题，没有考虑到施工方案实施的过程对其他工程或工序产生的影响，没有指出施工方案中技术缺陷和要改进的地方。

2. 技术经济分析法

对于施工技术较复杂的施工方案应当应用技术经济分析法，技术经济分析是从合理利用资源开始发展起来的一门软科学技术，是一种研究以提高技术经济效益为主的现代管理方法和技术经济分析方法。

技术经济分析涉及价值、功能和成本3个基本要素。它以功能分析为核心，是以最低的成本实现所需功能为目标的一个有组织的贯穿整个产品生产过程的活动。技术经济分析中的"价值"是作为某种产品(作业)所具有的功能与获得该功能的全部费用的比值。

经济分析的优点是不但可以选出最优方案，而且可以发现方案的缺陷所在，指明改进的方向及如何应用新技术和新材料，以提高技术经济效益，对方案从创建到实施到完成不断进行优化和完善。缺点是分析过程复杂、烦琐，投入人员多、时间长。

8.4.4 施工组织设计实施的技术经济优化

提高施工中技术层面的工作，归根结底是施工组织设计优化，就是经济与技术统一的管理过程。周密组织施工、施工方案优化、工期总进度计划安排、机械设备效率的提高、施工管理水平的提高从而使工程建设成本降低，这些均可通过施工组织设计优化得以实现。

施工组织设计的施工方案选定不能简单地套用以往类似方案，应充分考虑现场实际情况，比较各种方案，认真讨论，从技术经济两个方面综合评定，选择最优的方案。另外，新技术、新材料、新工艺、新设备的应用，既可以提高生产力，又可以降低工程成本。

知识链接

实施性施工组织设计

它是指导一个拟建工程进行施工准备和组织施工的基本的技术经济文件，它的任务是要对具体的拟建工程的准备工作和整个的施工过程，在人力、物力、时间、空间、技术、组织上做出一个全面、合理的安排。

实施性施工组织设计是标前设计的完美和深化，必须有操作性，能够作为承发包双方对工程施工的监督和管理依据。

实施性施工组织设计的特点

(1) 可操作性。承包商根据自身的人员、机械设备情况，调配人员、设备，制定详尽的、操作性强的施工方案，使施工有序进行。

(2) 灵活性。承包商可根据各种因素的影响，调整施工方案，施工顺序，减少窝工，以达到保证工期的目的。

(3) 完善性。实施性施工组织设计不但承包商要认真完善，监理工程师和业主也要认真评审，并提出修改意见；因此，实施性施工组织设计是在综合各方的意见后而形成的完善的技术经济文件。

(4) 全面性。实施性施工组织设计以"重点突出，兼顾全面，技术先进，经济合理，确保质量，安全适用，实事求是，动态调整"为原则，做到经济效益显著、施工方案可行、技术组织可靠。

本 章 小 结

1. 施工组织设计的编制和实施是相互依存、相互约束，不可分割的。目前对施工组织设计的指导性、权威性和可调性之间的关系认识不足；施工人员执行施工组织设计的自觉性不够；管理人员对执行情况检查、督促、落实不够；实际情况的改变，方案不能及时调整。究其本质，施工组织设计实施就是把一个静态平衡方案，放到不断变化的施工过程中考核其效果和检查其优劣的过程，以达到预定的目标。

2. 根据《建筑施工组织设计规范》(GBT 50502—2009)相关规定，施工组织设计应由项目负责人结合地区条件和工程特点主持编制，可根据需要分阶段编制和审批；依据《建设工程监理规范》(GB 50319—2000)相关规定，审定承包单位提交施工组织设计、技术方案是总监理工程师的职责之一，也是工程开工重要条件。

3. 施工技术组织措施主要包括保证施工的质量措施、施工进度控制措施、施工成本降低措施、保证安全施工的措施、施工现场环境保护措施。

4. 技术可行性是项目施工的前提，经济性是项目施工管理的必要；安全可靠是施工效益的保证，施工组织设计在满足结构安全、工艺安全、技术可行的前提下，尽量考虑经济性。施工组织设计中技术与经济相辅相成。

复习思考题

1. 投标施工组织设计与实施性施工组织设计的区别是什么？
2. 施工组织设计的编制与实施的关系如何？
3. 目前施工组织设计实施过程中存在哪些问题？
4. 如何进行施工组织设计实施过程中的动态管理？
5. 施工组织设计的审批程序及审核要点是什么？
6. 施工单位对施工组织设计的审核与监理单位的审定本质上有何区别？
7. 施工组织设计中的技术措施都有哪些？请结合具体实例说明。
8. 如何理解施工组织设计中的技术经济的关系？
9. 施工组织设计中技术经济分析的内容及措施是什么？

单元9

施工进度计划控制

教学目标

　　掌握施工进度计划进行检查方法，能利用施工进度控制的方法对施工进度进行有效控制；能处理施工中工程延期和延误，理解施工进度控制意义、了解影响进度的各种因素，熟练掌握施工进度控制在实际工程中的应用。

教学要求

知识要点	能力要求	相关知识	所占分值（100分）	自评分数
施工进度控制的概念	理解施工进度控制意义	横道图、网络图、工期、建筑工程施工承包合同	20	
施工进度控制的方法	（1）掌握施工进度计划进行检查方法 （2）能利用施工进度控制的方法对施工进度进行有效控制	建筑工程施工管理、建筑产品工业化	30	
影响施工进度的因素	了解影响进度的各种因素	建筑施工特点、建筑环境特点	20	
施工进度计划的实施与检查	熟练掌握施工进度计划的实施与检查	施工项目进度计划的贯彻、监理工程师管理概念	20	
工程延期和延误的处理	能处理施工中工程延期和延误	建筑工程施工信息管理、索赔	10	

章节导读

　　某制造厂工程在土方工程施工中，施工承包合同标明有松软石的地方没有遇到松软石，因此工期提前了1个月。但在合同中另一未标明有坚硬岩石的地方遇到更多的坚硬岩石，开挖工作变得更加困难，由此造成了实际生产率比原计划低得多，经测算影响工期2个月。由于施工速度慢，使得部分施工任务拖到雨季进行，承包商实际生产率降低，而引起进度拖延，按一般公认标准推算，又影响工期2个月。为此承包商准备提出索赔费用索赔和工期索赔。

　　那么监理工程师根据承包商应提供的索赔文件，分析了下面两个问题。

　　(1) 该项施工索赔能否成立？

　　(2) 在该索赔事件中，可以提出的索赔内容包括哪两方面？

　　监理工程师经过分析认为该项施工索赔能成立。原因是施工中在合同未标明有坚硬岩石的地方遇到更多的坚硬岩石，属于施工现场的施工条件与原来的勘察有很大差异，属于甲方的责任范围。

　　本事件使承包商由于意外地质条件造成施工困难，导致工期延长，相应产生额外工程费用，因此，应包括费用索赔和工期索赔。

　　今天学习建筑工程进度控制主要是通过学习建筑工程进度方面的影响因素以及进度控制的方法，处理好施工管理过程中的索赔，对于日益复杂的工程施工管理和国际工程的管理是非常有用的。

9.1　施工进度计划控制概述

9.1.1　施工进度计划控制的概念

　　施工进度控制与投资控制和质量控制并列为建筑工程施工管理三大目标控制。工程进度是工程参建各方倍加关注的重要管理和控制目标，是承包商和监理工程师对工程项目目标的重点工作内容之一。它是保证施工项目按期完成，合理安排资源供应、节约工程成本的重要措施。

引例 |

　　小浪底水利枢纽工程总装机容量1800MW，工程总投资约350亿元，其中利用世界银行贷款12亿美元，该枢纽工程由大坝系统、汇洪系统和引水发电系统3大部分组成。

　　为使建设管理全方位和国际管理模式接轨，在项目准备阶段，按照国际惯例，实行了业主负责制、建设监理制和合同管理制。考虑到实际工程进度，承包商每3个月向工程师提交一份适时修正的施工进度表。凡涉及原计划工程进度的修改，必须经常向工程师提交修正的施工进度计划，提交后并经工程师批准的适时修正施工进度表，包括工程竣工或任何部分的完成时间。经过工程师对施工进度的有效控制使得3个土建国际标，一标大坝工程、二标泄洪系统、三标引水发电系统工程基本提前合同近1年完成。

　　【观察思考】

　　从学习、生活中观察不同结构建筑工程施工工地，了解各工地的施工方法，比较它们之间工程进度情况。

　　建设工程进度控制是指对工程项目施工在既定工期内，根据工程进度总目标及资源优化配置的原则编制计划并付诸实施，然后在计划的实施过程中经常检查实际进度是否按计划要求进行，对出现的偏差情况进行分析，采取补救措施或调整、修改原计划后再付诸实施，如此循环，直到建设工程竣工验收交付使用。建设工程进度控制的最终目的是确保施工项目按预定的时间动用或提前交付使用，建设工程进度控制的总目标就是建设工期。

  建筑施工项目进度控制的总目标是确保施工项目的既定目标工期的实现，或者在保证施工质量和不因此而增加施工实际成本的条件下，适当缩短施工工期。但是不论施工单位编制施工进度计划时做得如何周密、考虑得如何细致，在其实施过程中，必然会因为新情况的产生、各种干扰因素和风险因素的作用而发生变化，使人们难以执行原定的施工进度计划。为此，施工进度控制人员必须掌握动态控制原理，在施工进度计划执行过程中不断检查建设工程实际进展情况。这样，在施工进度计划的执行过程中进行不断地检查和调整，以保证建筑工程施工进度得到有效控制。

  由于在工程建设过程中存在着许多影响进度的因素，因此，进度控制人员必须事先对影响建设工程进度的各种因素进行调查分析，预测它们对建设工程进度的影响程度。

  施工进度控制流程如图 9.1 所示。

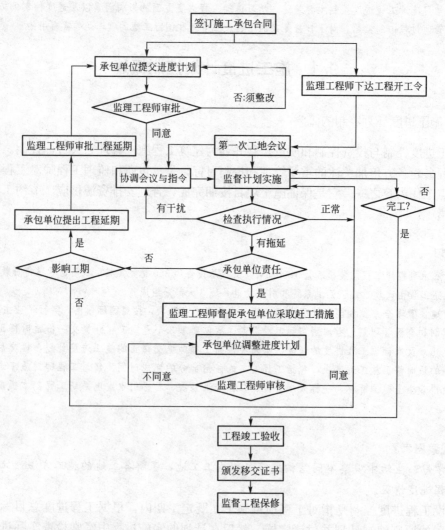

图 9.1　施工进度控制流程

9.1.2　影响施工进度的因素

 引例 2

建筑施工由于大多都是露天作业,受自然的影响比较大,比如说台风来临时如果施工现场没有应急防护措施,就可能会发生如因连续强降雨致使基坑、围墙内侧土压力增大,导致基坑、墙体坍塌;大型机械设备倒塌;工人高空坠落等安全事故,这些事故的发生必然会对建筑施工进度造成很大影响。

由于建筑工程施工具有露天作业、高(大跨)度与施工技术复杂、建设周期长及协调难度大等特点,决定了建筑工程施工进度将受到诸多因素的影响。在编制施工进度计划和有效地控制施工进度时,就必须对影响施工进度的有利因素和不利因素进行充分的认识和估计。这样,一方面可以促进对有利因素的充分利用和对不利因素的妥善预防;另一方面也便于事先制定预防措施,事后进行妥善补救,以满足合同工期目标,实现对建筑工程进度的主动控制和动态控制。

影响建筑工程施工进度的因素有很多,如人的因素,材料、机具、技术因素,资金因素,水文、地质与气象因素,以及其他自然与社会环境等方面的因素,其中人的因素是最大的干扰因素。在建筑工程施工过程中,常见的影响因素如下。

(1)相关单位的影响。如业主使用功能改变而进行设计变更;应提供的施工场地条件不能及时提供或所提供的场地不能满足工程正常需要;不能及时向施工承包单位或材料供应商付款等。监理单位指令的错误;

勘察设计提供资料不准确,特别是地质资料出现错误或遗漏;设计内容不完善,规范应用不恰当,设计有缺陷或错误;设计对施工的可能性未考虑或考虑不周;施工图纸供应不及时、不配套,或出现重大差错等。

(2)施工技术失误。如施工单位施工措施不当,施工方案编制没有针对性,脱离工程实际,不能正确指导工程施工;应用新技术、新材料、新工艺缺乏经验,不能保证施工质量而影响到施工进度;施工安全措施不当;不可靠技术的应用等。

(3)自然环境因素。如复杂的工程地质条件;不明的水文气象条件;地下埋藏文物的保护、处理;洪水、地震、台风等不可抗力等。

(4)材料、设备因素。如材料、构配件、机具、设备供应环节的差错,品种、规格、质量、数量、时间不能满足工程的需要;特殊材料及新材料的不合理使用;施工设备不配套,选型失当,安装失误,有故障等。

(5)施工组织管理因素。如向有关部门提出各种申请审批手续的延误;合同签订时遗漏条款、表达失当;计划安排不周密,组织协调不力,导致停工待料、相关作业脱节;领导不力,指挥失当,使参加工程建设的各个单位、各个专业、各个施工进程之间交接、配合上发生矛盾等。

(6)资金因素。如有关方拖欠资金,资金不到位,资金短缺;汇率浮动和通货膨胀等。

(7)社会环境因素。如外单位临近工程施工干扰;节假日交通,市容整顿的限制;临时停水、停电、断路;以及在国外常见的法律及制度变化,经济制裁,战争、骚乱、罢工、企业倒闭等。

【观察思考】

观察台风、大雨来临时可能给建筑施工进度带来什么影响？施工管理人员又是怎么样应对这种自然风险的？

9.1.3 施工进度控制的内容、措施

1. 施工进度控制内容

工程进度控制是一个大目标系统，从目标本身来看，包括进度控制总进度目标、分目标和阶段目标组成的目标系统；从进度控制所涉及单位来看包括监理单位(业主)和承包单位组织系统；从进度控制计划上看，包括总进度计划系统、单位工程进度计划系统、分部分项工程进度计划系统、资源需要量供应计划系统等。建筑工程进度控制从审核承包单位提交的施工进度计划开始，直到建设项目保修期满为止，进度控制的内容主要有以下几个方面。

1) 编制施工进度控制监理工作实施细则

施工进度控制监理实施细则是以建设工程监理规划为依据，由项目监理机构中进度控制部门的专业监理工程师负责编制，并经总监理工程师审核同意，其更具有工程的针对性、实施性和操作性。其主要内容包括以下几个方面。

(1) 施工进度控制目标的分解。

(2) 施工进度控制的主要工作内容和深度。

(3) 进度控制人员的职责分工。

(4) 与进度控制有关各项工作的时间安排及工作流程。

(5) 进度控制的方法(包括进度检查周期、数据采集方式、进度报表格式、统计分析方法等)。

(6) 进度控制的具体措施(包括组织措施、技术措施、经济措施及合同措施等)。

(7) 施工进度控制目标实现的风险分析。

(8) 尚待解决的有关问题。

事实上，施工进度控制监理工作实施细则是对建设工程监理规划中有关进度控制内容的进一步深化、细化和补充。如果将建设工程监理规划比作开展监理工作的"初步设计"，施工进度控制监理工作实施细则就是开展建设工程监理工作的"施工图设计"，它对监理工程师进行施工进度控制的实务工作起着具体的指导作用。

2) 编制或审核施工进度计划

为了保证建筑工程的施工任务按计划工期完成，对于大型建设工程施工，由于单位工程较多、施工工期长，且采取分期分批发包的，若没有负责全部工程的总承包单位时，就需要监理工程师编制施工总进度计划；或者当建设工程由若干个承包单位平行承包时，监理工程师也有必要编制施工总进度计划。施工总进度计划应确定分期分批的工程项目，各批工程项目的开工、竣工顺序及时间安排，全场性准备工程，特别是第一期准备工程的内容与进度安排等。

当建设工程有总承包单位时，监理工程师只需对总承包单位提交的施工总进度计划进行审核即可。而对于单位工程施工进度，监理工程师只负责审核而不需要编制。

施工进度计划审核的内容主要有以下几个方面。

(1) 施工进度计划安排是否符合工程项目建设总进度计划中总目标和分目标的要求，

是否符合施工合同中开工、竣工日期的规定。

（2）施工总进度计划中的工程项目是否有遗漏，分期施工是否满足分批投入使用的需要和配套动用的要求。

（3）施工顺序的安排是否符合施工工艺的要求。

（4）劳动力、材料、构配件、设备及施工机具、水、电等生产要素的供应计划是否能保证施工进度计划的如期实施，供应是否均衡、需求高峰期是否有足够能力实现计划供应。

（5）总包、分包单位分别编制的施工总进度计划与各项单位工程施工进度计划之间是否相协调，专业分工与计划衔接是否明确合理。

（6）对于业主负责提供的施工条件（包括资金、施工图纸、施工场地、采供的物资等），在施工进度计划中安排得是否明确、合理，是否有造成因业主违约而导致工程延期和费用索赔的可能存在。

（7）施工进度计划编制时是否考虑不可预见的因素而留有余地。如果监理工程师在审查施工进度计划的过程中发现问题，应及时向施工单位提出书面修改意见（也称监理工程师通知单），并协助施工单位修改施工进度计划。其中的重大问题应及时向业主汇报。编制和实施施工进度计划是施工单位的工作和责任。施工单位之所以将施工进度计划提交给监理工程师审查，一是施工承包合同约定；二是为了听取监理工程师的建设性意见。因此，监理工程师对施工单位提交的施工进度计划的审查或批准，并不等于解除了施工单位对施工进度计划的任何责任和义务。此外，对监理工程师来讲，其审查施工进度计划的主要目的是为了防止施工单位计划不当，而影响工程项目按期建成交付使用；以及为施工单位保证实现合同规定的进度目标提供帮助。如果强制地干预施工单位的进度计划安排，或替施工单位重新编制施工进度计划，或直接支配施工中所需要劳动力、设备和材料，这将是一种错误的行为。

尽管施工单位向监理工程师提交施工进度计划是为了听取建设性的意见，但施工进度计划一经监理工程师确认，即应当视为合同文件的一部分，它是以后处理施工单位提出的工程延期或费用索赔的一个重要依据。

3）按年、季、月编制工程综合计划

按计划期编制的进度计划中，监理工程师应着重解决各施工单位编制的施工进度计划之间、施工进度计划与资源（包括建设资金、设备、施工机具、建筑材料及劳动力）保障计划之间以及外部协作条件等的延伸性计划之间的综合平衡与相互衔接问题。并根据上一期施工进度计划的完成情况对本一期的施工进度计划作必要的调整，从而作为施工单位近期执行的指令性计划。

4）下达工程开工令

监理工程师应根据业主和施工单位双方关于工程开工的准备情况，选择合适的时机发布工程开工令。

工程开工令的发布要尽可能及时，因为从发布工程开工令之日算起，加上合同工期后即为工程竣工日期。如果开工令发布拖延，就等于推迟了竣工时间，甚至可能引起施工单位的索赔。

5）检查、监督施工单位实施施工进度计划

施工单位按计划开始工程施工后，监理工程师要随时了解施工进度计划执行过程中所存在的问题，并协助施工单位予以解决，特别是施工单位无力解决的内外关系协调问题。

监督施工进度计划的实施是监理工程师在建筑工程施工进度控制方面的主要的和经常性工作。监理工程师不仅要及时检查施工单位报送的施工进度报表和分析资料，同时一定要随时进行必要的现场实地检查，核实所报送的已完工程项目的时间及工程量，核实工程形象进度。

在对工程实际进度资料进行整理的基础上，监理工程师应将其与计划进度相比较，以判定实际工程进度是否出现偏差。如果出现进度偏差，监理工程师应进一步分析此偏差对进度控制目标的影响程度及其产生的原因，以便研究对策、提出纠偏措施。必要时还应对后期施工进度计划作适当的调整。

6）组织现场协调会

监理工程师应每月、每周定期组织召开不同层级的现场协调会议，以解决工程施工过程中与施工进度有关的相互协调配合问题。

在每月召开的高级协调会上，监理单位通报工程项目建设的重大进度方面的变更事项，分析其后果，协商其后果方法；解决各个施工单位之间以及建设单位与施工单位之间的重大协调配合问题。

在每周召开的管理层协调会上，施工单位通报各自施工进度状况、存在的问题及下周的施工进度安排，解决施工中的相互协调配合问题。通常包括各施工单位之间的进度协调问题；工作面交接和阶段成品保护责任问题；场地与公用设施利用中的矛盾问题；某一方面断水、断电、断路、开挖要求对其他方面影响的协调问题以及资源保证、外部协调条件配合问题等。

在平行、交叉施工单位多，工序交接频繁且工期紧迫的情况下，现场协调会甚至需要每日召开。在会上施工单位通报和监理单位检查当天的工程进度，确定薄弱环节，部署当天的赶工任务，以便为次日正常施工创造条件。

对于某些未曾预料的突发变故或问题，监理工程师还可以随时通过发布紧急协调指令，督促有关单位采取应急措施维护施工的正常秩序。

7）签发工程进度款支付凭证

施工单位按每月完成的分部分项工程量申请工程款支付，监理工程师应对施工单位申报的已完分部分项工程量进行核实，在工程质量监理工程师检查验收合格后，及时签发工程进度款支付凭证。

8）审批工程延期

造成工程进度拖延的原因一般可以分为两个方面：一是由于施工单位自身的各种原因产生的，这种进度拖延称为工程延误；二是由于施工单位以外的原因产生的，这种进度拖延称为工程延期。

监理工程师应正确地处理好工程进度的延误和延期，对业主和承包商都是十分重要的。

9）向业主提供进度报告

按照合约规定，监理工程师对工程施工进度资料应随时整理，并做好工程施工进度记录，定期向建设单位提交工程进度报告。

10）督促施工单位整理技术资料

监理工程师要根据工程施工进度状况，督促施工单位及时整理好有关工程技术资料，以备工程验收。单位工程竣工或分部、分项工程验收时，施工单位都需要提供工程技术资料。

11）签署工程竣工报验单、提交质量评估报告

当单位工程达到竣工验收条件后，施工单位在自行组织有关人员预验的基础上，向建设单位提交工程验收报告，申请竣工验收。建设单位组织施工、设计、监理等单位进行工程验收。监理工程师在对竣工资料及工程实体进行全面检查、验收合格后，签署工程竣工报验单，并向建设单位提交工程竣工质量评估报告。

12）整理工程进度资料、工程移交

在工程竣工以后，监理工程师应将有关工程进度控制的资料收集、整理起来，进行归类、编目和建档，以便为今后其他类似工程项目的进度控制提供参考。

监理工程师应督促施工单位办理工程移交手续，颁发工程移交证书。在工程移交后的保修期内，还要处理验收后新产生的工程质量问题，解决质量发生的原因及有关责任等争议问题，并督促有关责任单位及时修理。当保修期结束且再无争议时，建筑工程进度控制的任务即告完成。

【观察思考】

监理工程师发布工程开工令要尽可能及时，因为从发布工程开工令之日算起，加上合同工期日历天数即为工程竣工日期，从合同的角度分析开工令的重要性。

2. 施工进度控制措施

为了实施对工程进度有效控制，进度控制人员(施工和监理人员)必须根据建设工程的具体情况，认真分析影响进度的各种原因，制定符合实际、具有针对性的进度控制措施，以确保建筑施工进度控制目标的实现。进度控制的措施主要包括组织、技术、经济及合同措施。

1）组织措施

建筑施工进度控制的组织措施主要包括以下几个方面。

(1) 建立进度目标控制体系，明确现场承包商和监理组织机构中进度控制人员及其职责分工。

(2) 建立工程进度报告制度及进度信息沟通网络，确保各种信息的准确和及时。

(3) 建立进度计划审核制度和进度计划实施中的检查分析制度。

(4) 建立进度协调会议制度，一般可以通过例会进行协调，确定协调会议举行的时间、地点，协调会议的参加人员等。

(5) 建立图纸审查、工程变更和设计变更管理制度。

2）技术措施

建筑施工进度控制的技术措施主要包括以下几个方面。

(1) 审查承包商提交的进度计划，使承包商能在满足进度目标和合理的状态下施工。

(2) 编制监理人员所需的进度控制实施细则，指导监理人员实施进度控制。

(3) 采用网络计划技术及其他科学适用的计划技术，并结合计算机各种进度管理软件的应用，对建筑工程施工进度实施动态控制。

3）经济措施

建筑施工进度控制的经济措施主要包括以下几个方面。

(1) 监理人员及时办理工程预付款及工程进度款支付手续。

(2) 监理单位应要求业主对非施工单位原因的应急赶工给予优厚的赶工费用或给予适当的奖励。

（3）施工工期提前建设单位对施工单位应有必要的奖励政策。

（4）监理单位协助业主对施工单位造成的工程延误收取误期损失赔偿金，加强索赔管理，公正地处理索赔。

4）合同措施

建筑施工进度控制的合同措施主要包括。

（1）加强合同管理，协调合同工期与进度计划的管理，保证合同中工期目标的实现。

（2）推行 CM 承发包模式，对建设工程实行分段设计、分段发包和分段施工。

（3）严格控制合同变更，对各方提出的工程变更和设计变更，监理工程师应严格审查后再补入合同文件之中。

（4）加强风险管理，在合同中应充分考虑风险因素及其对进度的影响，以及相应的处理方法。

为了有效地控制工程施工进度，监理工程师要在施工准备阶段向建设单位提供有关工期的信息，协助建设单位确定工期总目标，并进行环境及施工现场条件的调查和分析。在施工阶段，监理工程师不仅要审查施工单位提交的进度计划，更要编制监理进度措施，以确保进度控制目标的实现。

9.1.4 进度控制原理

1. 动态控制原理

建筑工程施工开始，实际进度就出现了运动的轨迹，也就是计划进入执行的动态。施工进度控制是一个不断进行的动态控制，也是一个循环进行的过程。实际进度按照计划进度进行时，两者相吻合；当实际进度与计划进度不一致时，便产生超前或落后的偏差。分析偏差的原因，采取相应的措施，调整原来计划，使两者在新的起点上重合，继续按其进行施工活动，并且尽量发挥组织管理的作用，使实际工作按计划进行。但是在新的影响因素作用下，又会产生新的偏差。施工进度计划控制就是采用这种动态循环的控制方法。

动态控制原理图如图 9.2 所示。

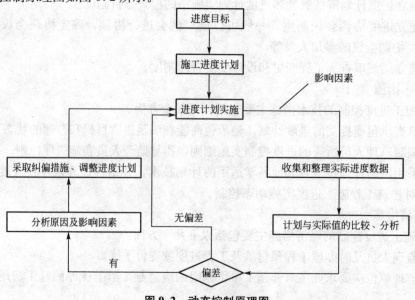

图 9.2 动态控制原理图

2．系统性原理

1）施工项目计划系统

为了对建筑工程施工实行进度计划控制，首先必须编制工程施工的各种进度计划。其中有工程施工总进度计划、单位工程施工进度计划、分部分项工程施工进度计划、季度和月（旬）作业计划，这些计划组成一个工程施工进度计划系统。计划的编制对象由大到小，计划的内容从粗到细。编制时从总体计划到局部计划，逐层进行控制目标分解，以保证计划控制目标落实。执行计划时，从月（旬）作业计划开始实施，逐级按目标控制，从而达到对施工整体进度目标控制。

2）施工进度实施组织系统

施工实施全过程的各专业队伍都是遵照计划规定的目标去努力完成一个个任务的。施工项目经理和有关劳动调配、材料设备、采购运输等各职能部门都按照施工进度规划要求进行严格管理、落实和完成各自的任务。施工组织各级负责人，从项目经理、施工队长、班组长及其所属全体成员组成了施工项目实施的完整组织系统。

3）施工进度控制组织系统

为了保证施工的工程进度实施还有一个工程进度的检查控制系统。自公司经理、项目经理，一直到作业班组都设有专门职能部门或人员负责检查汇报，统计整理实际施工进度的资料，并与计划进度比较分析和进行调整。当然不同层次人员负有不同进度的控制职责，分工协作，形成一个纵横连接的施工项目控制组织系统。事实上有的领导可能是计划的实施者又是计划的控制者。实施是计划控制的落实，控制是保证计划按期实施。监理工程师是对建筑施工进度进行检查和控制，确保进度目标实现。

3．信息反馈原理

信息反馈是工程施工进度控制的主要环节，施工的实际进度通过信息反馈给基层施工项目进度控制的管理人员，在分工的职责范围内，经过对其加工处理，再将信息逐级向上反馈，直到主控制室，主控制室整理统计各方面的信息，经比较分析做出决策，调整进度计划，仍使其符合预定工期目标。若不应用信息反馈原理，不断地进行信息反馈，则无法进行计划控制。施工项目进度控制的过程就是信息反馈的过程。

4．弹性原理

施工项目进度计划工期长、影响进度的因素多，其中有的已被人们掌握，根据统计经验估计出影响的程度和出现的可能性，并在确定进度目标时，进行实现目标的风险分析。在进度计划编制者具备了这些知识和实践经验之后，编制施工进度计划时就会留有余地，即使施工进度计划具有弹性。在进行施工项目进度控制时，便可以利用这些弹性，缩短有关工作的时间，或者改变它们之间的搭接关系，使检查之前拖延了工期，通过缩短剩余计划工期的方法，仍然达到预期的计划目标。

5．封闭循环原理

进度计划控制的是按照 PDCA 循环工作法进行，计划（Plan）、实施（Do）、检查（Check）、处理（Action）发现和分析影响进度的原因，确定调整措施再计划。从编制项目施工进度计划开始，经过实施过程中的跟踪检查，收集有关实际进度的信息，比较和分析实际进度与施工计划进度之间的偏差，找出产生原因和解决办法，确定调整措施，再修改原进度计划，形成一个封闭的循环系统。

6. 网络计划技术原理

在施工项目进度的控制中利用网络计划技术原理编制进度计划，根据收集的实际进度信息，比较和分析进度计划，又利用网络计划的工期优化，工期与成本优化和资源优化的理论调整计划。网络计划技术原理是施工项目进度控制的完整的计划管理和分析计算理论基础。

【观察思考】

观察建筑在不同季节施工过程中，受到哪些自然条件，而这些条件又从哪些方面影响建筑工程施工进度，施工单位往往采用什么样施工方案，减少自然环境对工程进度的影响。

9.2 施工进度计划控制方法

施工进度控制方法就是利用所学进度计划控制原理进行实际进度与计划进度相比较的方法，分析实际施工进度是超前还是拖后，根据分析结果采取措施使实际进度符合计划进度或对计划进度进行调整。施工进度常用的控制方法有横道进度控制法、网络进度计划控制法、S型曲线控制法、香蕉型曲线比较法和列表控制法等。

 引例 3

现代建筑施工管理都是按照合同约定的三大目标(质量、投资、进度)来控制的，进度计划实现体现总工期目标的完成。但在实施过程中受到如台风、大雨、冬季等因素影响，使进度目标的实现产生很多的疑问，引起合同索赔的案例也很多。因此进度控制时必须找到引起这些现象产生的原因、影响进度控制的因素，采用合理的方法是对整个建设过程进行监督、检查、指导和纠正。

建筑工程进度控制方法是把合同工期目标层层分解，以控制循环理论为指导，经常进行目标值与实际值比较与分析，不断采取措施调整，并协调参加单位之间的进度关系。

9.2.1 横道进度控制法

利用横道图编制的施工进度计划，指导和控制施工已是人们常用的、熟悉的方法。它简明形象和直观、编制方法简单、使用方便。横道进度控制法就是把在建筑施工过程中检查实际进度并收集的信息，经整理后直接用横道线并列示于原计划的横道线一起，进行直观比较的方法，某钢筋混凝土工程进度比较表见表 9-1。其中双线条横道表示计划进度，粗实线横道则表示工程施工的实际进度。从图中比较可以看出，在第 8 天未进行施工进度检查时，挖土方工作按计划已经完成；支模板的工作按计划进度应当完成，而实际施工进度只完成了 83% 的任务，已经拖后了 17%；绑扎钢筋工作正常，但实际只完成了 50% 的任务，施工实际进度与计划进度一致。

表 9-1 某钢筋混凝土工程进度比较表

工作编号	工程名称	工作天数(天)	施工进度计划(天)																
			1	2	3	4	5	6	7	8	9	10	11	12	13	14	15	16	17
1	挖土方	6																	
2	支模板	6																	

（续）

工作编号	工程名称	工作天数（天）	施工进度计划（天）															
			1	2	3	4	5	6	7	8	9	10	11	12	13	14	15	16	17
3	绑扎钢筋	9																	
4	浇混凝土	6																	
5	回填土	6																	

注：══ 计划进度；── 实际进度。

通过上述记录与比较，为进度控制者提供了实际施工进度与计划进度之间的偏差，为采取调整措施提供了明确依据。但是它仅适用于施工中的各项工作都是按均匀的进展，即每项工作在单位时间里完成的任务量都是各自相等的。

根据施工中各项工作的进展速度是否相同，以及进度控制要求和提供的进度信息不同，可以采用以下两种方法。

1. 匀速施工横道比较法

匀速施工是指在施工中，每个施工工作施工进展速度都是匀速的，即在单位时间内完成的任务量都是相等的，累计完成的任务量与时间成直线变化如图 9.3 所示。完成任务量可以用实物工程量、劳动消耗量和工作量 3 种物理量表示，为了比较方便，一般用它们实际完成量的累计百分比与计划的应完成量的累计百分比进行比较。

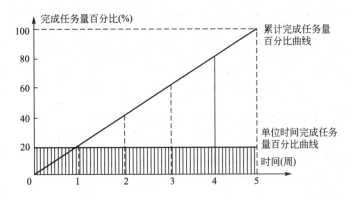

图 9.3　工作匀速施工时任务量与时间关系曲线

作图比较方法的步骤如下。

（1）首先编制横道进度计划。

（2）在进度计划上标出检查日期。

（3）将检查收集的实际进度数据，按比例用涂黑的粗线标于计划进度线的下方。

（4）比较分析实际进度与计划进度。

① 涂黑的粗线右端与检查日期相重，表明实际进度与施工计划进度相一致。

② 涂黑的粗线右端在检查日期左侧，表明实际进度拖后。

③ 涂黑的粗线右端在检查日期的右侧，表明实际进度超前。

必须指出：该方法只适用于工作从开始到完成的整个施工过程中，其施工速度是不变的，累计完成的任务量与时间成正比，如图 9.4 所示。

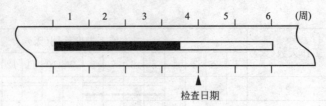

图 9.4 匀速施工横道比较图

若工作的施工速度是变化的，则这种方法不能进行工作的实际进度与计划进度之间的比较，否则就会出现错误的结论。

2. 非匀速施工横道比较法

非匀速施工是指在工程项目施工中，每项工作在不同单位时间里的施工进展速度不相等时，累计完成的任务量与时间的关系就可能不是线性关系，如图 9.5 所示。此时，应采用非匀速进展横道比较法进行工作实际进度与计划进度的比较。

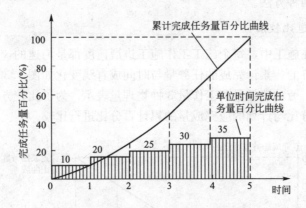

图 9.5 非匀速施工时任务量与时间关系曲线图

非匀速施工横道比较法在用涂黑粗线表示工作实际进度的同时，还要标出其对应时刻完成任务量的累计百分比，并将该百分比与其同时刻计划完成任务量的累计百分比相比较，判断工作实际进度与计划进度之间的关系。

采用非匀速施工横道比较法时，其方法步骤如下。

(1) 编制横道图进度计划。

(2) 在横道线上方标出各主要时间工作的计划完成任务量累计百分比。

(3) 在横道线下方标出相应时间工作的实际完成任务量累计百分比。

(4) 用涂黑粗线标出工作的实际进度，从开始之日标起，同时反映出该工作在实施过程中的连续与间断情况。

(5) 通过比较同一时刻实际完成任务量累计百分比和计划完成任务量累计百分比，判断工作实际进度与计划进度之间的关系。

① 同一时刻横道线上方累计百分比（计划）大于横道线下方累计百分比（实际），表明实际进度拖后，拖欠的任务量为两者之差。

② 同一时刻横道线上方累计百分比小于横道线下方累计百分比，表明实际进度超前，超前的任务量为二者之差。

③ 同一时刻横道线上下方两个累计百分比相等，表明实际进度与计划进度一致。由

此可知，由于工作进展速度是变化的，因此，如图9.7所示的横道线上，无论是计划的还是实际的，只能表示工作的开始时间、完成时间和持续时间，并不表示计划完成的任务量和实际完成的任务量。此外，采用非匀速进展横道比较法，不仅可以进行某一时刻（如检查日期）实际进度与计划进度的比较，而且还能进行某一时间段实际进度与计划进度的比较。当然，这需要实施部门按规定的时间记录当时的任务完成情况。

【例9.1】 某工程主体施工中的混凝土工作按施工进度计划安排需要7月完成，每月计划完成的任务量百分解：

（1）编制横道进度计划，如图9.7所示。

比如图9.6所示第6月末检查时，试用横道比较法进行分析。

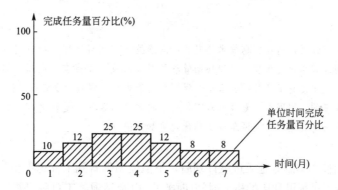

图9.6　混凝土工作进展时间与计划完成任务量关系图

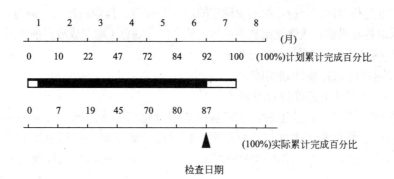

图9.7　非匀速施工横道分析图

（2）在横道线上方标出混凝土工作每月计划累计完成任务量的百分比，分别为10％、22％、47％、72％、84％、92％和100％。

（3）在横道线下方标出第1月至检查日期（第6月末），每月实际累计完成任务量的百分比，分别为7％、19％、45％、70％、80％、87％。

（4）用涂黑粗线标出实际投入的时间，图9.7表明，该工作实际开始时间晚于计划开始时间，在开始后连续工作，没有中断。

（5）比较实际进度与计划进度。从图9.7中可以看出，该工作在第一月实际进度比计划进度拖后3％，以后各月末累计拖后分别为3％、2％、2％、4％和5％。

由上述横道比较法可以看出，横道比较法具有形象直观、易于掌握、使用方便等优点，但是由于其以横道计划原理为基础，因而带有不可克服的局限性。在横道计划中，各项工作之间的逻辑关系表达不明确，关键工作和关键线路无法确定。一旦某些工作实际进度出现偏差时，难以预测其对后续工作和工程项目总工期的影响，也就难以确定相应的施工进度计划调整方法。因此，横道图比较法主要用于工程项目中某些工作实际进度与计划进度的局部比较。

【观察思考】

不同的工程、不同的管理方法体现不同的进度控制方法，对身边的建筑施工工地进行调研，了解他们在进度控制方面的不同点。

9.2.2 网络进度计划的控制法

引例 4

自 20 世纪 70 年代开始，随着信息技术的发展，网络技术在项目管理中的应用得到长足发展。在施工项目管理中应用网络技术进行管理，可以协助管理人员发现项目中存在的问题，实施跟踪检查，进行控制决策。因此网络技术是施工工程项目管理是保证项目管理有效实施的重要技术措施。

国内外工程实践证明，用网络计划技术对建筑施工进度进行控制，是行之有效的方法。由于计算机技术的应用，使网络进度计划对工期调整或工期优化更加方便。

利用网络计划技术编制好施工进度计划后，不但能明确看到工程每项施工过程内容，而且能事先知道某项施工过程可利用的机动时间(时差)，以及某项施工过程是没有机动时间的关键工作，因而明确了工程的重点施工过程。如果在实际施工中将实际的施工进度逐日地记录下来后，与计划进度进行对比、分析，能够发现它进度是按时、提前或拖后，通过查明分析影响原因，及时采取补救措施，或修改调整原计划，使之按计划总工期完成或提前完成。

施工进度网络进度计划控制方法如下。

(1) 绘制网络计划并按计划实施。

(2) 实际进度与计划进度检查及对比。

施工按照网络进度计划开工后，就要阶段地记录施工进度情况，每隔一定时间进行一次全面的检查将实际的施工进度与计划进度进行对比，如发现有拖延进度的情况，应分析其对总工期的影响程度，如有影响则在网络图上进行调整，所调整的作业时间，要采取措施保证实现。

【例 9.2】 如图 9.8 所示是某一工程施工进度网络计划，计划总工期为 12 天，关键线路如图双箭线线路。开工后 6 天进行检查，如点画线所示工序③→⑥还需要 1 天才能完成，工序

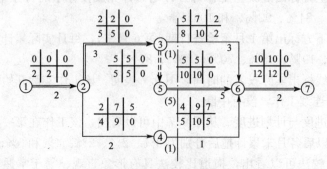

图 9.8 网络进度计划控制图

⑤→⑥需要 5 天才能完成，工序④→⑥需要 1 天才能完成。现在看来，工序③→⑥比计划提前 1 天完成任务，而工序⑤→⑥则延迟了 1 天，④→⑥工序则延迟了 2 天，但④→⑥有 7 天总时差。这样，通过实际进度与原进度的比较，分析提前或是拖延对计划工期的影响，从而采取必要的措施，进行相应的调整。在本例中，③→⑥提前 1 天完成任务没有对关键线路产生影响，由于⑤→⑥是关键工序，其对工期影响 1 天，④→⑥虽然延迟了 2 天，但是有 7 天总时差，不会对工期产生影响。

知识拓展

项目管理软件的种类很多，以下是几个常用的软件，简单介绍以供使用者选择。

1. Primavera Project Planner(P3)

在国内外为数众多的大型项目管理软件当中，美国 Primavera 公司开发的 PrimaveraProject Planner (P3)普及程度和占有率是最高的。许多国际性招标工程(如澳门国际机场、香港国际机场及小浪底水利枢纽等工程)都采用了 P3 软件进行项目管理。

2. Primavera ProjectPlannerforEnterprise(P3e)

Primavera 公司在项目级的 P3 后又推出的项目管理套件 PrimaveraEnterprise，该套件的核心是 Primavera ProjectPlannerforEnterprise，又称 P3e。该软件所涵盖的管理内容较之以前推出的项目管理软件功能更大，充分体现了当今管理软件的发展趋势。

3. 项目管理系统 MicrosoftProject

MicrosoftProject 是一个国际上享有盛誉的通用的项目管理工具软件，凝聚了许多成熟的项目管理现代理论和方法。使用 MicrosoftProject 可以快速构建企业项目管理信息平台，提高企业现代化的项目管理能力和管理效率。

4. 北京梦龙科技—项目管理平台

梦龙项目管理平台依据项目管理理论，从实际应用的角度出发，对项目的进度、成本、质量进行控制，同时对项目中所有涉及文档和合同进行管理。在任何时候，能够及时地查找到需要的文档。该系统采用灵活的插件形式，根据行业的不同和企业用户的实际需要，提供不同的功能模块进行定制组合，为用户提供一套最合理、最有效的项目管理解决方案。

5. 清华思维尔项目管理软件

清华思维尔项目管理软件是将网络图及优化技术应用于建设项目的实际管理中，以国内建设行业普遍采用的横道图、双代号时标网络图作为项目进度管理与控制的主要工具，通过挂接各类工程定额实现对项目资源、成本的精确分析与计算，不仅能够从宏观上控制工期、成本、还能从微观上协调人力、设备、材料的具体使用。

【观察思考】

利用横道图、网络图进行进度控制分析时体现车的不同点有哪些，网络技术为何更适合计算机的应用。

9.2.3 S型曲线控制法

S 型曲线比较法是以横坐标表示进度时间、纵坐标表示累计完成工作量，编制出一条按计时间累计完成工作量呈 S 型的曲线。将施工项目的各检查时间实际完成的任务量 S 型曲线与计划完成任务量 S 型曲线进行比较的一种方法。从整个建筑工程的施工全过程而言，一般是开始施工和竣工阶段单位时间内投入的资源量较少，中间阶段单位时间投入的资源量较多。与其相关，单位时间完成的任务量也是呈同样变化的，如图 9.9(a)所示，而随时间进展累计完成的任务量，则应该呈 S 型折线变化，如图 9.9(b)所示。

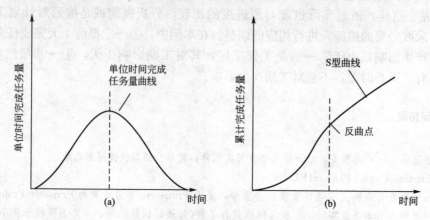

图 9.9　时间与完成任务量关系曲线

1. S 型曲线绘制

S 型曲线的绘制步骤如下。

(1) 先确定工程进展速度曲线。在实际工程中计划进度曲线，无论计划或实际进度曲线，很难找到如图 9.9(a)所示的定性分析的连续曲线，但根据每个单位时间内完成的实物工程量或投入的劳动力与费用，计算出计划单位时间完成的任务量值 q_j，则 q_j 为离散型的，如图 9.10(a)所示。

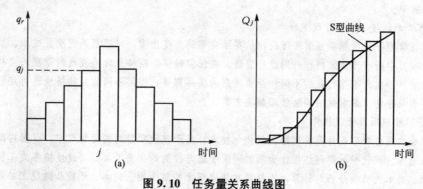

图 9.10　任务量关系曲线图

(2) 计算规定时间 j 计划累计完成的任务量。其计算方法等于各单位时间完成的任务量累加求和，可以按下式计算：

$$Q_j = \sum_{j=1}^{j} q_j$$

式中　Q_j——某时间 j 计划累计完成的任务量；

$\quad\quad q_j$——单位时间 j 的计划完成的任务量；

$\quad\quad j$——某规定计划时刻，$j=1$、2、3…。

(3) 按各规定时间的 Q_j 值，绘制 S 型曲线如图 9.10(b)所示。

2. S 型曲线进度控制比较

S 型曲线进度控制比较法，同横道图原理一样，是在 S 型曲线图上直观地进行施工项目实际进度与计划进度相比较。一般情况，施工进度管理人员在计划实施前绘制出计划 S 型曲线。在项目施工过程中，按规定时间将检查的实际完成情况，绘制在与计划 S 型曲线同一张图上，可得出实际进度 S 型曲线如图 9.11 所示，比较两条 S 型曲线可以得到如下信息。

（1）施工实际进度与计划进度比较。当实际工程进展点落在计划 S 型曲线左侧则表示此时实际进度比计划进度超前；若落在其右侧，则表示拖后；若刚好落在其上，则表示两者一致。

（2）施工实际进度比计划进度超前或拖后的时间如图 9.11 所示。ΔT_a 表示 T_a 时刻实际进度超前的时间；ΔT_b 表示 T_b 时刻实际进度拖后的时间。

（3）施工实际进度比计划进度超额或拖欠的任务量如图 9.11 所示。ΔQ 表示 T_a 时刻，超额完成的任务量；ΔQ_b 表示在 T_b 时刻，拖欠的任务量。

（4）预测工程进度。

如图 9.11 所示，后期工程按原计划速度进行，则工期拖延预测值为 ΔT_c。

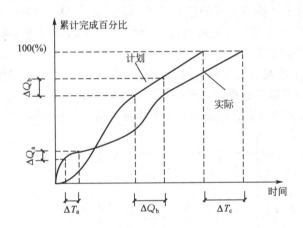

图 9.11　S 型曲线进度控制比较图

【例 9.3】　某建筑工程施工项目计划要求工期为 100 天。要求用 S 型曲线控制方法进行施工实际进度与计划进度的比较。

（1）首先根据各施工过程的任务量（此时用劳动量或工作量——费用，以使于综合统计）计算出施工项目施工的总任务量，然后根据计划要求的每旬形象进度计算出每旬应完成的任务量和每旬累计完成任务量的百分比，并据此绘制出计划进度要求的 S 型曲线，如图 9.12 中用虚线绘制的 S 型曲线。

（2）工程实际施工过程中，根据每旬检查工程形象进度时记录的有关数据资料，计算出每旬施工实际完成的任务量和累计完成任务量的百分比，并据此绘制出工程施工的实际进度曲线，如图 9.12 中用实线绘制的曲线。

（3）在某一检查日期（如 30 天的 A 点和 70 天的 B 点）对实际进度与计划进度的 S 型的曲线进行比较，比较的主要内容是：检查日期的实际进度比计划进度提前或拖后了多少天完成任务，超额（或多）或拖后（或少）完成的任务量占总任务量的百分比是多少。具体作图方法和计算结论如下。

① 以 A 点为端点作一条垂直虚线和一条水平虚线，分别交干计划进度 S 型曲线的 a_1 和 a_2 点，再分别通过 a_1 和 a_2 点共作两条垂直虚线和两条水平虚线，分别交于横轴线 T_{a1}

和 T_{a2} 点，纵轴线上的 Q_{a1} 和 Q_{a2} 点，如图 9.12 所示。从图中可知：$T_{a1}=30$ 天，$T_{a2}=34$ 天，$Q_{a1}=26\%$，$Q_{a2}=30\%$，A 点所在的一段实际进度曲线均在 S 型曲线的左上方，所以此段的实际进度比计划进度均超前完成。提前日期天数 $\Delta T_a=T_{a1}-T_{a2}=30-34=-4$（天），表示累计完成 30% 的任务量按计划进度需要 34 天完成，而实际进度只用了 30 天完成，比计划进度要求提前了 4 天完成任务；超额完成的任务量为 $\Delta Q_a=Q_{a1}-Q_{a2}=26\%-30\%=-4\%$，表示第 30 天检查时，施工实际进度累计完成的任务量为 30%，而计划进度要求第 30 天只累计完成任务量的 26% 即可，实际进度超额计划进度 4%。

② 以 B 点为端点作一条垂直虚线和一条水平虚线，分别交于计划进度 S 型曲线的 b_1 和 b_2 点，再分别通过 b_1、b_2 点共作两条垂直虚线和两条水平虚线，分别交于横轴线上 T_{b1} 和 T_{b2} 点，纵轴线上 Q_{b1} 和 Q_{b2} 点。从图 9.12 中可知：$T_{b1}=70$（天），$T_{b2}=64$（天），$Q_{b1}=80\%$，$Q_{b2}=75\%$，B 点所在的一段实际进度曲线均在 S 型曲线的右下方，所以此段的实际进度比计划进度均拖后。拖后工期天数 $\Delta T_b=T_{b1}-T_{b2}=70-60=6$（天），表示累计完成 75% 的任务量按计划进度需要 64 天完成，而实际进度却用了 70 天才完成，比计划进度要求拖后 6 天完成任务；拖后完成的任务量为 $\Delta Q_b=Q_{b1}-Q_{b2}=(80-75)\%=5\%$，表示第 70 天检查时，施工实际进度累计完成的任务量为 75%，而计划进度要求为 80%，所以实际进度比计划进度拖后了 5%。

③ 预测后期施工的发展趋势和工期。当施工到 70 天时，实际进度与计划进度产生了较大的偏差，如果不采取措施进行调整，后期施工将沿 B 点的施工速度直线微有下弯地进展，如图 9.12 所示中 B 点之后的虚线，预测拖延工期 $\Delta T_d=110-100=10$ 天。

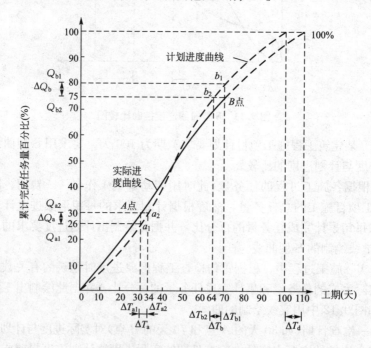

图 9.12　S 型曲线控制实例图

【观察思考】

收集资料，利用 S 型曲线对实际的工程进行进度分析，判断施工实际进度与计划进度超前或拖后。

9.2.4　香蕉曲线控制法

香蕉曲线控制法是用两条 S 型曲线组合而成的闭合曲线。从 S 曲线比较法可知，根据计划进度的要求而确定的施工进展时间与相应累计完成任务量的关系都可以绘制成一条进度计划的 S 型曲线。对于一个施工项目的来说，都可以绘制出两条曲线，以其中各项工作的最早开始时间和累计任务完成量而绘制 S 曲线，称为 ES 曲线；以其中各项工作的最迟开始时间和累计完成的任务量而绘制 S 曲线，称为 LS 曲线。ES 曲线和 LS 曲线从计划开始时刻开始和完成时刻结束，具有相同的起点和终点，因此，两条曲线是闭合的。在一般情况下，ES 曲线上的其余各点均落在 LS 曲线的相应点的左侧，形成一个形如"香蕉"的曲线，由此称为香蕉曲线，如图 9.13 所示。

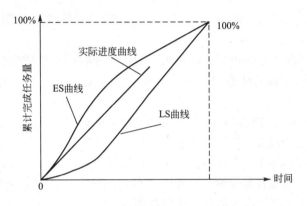

图 9.13　香蕉曲线比较图

1. 香蕉曲线控制法的用途

香蕉曲线控制法能直观地反映施工项目的实际进展情况，并可以获得比 S 曲线控制方法更多信息。其主要作用如下。

1）合理安排施工项目进度计划

如果施工项目中的各项工作均按其最早开始时间安排进度，将导致项目的投资加大；而如果各项工作都按其最迟开始时间安排进度，则一旦受到进度影响因素的干扰，又将导致工期拖延，使工程进度风险加大。因此，科学合理的进度计划优化曲线应处于香蕉曲线所包络的区域之内，如图 9.13 中的点画线所示，使实际进度的波动范围控制在总时差范围内。

2）进行施工实际进度与计划进度的 ES 和 LS 曲线比较

在施工项目的实施过程中，根据每次检查收集到的实际完成任务量，绘制出实际进度 S 曲线，便可以与计划进度进行比较。工程项目实施进度的理想情况是任一时刻工程实际进展点应落在香蕉控制曲线的范围之内。如果工程实际进展点落在 ES 曲线的左侧，表明此刻实际进度比各项工作按其最早开始时间安排的计划进度超前；如果工程实际进展点落在 LS 曲线的右侧，则表明此刻实际进度比各项工作按其最迟开始时间安排的计划进度拖后。

3）预测后期工程进展趋势

利用香蕉控制曲线可以对后期工程的 ES 和 LS 曲线发展趋势情况进行预测。

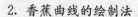

2. 香蕉曲线的绘制法

香蕉控制曲线的绘制方法与 S 型曲线的绘制方法基本相同，所不同之处在于香蕉曲线是以工作按最早开始时间安排进度和按最迟开始时间安排进度分别绘制的两条 S 曲线组合而成的。其绘制步骤如下。

（1）以施工项目的网络计划为基础，计算各项工作的最早开始时间和最迟开始时间。

（2）确定各项工作在各单位时间的计划完成任务量，分别按以下两种情况考虑。

① 根据各项工作按最早开始时间安排的进度计划，确定各项工作在各单位时间的计划完成任务量。

② 根据各项工作按最迟开始时间安排的进度计划，确定各项工作在各单位时间的计划完成任务量。

（3）计算施工项目总任务量，即对所有工作在各单位时间计划完成的任务量累加求和。

（4）分别根据各项工作按最早开始时间、最迟开始时间安排的进度计划，确定工程项目在各单位时间计划完成的任务量，即将各项工作在某一单位时间内计划完成的任务量求和。

（5）分别根据各项工作按最早开始时间、最迟开始时间安排的进度计划，确定不同时间累计完成的任务量或任务量的百分比。

（6）绘制香蕉控制曲线。分别根据各项工作按最早开始时间、最迟开始时间安排的进度计划而确定的累计完成任务量或任务量的百分比描绘各点，并连接各点得到 ES 曲线和 LS 两条曲线，由 ES 曲线和 LS 曲线组成香蕉曲线。

在工程项目实施过程中，根据检查得到的实际累计完成任务量，按同样的方法在原计划香蕉曲线图上绘出实际进度曲线，便可以进行实际进度与计划进度的比较。

【例 9.4】 某工程项目施工网络计划如图 9.14 所示，每项工作完成的任务量以劳动消耗量表示，并标注在图中箭线上方括号内；箭线下方的数字表示各项工作的持续时间（周）。试绘制香蕉型曲线。

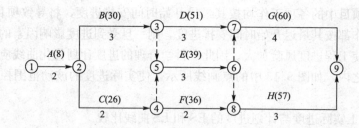

图 9.14　某工程项目施工网络计划

解：假设各项工作均为匀速进展，即各项工作每周的劳动消耗量相等。

（1）确定各项工作每周的劳动消耗量。

工作 A：$8 \div 2 = 4$　　　　工作 B：$30 \div 3 = 10$

工作 C：$26 \div 2 = 13$　　　　工作 D：$51 \div 3 = 17$

工作 E：$39 \div 3 = 13$　　　　工作 F：$36 \div 2 = 18$

工作 G：$60 \div 4 = 15$　　　　工作 H：$57 \div 3 = 19$

（2）计算工程项目劳动消耗总量 Q。

$$Q=4+10+13+17+13+18+15+19=109$$

（3）根据各项工作按最早开始时间安排的进度计划，确定工程项目每周计划劳动消耗量及各周累计劳动消耗量，如图 9.15 所示。

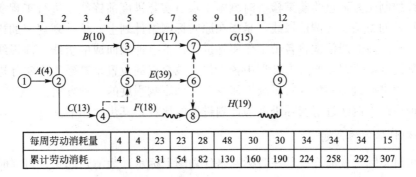

每周劳动消耗量	4	4	23	23	28	48	30	30	34	34	34	15
累计劳动消耗	4	8	31	54	82	130	160	190	224	258	292	307

图 9.15　按最早开始时间安排进度计划及劳动消耗总量图

（4）根据各项工作按最迟开始时间安排的进度计划，确定工程项目每周计划劳动消耗量及各周累计劳动消耗量，如图 9.16 所示。

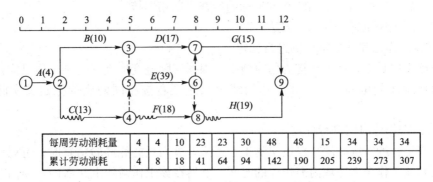

每周劳动消耗量	4	4	10	23	23	30	48	48	15	34	34	34
累计劳动消耗	4	8	18	41	64	94	142	190	205	239	273	307

图 9.16　按最早开始时间安排进度计划及劳动消耗总量图

（5）根据不同的累计劳动消耗量分别绘制 ES 曲线和 LS 曲线，最后完成香蕉曲线的绘制，如图 9.17 所示。

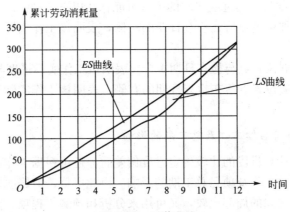

图 9.17　香蕉曲线

9.2.5 前锋线控制法

当施工项目的进度计划用时标网络计划表达时，可以在时标网络计划图上直接绘制实际进度前锋线的方法进行施工实际进度和计划进度的比较。

前锋线控制法是通过绘制某检查时刻施工项目实际进度前锋线，进行工程实际进度与计划进度比较的方法。所谓前锋线，是指在原时标网络计划上，从计划规定的检查时刻的时标点出发，用点画线依次将各项工作实际进度位置点连接而成的折线。前锋线控制法就是通过实际进度前锋线与原进度计划中各工作箭线交点的位置来判断工作实际进度与计划进度的偏差，进而判定该偏差对后续工作及总工期影响程度的一种方法。

采用前锋线控制法进行实际进度与计划进度的比较，其步骤如下。

1. 绘制时标网络计划图

施工项目实际进度前锋线是在时标网络计划图上标示，为清楚起见，可在时标网络计划图的上方和下方各设一时间坐标。

2. 绘制实际进度前锋线

从时标网络计划图上方时间坐标的检查日期开始绘制，依次连接相邻工作的实际进展位置点，最后与时标网络计划图下方坐标的检查日期相连接。

工作实际进展位置点的标定方法有两种。

1) 按该工作已完任务量比例进行标定

假设施工项目中各项工作均为匀速施工，根据实际进度检查该时刻工作已完任务量占其计划完成总任务量的比例，在工作箭线上从左至右按相同的比例标定其实际进展位置点。

2) 按尚需作业时间进行标定

当某些工作的持续时间难以按实物工程量来计算而只能凭经验估算时，可以先估算出检查时刻到该工作全部完成尚需作业的时间，然后在该工作箭线上从右向左逆向标定其实际进展位置点。

3. 进行实际进度与计划进度的比较

前锋线可以直观地反映出检查日期有关工作实际进度与计划进度之间的关系。对某项工作来说，其实际进度与计划进度之间的关系可能存在以下 3 种情况。

(1) 工作实际进展位置点落在检查日期的左侧，表明该工作实际进度拖后，拖后的时间为两者之差。

(2) 工作实际进展位置点与检查日期重合，表明该工作实际进度与计划进度一致。

(3) 工作实际进展位置点落在检查日期的右侧，表明该工作实际进度超前，超前的时间为两者之差。

4. 预测进度偏差对后续工作及总工期的影响

通过实际进度与计划进度的比较确定进度偏差后，还可根据工作的自由时差和总时差预测该进度偏差对后续工作及项目总工期的影响。由此可见，前锋线控制法既适用于工作实际进度与计划进度之间的局部比较，又可用来分析和预测工程项目整体进度状况。值得注意的是，以上比较是针对匀速进展的工作。

【例 9.5】 已知某工程施工网络计划如图 9.18 所示, 在第五天检查时, 发现 A 工作已完成, B 工作已经进行了一天, C 工作进行了两天, D 工作尚没有进行, 试用前锋线控制方法进行实际进度和计划进度的比较。

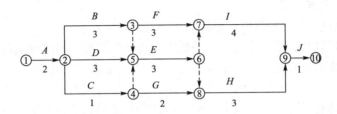

图 9.18 某工程施工网络计划图

解: (1) 根据题意先绘制施工进度时标网络计划, 在第五天实际进度检查时把实际进展情况绘制成前锋线, 如图 9.19 中的点画线。

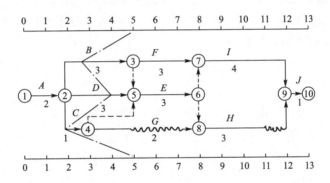

图 9.19 某工程计划前锋线比较图

(2) 前锋线比较。

① 工作 B 实际进度拖后两天, 因其与 B、F、I 工作处在关键线路上, 因此影响总进度计划两天。

② 工作 D 实际进度拖后一天, D 处在关键线路上, 将影响后续工作 E 的最早开始时间, 影响总工期一天。

③ 工作 C 实际进度拖后三天, 因其后有三天波形线, 影响后续工作开始时间, 但不影响总工期。

综上所述, 如果不采取措施加快进度, 该工程项目总工期将影响两天。

9.2.6 列表控制方法

列表控制方法是在记录检查日期施工实际进展情况时, 记录应该进行的工作名称及其已经作业的时间, 然后列表计算有关时间参数, 并根据工作总时差进行实际进度与计划进度比较的方法。一般是工程进度计划用非时标网络图表示时, 可以采用列表控制法进行实际进度与计划进度的比较。

采用列表控制法进行实际进度与计划进度的比较, 其步骤如下。

(1) 对于实际进度检查日期应该进行的工作, 根据已经作业的时间, 确定其尚需作业时间。

（2）根据原进度计划计算检查日期应该进行的工作从检查日期到原计划最迟完成时尚余时间。

（3）计算工作尚有总时差，其值等于工作从检查日期到原计划最迟完成时间尚余时间与该工作尚需作业时间之差。

（4）比较实际进度与计划进度，可能有以下几种情况。

① 如果工作尚有总时差与原有总时差相等，说明该工作实际进度与计划进度一致。

② 如果工作尚有总时差大于原有总时差，说明该工作实际进度超前，超前的时间为二者之差。

③ 如果工作尚有总时差小于原有总时差，且仍为非负值，说明该工作实际进度拖后，拖后的时间为二者之差，但不影响总工期。

④ 如果工作尚有总时差小于原有总时差，且为负值，说明该工作实际进度拖后，拖后的时间为二者之差，此时工作实际进度偏差将影响总工期。

【例 9.6】 已知某拟建工程施工网络计划如图 9.20 所示，在第五天检查时，发现 A 工作已完成，B 工作已经进行了一天，C 工作进行了两天，D 工作尚没有进行，试用列表控制法进行实际进度和计划进度的比较。

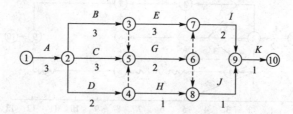

图 9.20 某拟建工程网络计划图

解：根据上述公式，计算有关时间参数和总时差，判断工作实际进度情况，见表 9 - 2。

表 9 - 2 工程进度检查比较表

工作代号	工作名称	检查计划时尚需作业时间	到计划最迟完成时尚需天数	原有总时差	尚有总时差	情况判断
2—3	B	2	1	0	−1	拖延工期 1 天
2—5	C	1	2	1	1	正常
2—4	D	2	2	2	0	正常

9.3 施工进度计划的实施与检查

9.3.1 施工进度计划的实施

工程施工进度计划的实施就是施工活动的进展，也就是利用施工进度计划指导和控制施工活动、落实和完成进度计划。工程施工进度计划逐步实施的进程就是工程施工建造的逐步完成过程。为了保证工程施工进度计划的实施、并且尽量按审批好的计划时间逐步进行,保证各进度目标的实现并按期交付使用,应做好如下工作。

1. 施工项目进度计划的贯彻

为了保证工程施工进度计划实施过程中的各项施工活动能够顺利开展,施工前必须编制可行的进度计划,建立进度控制人员组织机构,正式下达和认真贯彻施工进度计划,其具体要求如下。

(1) 检查施工总进度计划、单位工程施工进度计划和分部分项工程施工进度计划等,使之形成严密的计划保证系统。这些进度计划都是为了完成一个总的进度目标而分别编制的,各项进度计划之间必须协调一致,计划的目标必须是层层分解、互相衔接,组成一个严密的计划实施的保证系统。监理工程师应该检查进度计划体系和进度计划执行情况,以确保进度按合同完成。

(2) 层层签订施工承包合同或下达施工任务书。公司经理、施工项目经理、施工队长和施工班组长之间要层层签订施工承包合同,按进度计划要求的各项工期控制目标,明确规定各项施工合同的工期、相互承担的经济责任、权限和利益;或采用层层下达施工任务书的方法,将施工作业计划下达给各施工作业班组,明确各自的具体施工任务、技术措施、质量安全要求等内容,各施工班组必须保证按施工作业计划完成规定的施工任务。

(3) 进行全面的施工进度计划交底,做到进度人人重视、人人贯彻执行。施工进度计划的实施是全体参与施工人员的共同责任,要使有关施工人员明确各项计划的目标、任务、实施方案和措施,使施工管理人员与施工操作人员协调一致,并使计划要求成为每个施工人员的自觉行动。为此,计划实施前要层层进行全面技术交底工作,充分发动施工人员的主动性,发挥全体人员的聪明才智,以确保施工任务的顺利完成。

2. 工程施工进度计划的实施

建筑工程施工进度计划一般由施工单位编制完成,并经施工单位的公司技术部门审核同意后,在工程开工前,随施工组织设计一起报监理工程师审查,待监理工程师审查确认后即可付诸实施。

施工单位按已批准的施工组织设计,组织劳动力、工程材料、构配件、施工机具等生产要素,按监理工程师确认的施工进度计划施工。施工单位在执行施工进度计划的过程中,应接受监理工程师的监督与检查。而监理工程师应定期向建设单位报告工程进展情况。

工程施工进度计划的逐步实施过程就是施工项目建造的逐步完成过程,其实施程序和要求如下。

(1) 分阶段地编制月(旬)作业计划。根据单位工程或分部分项工程施工进度计划的要求、实际进度情况和各项施工条件,在各月之前分阶段地编制各月(旬)的作业计划,使月(旬)作业计划更加具体、更加切实可行。在月(旬)作业计划中要明确规定本月(旬)应完成的施工任务,所需要的各种资源数量,要达到的质量和安全要求,提高劳动生产率和节约的措施等内容。

(2) 签发施工任务书。根据本月(旬)的作业计划,将各施工任务通过签发施工任务书的方式进一步落实到各施工班组。施工任务书是向施工班组下达施工任务、实行责任承包、全面管理和记录施工原始资料的综合性文件,是施工进度计划与计划实施的纽带。施工班组必须按照施工任务书的要求按时完成任务,才能保证施工进度计划的正常实施。

（3）施工进度计划的实施。在工程施工进度计划的实施过程中，为了真实地记录施工的全过程，有效地控制施工实际进度，确保按计划工期保质、保量、安全地完成施工任务，各级施工的组织者要做好以下工作。

① 认真做好施工记录，填写好施工进度统计表。在施工计划完成过程中，各级进度计划的执行人员和专职统计员都要跟踪做好各项施工记录，真实地记载施工进度计划中的每一项工作的开始时间、工作进度情况和完成日期，并填写好有关的统计图表，为施工项目进度检查分析提供准确的信息。

② 做好施工过程中的协调工作。协调是施工项目组织施工过程中处理各个施工阶段、环节、专业和工种之间的互相配合关系、协调施工进度的指挥中心，是确保施工进度计划顺利实施的重要手段。协调工作的主要任务是：掌握施工进度计划实施过程中的真实情况，调整各方面的协作配合关系，积极采取各种措施及时排除施工中出现的或可能出现的各种问题，确保施工项目的实际进度与计划进度始终处于动态平衡状态，保证各项施工作业计划的完成和计划进度目标的实现。

协调工作的主要内容如下。

① 监督作业计划的实施，协调各方面的配合与进度衔接关系。

② 监督检查施工准备工作。

③ 检查督促劳动力、施工机具、材料、构件、加工件等资源供应单位的工作，对临时出现的问题协调解决。

④ 按施工平面图管理施工现场，并结合现场的实际情况进行必要的调整，保证现场布置整洁有序，文明施工，道路畅通。

⑤ 随时掌握气象、水电供应情况，并及时采取相应的防范和保证措施。

⑥ 及时发现和正确处理施工中出现的各种安全质量事故和意外事件，加强各种薄弱环节，积极预防可能发生的问题。

⑦ 定期召开现场协调工作会议，及时贯彻施工项目主管领导和上级主管部门的决策，发布调度命令。

9.3.2　工程施工进度计划的检查

在施工项目进度实施的过程中，由于影响工程进度的因素很多，经常会改变进度实施的正常状态，而使实际进度出现偏差。为了有效地进行施工进度控制，监理工程师和施工单位进度控制人员必须经常地、定期地跟踪检查施工实际进度情况，收集有关施工进度情况的数据资料，进行统计整理和对比分析，确定施工实际进度与计划进度之间的关系，提出工程施工进度控制报告。

施工进度计划记录与检查主要内容如下。

1. 跟踪检查施工实际进度，收集有关施工进度的信息

跟踪检查施工项目的实际进度是进度控制的关键，其目的是收集有关施工进度的信息。而检查信息的质量都直接影响施工进度控制的质量和效果。

（1）跟踪检查的时间周期。跟踪检查的时间周期一般与施工项目的类型、规模、施工条件和对进度要求的严格程度等因素有关。通常可以确定每月、半月、旬或周进行一次；若在施工中遇到天气、资源供应等不利因素的影响时，跟踪检查的时间周期应缩短，检查

次数相应增加，甚至每天检查一次。

（2）收集信息资料的方式和要求。在施工进度计划实施的过程中，应"在计划图上进行实际进度记录，并跟踪记载每个施工过程的开始日期、完成日期，记录每日完成数量。施工现场发生的情况、干扰因素的排除情况。"记录的成果可作为检查、分析、调整、总结进度控制情况的原始资料。

施工进度的检查与进度计划的执行是融会在一起的，施工进度的检查应与施工进度记录结合进行。计划检查是计划执行信息的主要来源，是施工进度调整和分析的依据，是进度控制的关键步骤。

2. 整理统计信息资料，使其具有可比性

将收集到的有关实际进度的数据资料进行必要的整理，并按计划控制的工作项目进行统计，形成与施工计划进度具有可比性的数据资料、相同的单位和形象进度类型。通常采用实物工程量、工作量、劳动消耗量或累计完成任务量的百分比等数据资料进行整理和统计。

3. 施工实际进度与计划进度对比，确定偏差数量

工程施工的实际进度与计划进度进行比较时，常用的比较方法有横道比较法、S型曲线比较法，另外还有"香蕉型"曲线比较法、前锋线比较法、普通网络计划的分割线比较法和列表比较法等。实际进度与计划进度之间的关系有一致、超前、拖后等三种情况，对于超前或拖后的偏差，还应计算出检查时的偏差量。

4. 根据施工实际进度的检查结果，提出进度控制报告

进度控制报告是将实际进度与计划进度的检查比较结果、有关施工进度的现状和发展趋势，施工单位应定期向监理工程师提供有关进度控制的报告，同时也是提供给项目经理、业务职能部门的进度情况汇报。

（1）施工进度控制报表。

工程施工进度报表不仅是监理工程师实施施工进度控制的依据，同时也是监理工程师签发工程进度款支付凭证的依据。一般情况下，施工进度报表格式由监理单位提供给施工单位，施工单位按时填写完毕后提交给监理工程师核查。报表的内容根据施工对象及承包式的不同而有所区别，但一般应包括工作的开始时间、完成时间、持续时间、逻辑关系、实物工程量和工作量，以及工作时差的利用情况等。施工单位应当准确地填写施工进度报表，监理工程师就能从中了解到建筑工程施工的实际进展情况。

（2）召开工地协调例会。

在施工过程中，总监理工程师根据施工情况每周主持召开工地例会或不定期地召开协调会议。工地例会的主要内容是检查分析施工进度计划完成情况，提出下一阶段施工进度目标及其落实措施。施工单位应汇报上周的施工进度计划执行情况，工程有无延误。如有工程延误，延误的原因。下周的施工进度计划安排。通过这种面对面的交谈，监理工程师可以从中了解到施工进度是否正常，施工进度计划执行过程中存在的潜在问题，以便及时采取相应的措施加以预防。

9.3.3　实际进度与计划进度的对比

施工进度检查的主要方法是对比分析法。将经过整理的实际施工进度数据与计划施工

进度数据进行比较，从中分析是否出现施工进度偏差。如果没有出现施工进度偏差，则按原施工进度计划继续执行；如果出现施工进度偏差，则应分析进度偏差的大小。

通过检查分析，如果施工进度偏差比较小，应在分析其产生原因的基础上采取有效措施，如组织措施或技术措施，主要是解决矛盾，排除不利于进度的障碍，继续执行原进度计划；如果经过分析，确实不能按原计划实现时，再考虑对原计划进行必要的调整或修改。即适当延长工期，或改变施工速度，或改变施工内容。

施工进度计划的不变是相对的，改变是绝对的。施工进度计划的调整一般是不可避免的，但应当慎重，尽量减少重大的计划性调整。

9.3.4　监理工程师在进度控制中的作用

建筑工程施工进度控制是监理工程师质量、进度、投资三大控制内容之一。监理工程师受业主的委托在工程施工阶段实施监理时，其进度控制的总的任务就是编制和审核施工进度计划，满足工程建设总进度计划要求的基础上，并对其执行情况加以动态控制，以保证工程项目实际工期在计划工期内，并按期竣工交付使用。

监理工程师在进度控制中的作用体现在以下几个方面。

监理工程师通常并不直接编制进度计划，但监理工程师对进度计划具有重要的影响力，这种影响力主要体现在3个方面：一是协助业主编制控制性计划；二是审核承包商的进度计划；三是监督施工单位进度计划的实施。监理工程师在进度控制中的工作主要有以下几个方面。

1. 进度计划的编制与分解

对于规模较大的监理工程师要协助业主编制进度计划，也要编制指导监理工作的监理进度计划，以便能更好指导整个工程的进度计划，对进度计划要进行分解即确定计划中要表达的施工过程的内容，划分的粗细程度应根据计划的性质决定，既不能太粗也不宜太细。业主的一级计划中反映的是项目各个大项的里程碑控制点安排，细度较粗；监理的二级进度计划是项目的总体目标计划，是项目实施和控制的依据，既要对承包单位的三级进度计划有切实的指导作用，又不能过于约束承包单位的计划编制和承包单位发挥各自施工优势的机会，如承包单位的劳动力充足且技术熟练，施工机具充足，有类似工程施工经验等，因此该计划的细度应根据项目的性质适度编制；三级进度计划是各个承包单位的分标段总体目标进度计划，细度要高于二级计划的细度，且在可能的情况下尽量细化。

2. 对承包商编制进度计划的审查

承包商在投标书中制定了所投项目的进度计划，但这是业主授标的依据。承包商应根据现场情况制定详细的施工计划。承包商递交的施工进度计划，取得工程师批准后，即成为指导整个工程进度的合同目标计划，是施工工程中双方共同遵守的合同文件之一。由于该计划是以后修正计划比较的基础，同时也是处理以后可能出现的工期延误分析和索赔分析的依据之一，因此，目标进度计划很重要，工程师在审核、批准时一定谨慎、仔细。

目标进度计划审查的主要内容如下。

（1）审查计划作业项目是否齐全、有无漏项。

（2）各道作业的逻辑关系是否正确、合理，是否符合施工程序。

（3）各项目的完工日期是否符合合同规定的各个中间完工日期（主要进度控制里程碑）

和最终完工日期。

（4）计划的施工效率和施工强度是否合理可行，是否满足连续性、均衡性的要求，与之相应的人员、设备和材料以及费用等资源是否合理，能否保证计划的实施。

（5）与外部环境是否有矛盾，如与业主提供的设备条件和供货时间有无冲突，与其他投标承包商的施工有无干扰。

工程师在审查过程中发现的问题，应及时向承包商提出，并协助承包商修改目标进度计划。

3．加强对进度计划的控制与检查

计划执行情况的控制与检查，要求监理工程师在建筑工程施工过程中不断收集工程的信息，检查工程实际施工进度执行情况，找出进度偏差的原因，通过督促承包商改进施工方法或修改施工进度计划，最终实现合同目标。监理工程师主要从以下3个方面做好工作，一是抓好对计划完成情况的检查，正确估测完成的实际量，计算已完成计划的百分率；二是分析比较，将已完成的百分率及已过去的时间与计划进行比较，每月组织召开一次计划分析会，发现问题，分析原因，及时提出纠正偏差的措施，必要时进行计划的调整，以使计划适应变化了的新条件，以保证计划的时效性，从而保证整个项目工期目标的实现；三是认真搞好计划的考核、工程进度动态通报和信息反馈，为领导决策和项目宏观管理协调提供依据。

【观察思考】

利用横道图进度计划，根据实际工程实际进度情况，模拟在进度计划图上进行实际进度记录。

9.4 工 期 索 赔

引例5

随着我国建设规模日益增大和国际工程日益增多，在工程建设中承包商越来越重视工程索赔工作。一般来说，索赔是指承包商在合同实施过程中，对非自身原因造成的工期延误、费用增加而要求业主给予补偿损失的一种权利要求。而业主对于属于承包商应承担责任造成的，且实际发生了损失，向承包商要求赔偿，称为反索赔。业主的反索赔一般数量较小，而且处理方便，可以通过抵消、扣拨工程款、扣保证金等方式实现对承包商进行索赔；而承包商对业主的索赔则相对比较困难一些。

承包商在处理索赔事件时，往往会十分重视索赔依据、证据的收集，组织精兵强将参与索赔谈判和调解，对索赔费用或工期的计算更是不遗余力，往往忽视了索赔报告编写这重要一环。而承包商要取得索赔的成功，组织、编写高质量的索赔报告在索赔事件处理中能起到事半功倍的作用。

索赔报告是向对方提出索赔要求的正式书面文件，是承包商对索赔事件处理的预期结果。所以索赔报告的内容、结构及表达方式对索赔的解决有重大的影响，索赔报告应充满说服力，合情合理，有根有据，逻辑性强，能说服工程师、业主、调解人和仲裁人，同时它又应是有法律效力的正规文件。索赔报告如果撰写不当，会使承包商失去在索赔事件中的有利地位和条件，使正当的索赔要求得不到应有的妥善解决。

在建筑工程施工过程中，由于建筑施工影响因素较多往往会造成工期的延长，施工进

建筑施工组织与进度控制

度工期的延长一般分为工程延误和工程延期两种。虽然它们都是使工期延长，但由于其产生的原因不同，性质不同，处理方法也就不同，因而对于建设单位与施工单位而言所承担的责任也就不同。

由施工单位自身原因产生的进度拖延称为工程延误，由此造成的一切损失由施工单位承担。同时，建设单位还有权对施工单位实行误期违约罚款。由施工单位以外的原因产生的进度拖延称为工程延期，则施工单位不仅有权要求延长工期，而且还有权向建设单位提出误工费用赔偿的要求以弥补由此造成的额外损失。因此，监理工程师是否将施工过程中工期的延长批准为工程延期，对建设单位和施工单位都十分重要。

9.4.1 工程延期

1. 工程延期的条件

由于非施工单位自身原因导致施工工期延长，施工单位有权提出工程延期的申请，监理工程师应按合同规定，批准其工程延期时间。

因以下原因造成工期延误，经工程师确认，工期相应顺延。

(1) 发包人未能按合同的约定提供图纸及开工条件。

(2) 发包人未能按约定日期支付工程预付款、进度款，致使施工不能正常进行。

(3) 工程师未按合同约定提供所需指令、批准等，致使施工不能正常进行。

(4) 设计变更和工程量增加。

(5) 一周内非承包人原因停水、停电、停气造成停工累计超过 8h。

(6) 不可抗力，如异常恶劣的气候条件如台风等。

(7) 专用条款中约定或工程师同意工期顺延的其他情况。

(8) 除承包商自身以外的其他任何原因。

2. 工程延期的审批程序

工程延期事件发生后，承包商应在法律与合同规定的有效期内以书面形式通知监理工程师(即工程延期索赔意向通知)，以便于监理工程师尽早了解所发生的事件，及时作出一些减少延期损失的决定。随后，施工单位应在合同规定的有效期内(或监理工程师同意的合理期限内)向监理工程师提交详细的申述报告(延期理由及依据)。监理工程师收到该报告后应及时进行调查取证核实，准确地确定出工程延期时间。

当工程延期事件具有持续性，承包单位在合同规定的有效期内不能提交最终详细的申述报告时，应先向监理工程师提交阶段性的详情报告。监理工程师应在调查取证核实阶段性报告的基础上，尽快作出延长工期的临时决定。临时决定的工程延期时间不宜太长，一般不超过最终批准的工程延期时间。待延期事件结束后，施工单位应在合同规定的期限内向监理工程师提交最终的详细情况报告。监理工程师应复查详情报告的全部内容，然后确定该延期事件所需要的延期时间。

如果遇到比较复杂的延期事件，监理工程师可以成立专门小组进行处理。对于一时难以作出结论的延期事件，即使不属于持续性的事件，也可以采用先作出临时延期的决定，然后再作出最后决定的办法。这样既可以保证由充足的时间处理延期事件，又可以避免由于处理不及时而造成的损失。

监理工程师在作出临时工程延期批准或最终工程延期批准之前，均应与业主和承包商进行协商，使业主和承包商都能接受。

3. 工程延期的审批原则

监理工程师在审批工程延期时应遵循下列原则。

1）合同约定范围内

合同是监理工程师工作的依据，按照合同约定条件是监理工程师批准为工程延期必须首先要考虑的。也就是说，导致工期拖延的原因确实是属于施工单位自身以外的，否则不能批准为工程延期。这是监理工程师审批工程延期的一条根本原则。

2）符合实际情况

监理工程师批准工程延期必须符合工程实际情况。为此，承包单位应对每一延期事件发生后的各类有关细节进行详细的书面记载，并及时向监理工程师提交详细报告。与此同时，监理工程师也应对施工现场进行详细考察取证和分析，并做好相关记录，以便为合理确定工程延期时间提供可靠的依据。

3）真正影响工期

发生延期事件的工程部位或工作，无论其是否处在施工进度计划的关键线路上，只有当所延长的时间超过其相应的总时差时，才能批准工程延期。如果延期事件发生在非关键线路上，且延长的时间并未超过总时差时，即使符合批准为工程延期的合同条件，也不能批准为工程延期。

从进度网络控制原理可看出，建筑工程施工进度计划中的关键线路并非固定不变的，它会随着工程的进展和情况的变化而转移。经监理工程师审核同意的，承包单位提交的以随工程进度而不断调整的施工进度计划为依据，来决定是否批准工程延期。

4. 工程延期的控制

建筑工程一旦发生延期事件，不仅影响工程的进度，而且会给业主带来很大的损失。因此，监理工程师应做好以下工作，以减少或避免工程延期事件的发生。

（1）选择合适的时机下达工程开工令。监理工程师在下达工程开工令之前，应严格执行施工许可制度的原则，要充分考虑到业主的前期准备工作是否充分。如征地、拆迁问题是否已解决，设计图纸能否及时提供，政府主管部门的审批手续是否齐全，以及付款方面有无问题等，以避免由于上述问题的存在，即使发布了工程开工令，由于缺乏准备而造成工程延期。

（2）提醒业主履行施工承包合同中所规定的义务。在施工过程中，监理工程师应经常提醒业主履行合同中所约定的义务，提前做好施工场地及设计图纸的提供工作，并能及时支付工程预付款和进度款，以减少或避免由此而造成的工程延期。

（3）妥善处理工程延期事件。当工程延期事件发生以后，监理工程师应根据合同的约定来进行妥善处理，既要尽量减少工程延期时间及其损失，又要在详细调查研究的基础上合理批准工程延期时间，

此外，在施工过程中，业主应完全按施工承包合同的约定行事，尽量减少不必要的干预，而与工程建设各方多协调、多商量，以避免由于业主的干扰和阻碍而导致工程延期事件的发生。

【观察思考】

通过实际工程，收集有关工期索赔的案例，并分析索赔成立的条件。

9.4.2 工程延误

工期拖延是由于承包商自身的原因所造成的，而承包商又未采取相应的措施予以改变进度拖延状态时，监理工程师通常可以采用下列手段进行处理。

1. 要求承包单位采取措施

监理工程师通过由承包商提交的有关进度的报表、现场跟踪检查工程实际进度、召开工地例会等方法，发现承包商的工程进度延误时，应及时向承包商发出监理工作联系单，要求承包商采取切实措施，防止工程延误事件的继续发生。承包商可以采取的措施有以下几种。组织措施：增加劳动力、施工机具，合理组织施工；技术措施：采用先进的施工方法，施工工艺；经济措施：增加投入，加班加点。

2. 拒绝签署付款支付凭证

当承包商的施工不能避免工程延误事件的发生，或工程延误事件越来越严重时，监理工程师有权拒绝承包商的工程款支付申请的签署。因此，当承包商的施工进度拖后且又不采取积极措施时，监理工程师可以采取停止付款的手段来制约施工单位。

3. 工期延误损失赔偿

停止付款手段一般是监理工程师在施工过程中制约施工单位延误工期的手段，而延误损失赔偿则是当承包商未能按合同规定的工期完成合同范围内的工作时对其的处罚。如果承包商未能按合同规定的工期和条件完成整个工程，则应向建设单位支付投标书附件中规定的金额，作为该项违约的损失赔偿费。

4. 取消施工承包资格

如果承包商严重违反合同，发生工程延误事件后，虽经监理工程师书面通知而又不采取有效补救措施，则业主为了保证合同工期，有权取消承包商的施工承包资格。例如：承包商接到监理工程师的开工通知后，无正当理由推迟工程开工，或在施工过程中无任何理由要求延长工期，施工进度缓慢，又无视监理工程师的书面警告等，都有可能受到取消施工承包资格的处罚。

取消施工承包资格是对施工承包单位违约的严厉制裁。监理单位只有向业主提出取消施工承包资格的建议权，业主拥有决定权。因为，业主一旦取消了承包商的承包资格，承包商不但要被驱逐出施工现场，而且还要承担由此而造成的业主的工程损失费用。这种惩罚措施一般不轻易采用，而且在作出这项决定前，业主必须事先通知承包单位。取消施工承包资格可能引起仲裁或法律诉讼，当事人双方都要作好辩护准备。

 **知识链接**

《建设工程施工合同》文本规定的索赔程序如下

发包人未能按合同约定履行自己的各项义务或发生错误以及应由发包人承担责任的其他情况，造成工期延误和(或)承包人不能及时得到合同价款及承包人的其他经济损失，承包人可按下列程序以书面形式向发包人索赔。

(1) 索赔事件发生后 28 天内，向工程师发出索赔意向通知。

(2) 发出索赔意向通知后 28 天内，向工程师提出延长工期和(或)补偿经济损失的索赔报告及有关资料。

（3）工程师在收到承包人送交的索赔报告和有关资料后，于28天内给予答复，或要求承包人进一步补充索赔理由和证据。

（4）工程师在收到承包人送交的索赔报告和有关资料后28天内未予答复或未对承包人作进一步要求，视为该项索赔已经认可。

（5）当该索赔事件持续进行时，承包人应当阶段性向工程师发出索赔意向，在索赔事件终了后28天内，向工程师送交索赔的有关资料和最终索赔报告。索赔答复程序与（3）、（4）规定相同。

本 章 小 结

1. 影响建筑工程施工进度的因素有很多，如人的因素，材料、机具、技术因素，资金因素，水文、地质与气象因素，以及其他自然与社会环境等方面的因素，其中人的因素是最大的干扰因素。

2. 施工进度常用的控制方法有横道进度控制法、网络进度计划控制法、S型曲线控制法、香蕉型曲线比较法和列表控制法等。

3. 由施工单位自身原因产生的进度拖延称为工程延误，由此造成的一切损失由施工单位承担。同时，建设单位还有权对施工单位实行误期违约罚款。由施工单位以外的原因产生的进度拖延称为工程延期，则施工单位不仅有权要求延长工期。

复 习 思 考 题

1. 简述建筑工程施工进度控制的概念。
2. 影响建筑工程施工进度因素是什么？
3. 进度控制的原理有哪些？
4. 建筑工程施工进度控制的措施有哪些？
5. 建筑工程施工进度控制的内容包括哪些？
6. 建筑工程施工进度计划检查方式有哪些？
7. 利用S型曲线控制方法可以获得哪些信息？S型曲线绘制步骤包括哪些内容？
8. 香蕉曲线控制图是如何形成的？其作用有哪些？
9. 工程延误和工程延期有什么不同？监理工程师对工程延期如何控制？
10. 某建筑工程进度网络计划如图9.21所示，每项工作完成的任务量以劳动消耗量表示，并标注在图中箭线上方括号内；箭线下方的数字表示各项工作的持续时间（周）。试绘制香蕉型曲线。

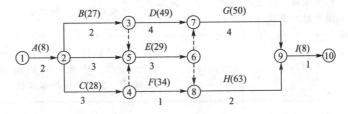

图9.21 某网络计划图

典型案例与训练

教学目标

通过本章的学习，使学生掌握单位工程施工组织设计的方法和内容，熟悉工程进度调整的方法，能够独立编制施工组织，掌握施工组织设计在施工中的应用。讲述本章时，应尽量结合工程实例进行教学，有条件的可以安排施工现场教学，以增强学生的感性认识。

教学要求

知识要点	能力要求	相关知识	所占分值（100分）	自评分数
单位工程施工组织设计	掌握单位工程施工组织设计的步骤和内容	施工方案、施工顺序、横道图、施工合同	30	
施工进度计划控制	掌握施工进度计划进行检查方法能利用施工进度控制的方法对施工进度进行有效控制	进度计划的检查方法进度计划的调整方法	30	
编制施工组织设计	能够熟练编制施工组织设计	工程特征、施工方案、施工顺序、资源计划的编制；质量、安全、现场保证措施	40	

章节导读

已知某高层公寓，其工程概况如下。

1. 工程建设概况

某高层公寓工程为全现浇框架结构，建筑面积22030m²，总投资6890万元，地下室1层，深8.5m，地上16层。工程自2007年1月1日开工，2008年4月2日竣工，合同工期为16个月。各建筑面积及使用功能见表10-1

表10-1　各层面积及使用功能

层次	面积/m²	层高/m	功能
地下室	3073	6	汽车房、变压器房、配电室、水池
1～3	1930×3	4.5	商场、银行、娱乐场所、消防控制中心
4	1930	4.5	厨房、餐厅
5～15	880×11	3.0	公寓
16	678	2.8	水箱、电梯房

2. 建筑设计特点

内隔墙：地下室为粘土实心砖，地上为90mm、140mm、190mm厚陶粒空心砌块。

防水：地下室内板、外墙、卫生间地面均做刚性防水，屋面为柔性防水。

楼地面及屋面：1～4层均为花岗岩地面，公寓部分除厨房、卫生间、公用走道为地砖外，其余为进口柚木地板，室外铺广场砖，屋面做红色防潮砖。

外装饰：除正立面局部设隐框玻璃幕墙外，其余均为进口仿石砖饰面。

顶棚装饰：除1～4层顶棚及公寓电梯厅、走道为硅钙板吊顶外，其余均为乳胶漆。

内墙装饰：1～4层大部分为墙纸及大理石，公寓走道、厨房、卫生间墙面为釉面砖，电梯厅为大理石，其余均为乳胶漆。

门窗：入口门为豪华防火防盗门，分室门为夹板门，楼梯前室及管道井设甲、乙级钢质防火门，外门窗为白色铝合金框配白玻璃(幕墙为蓝色反射玻璃)。

电梯：公寓设4部电梯，其中裙楼服务梯1部(1～4层)，公寓客梯2部(1～15层)，客梯兼消防电梯1部(地下室至16层)。另设消防疏散楼梯2座，1～4层设旋转楼梯1座。

公寓设有高低压配电及发电机组，备有煤气、电话、保安对讲系统等。

3. 结构设计特点

基础采用大直径人工挖孔(端承)桩承载，地下室为全现浇钢筋混凝土结构，1.0～2.5m厚钢筋混凝土底板，全封闭外墙形成箱形基础，混凝土强度等级C40，抗渗等级P8。

工程结构类型为框剪结构体系，抗震设防烈度为7度，相应框架梁、柱均按二级抗震等级设计，框架柱采用C60～C30普通钢筋混凝土，1～16层及屋面采用普通肋形楼盖。1～4层外墙采用140mm厚C20级钢筋混凝土，5层以上的窗台以下为C20级140mm厚钢筋混凝土墙，窗台以上为140mm厚陶粒空心砌砖。

4. 工程施工特点

(1)因施工场地较狭窄，所需建筑材料及配件在施工过程中需两次搬运。

(2)由于该工程要求质量高、进度快，在施工过程中将发生以下几项预算外费用：模板一次性投入量大，超出了定额的规定；人力投入多，有时可能造成停工、窝工现象；为缩短工期，混凝土需掺加早强剂，以加快模板的周转；机械投入多；管理人员增加、暂设工程增多；夜间施工照明增加，夜间施工效率降低等。

241

5. 水源

由城市自来水管网引入。

6. 电源

由附近变电室引入。

根据上述工程概况，来编制施工组织设计，需考虑以下问题。

(1) 如何确定施工方案和施工部署？

(2) 根据前面所学知识，如何编制施工进度计划？

(3) 如何编制工程所需的资源的供应计划？

(4) 如何编制工程的保障措施？

今天学习施工组织设计以及施工进度计划的控制，对于工程施工中编制施工组织设计、进行工程项目管理具有重要作用。

10.1 单位工程施工组织设计案例

 引例 |

单位工程施工组织设计是一个工程的战略部署，是宏观定性的，体现指导性和原则性的，是一个将建筑物的蓝图转化为实物的总文件，内容包含了施工全过程的部署、选定技术方案、进度计划及相关资源计划安排、各种组织保障措施，是对项目施工全过程的管理性文件。

单位工程施工组织设计应根据拟建工程的性质、特点及规模不同，同时考虑到施工要求及条件进行编制。设计必须真正起到指导现场施工的作用。一般包括下列内容。

(1) 工程概况。主要包括工程特点、建筑地段特征、施工条件等。

(2) 施工方案。包括确定总的施工顺序及确定施工流向，主要分部分项工程的划分及其施工方法的选择、施工段的划分、施工机械的选择、技术组织措施的拟定等。

(3) 施工进度计划。施工进度计划主要包括划分施工过程和计算工程量、劳动量、机械台班量、施工班组人数、每天工作班次、工作持续时间，以及确定分部分项工程(施工过程)施工顺序及搭接关系、绘制进度计划表等。

(4) 资源需用量计划。资源需用量计划包括材料需用量计划、劳动力需用量计划、构件及半成品构件需用量计划、机械需用量计划、运输量计划等。

(5) 施工平面图。施工平面图主要包括施工所需机械、临时加工场地、材料、构件仓库与堆场的布置及临时水网电网、临时道路、临时设施用房的布置等。

(6) 技术经济指标分析。技术经济指标分析主要包括工期指标、质量指标、安全指标、降低成本等指标的分析。

【观察思考】

根据《建筑施工组织设计规范》(GB/T-50502—2009)和前面章节所学内容，编制一个单位工程施工组织设计，这是高职高专学生所必备的技能。

某多层混合结构住宅单位工程施工组织设计

10.1.1 工程概况和施工部署

1. 工程概况

某住宅楼位于哈尔滨市南岗区学府三道街与长寿路交接口，平面形状见现场布置图。建

242

筑面积 15380.08m²，建筑物檐口高度 20.4m，地上七层，地下局部一层，其中地下室为戊类物品仓库，一层为商服，车库，其他层为住宅，每层共有 9 个单元。主体结构为砖混结构，基础采用复合载体夯扩桩，地下室砌体为 M10 粘土砖，地上部分砌体材料为 M10 粘土砖，局部采用陶粒混凝土砌块。砖墙厚度为 490mm，陶粒混凝土砌块墙厚度为 200mm。

1）工程建筑设计概况

（1）装饰部分。

外墙：浅黄色外墙面砖。

楼地面：水泥砂浆，商服部分为大理石楼地面。

墙面：混合砂浆，外刮大白刷高钙涂料。

顶棚：混合砂浆，外刮大白刷高钙涂料。

门窗：白色塑钢窗。

楼梯：理石面层。

（2）防水部分。

屋面：PPC 卷材，局部为刚性防水面层。

卫生间：防水砂浆。

2）工程结构设计概况

基础工程：复合载体夯扩桩基础。

主体工程：结构采用砖混结构，抗震设防等级为六级，设计使用年限为 50 年，耐火等级为二级。

3）自然条件

（1）工程地质及水文条件。根据专门的水质检验报告及环境水文地质调查报告，判断该地下水对混凝土及钢结构无腐蚀性。

（2）地形条件。场地已基本成型，满足开工要求。

（3）周边道路及交通条件。该工程位于城市繁华地段，交通道路畅通。工程施工现场"三通一平"已完成，施工用水、用电已经到位，进场道路畅通，具备开工条件。

（4）场地及周边管线。本工程现场施工管线较清晰明朗，对施工的影响可以通过提前解决协调的办法来消除或减小。

4）工程特点

工程量大，工期紧，总工期 150 天；工程质量要求高；专业工种多，现场配合、协调管理。

2. 施工部署

1）质量目标

严格执行企业标准，建造精品工程，确保该工程质量验收一次性达到国家施工验收规范标准。

2）工期目标

本工程定于 2004 年 5 月 1 日开工，于 2004 年 10 月 30 日竣工。

3）安全生产目标

安全生产执行 JG 59—39 建筑施工安全检查标准，确保无重大安全事故发生。

4）施工任务的划分

根据工程结构特点和施工工序的要求，将施工任务划分为桩基础工程、基础工程、主体工程、屋面工程、门窗工程、楼地面工程、装饰工程、水电及消防工程等。

5）主要机械、设备配置

由于本工程平面尺寸较大，现场设置2台350搅拌机，配备1台QTZ-80塔吊，2台龙门架，1台切断机，1台弯曲机，1台调直机，1台台刨，1台电锯。

本工程配备两台夯扩桩机及附属设备。

【观察思考】

工程概况的编制要考虑工程所在地区的地形、地貌、气象等情况对施工的影响，比如北方和南方的气候条件具有明显差异，北方有明显的冰冻期，而南方没有，这些对施工方案的选择，以及施工进行的安排都有比较大的影响，所以工程概况一定要收集真实详细的资料，为工程施工提供保障。

10.1.2 施工方案

1．施工程序（图10.1）

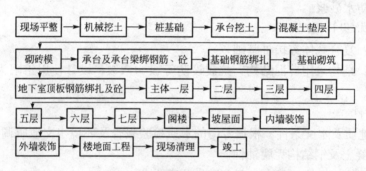

现场平整 → 机械挖土 → 桩基础 → 承台挖土 → 混凝土垫层

砌砖模 → 承台及承台梁绑钢筋、砼 → 基础钢筋绑扎 → 基础砌筑

地下室顶板钢筋绑扎及砼 → 主体一层 → 二层 → 三层 → 四层

五层 → 六层 → 七层 → 阁楼 → 坡屋面 → 内墙装饰

外墙装饰 → 楼地面工程 → 现场清理 → 竣工

图10.1 施工程序

2．流水施工段的确定

本工程主体采用分两段流水施工，以伸缩缝为界限6～9单元为第一施工段、1～5单元为第二施工段。

3．施工组织措施

（1）由建设单位、监理单位、施工单位三方组成现场联合指挥部，主要负责以下工作。

① 按施工进度要求统一指挥，协调各单位间的协作配合及工序衔接。

② 为施工创造条件，提前解决施工方案及图纸中的技术及材料设备问题。

③ 提前解决各种材料、设备、成品、半成品构配件加工、订货供货等问题。

④ 积极疏通财务渠道，为工程正常顺利进行创造条件。

⑤ 确定装修标准，划分各单位的装修范围。

（2）科学组织施工。为使各工序合理地进行流水，有秩序地进行组织，达到均衡施工的目的，按先重点后一般的原则，采取"单位工程平行流水，立体交叉作业"的施工方法。在施工管理方面，由土建项目经理部牵头成立综合项目经理部，以便于土建和其他专业施工的协调配合，避免相互推脱现象发生，有利于工程顺利进行和质量控制。项目经理部对整个工程的施工方案、施工进度及施工组织交叉作业进行统一指挥，并定期召开碰头会，提前解决由设计及交叉作业给施工带来的影响。项目经理部制定年度计划、月计划及五日计划，并把计划以会议形式传达给各班组，落实到人，使整个工程在有计划中进行，做到当天任务明确，当天任务当天完，以日计划保五日计划，以五日计划保旬计划，以旬计划保月计划，以月计划保年计划，最终实现总工期目标。

（3）增强质量意识，建立键全质量管理体系，项目经理部成立质量领导小组，施工班组成立 QC 小组，项目经理部设专职质量检查员，班组设兼职自检员，从而形成三检体系。坚持施工全过程的质量检测，做到上道工序不经检查验收合格不许进入下道工序施工。

 知识链接

　　QC 小组是指在生产或工作岗位上从事各种劳动的职工，围绕企业的经营战略、方针目标和现场存在的问题，以改进质量、降低消耗，提高人的素质和经济效益为目的组织起来，运用质量管理的理论和方法开展活动的小组。QC 小组是企业中群众性质量管理活动的一种有效组织形式，是职工参加企业民主管理的经验同现代科学管理方法相结合的产物。

　　（4）坚持文明施工，确保安全生产，对整个现场进行布局，划分生产区和生活区。所有材料、工具、设备都要严格地按照总平面规划位置堆放，施工已完成的楼层，要坚持谁施工谁负责的原则，做到工完场清。

　　（5）加强安全保卫和成品的保护。为了保证施工现场的正常施工顺序必须加强现场的安全保卫工作，现场传达室设保安人员日夜值班，夜间进行巡逻，现场施工人员要佩戴名签进入现场。对任何单位运送材料、设备、工具实行出门登记手续，经项目经理签发后方可放行。

　　（6）主要机械设备的配置。

　　垂直运输机械：根据工程需要以及现场原有机械情况，本工程施工时，设置 QTZ80型、臂长 55m 塔吊一座，待施工至 ±0.000 以后，再设置龙门架两座，以解决主体、室内、外装饰装修工程施工需要，（具体布置位置见平面布置图）。

　　4．分部分项工程施工方法

　　1）土方工程

　　（1）工程自然地面较低，土方开挖量较小，但是回填量较大，采取地下室部分先挖土再打桩，由施工单位配备一台 WT - 120 反铲挖掘机 10 辆 20T 自卸汽车，并根据实际需要进行调整。挖槽时，因考虑承台及桩机施工作业面，坑底尺寸比设计尺寸放大 2m，并按规定放坡。

　　挖土时由项目部技术员及放线员跟班。基坑开挖后，距基坑边 5m 内不准走车、停放机械和堆放材料，防止边坡超载失稳，挖土完毕时及时进行下道工序施工，防止晾槽。

　　（2）施工方法。基础土方开挖采用反铲式挖掘机为主，人工清理为辅的方法。土方全部外运，土方回填采用自卸式汽车填土，人工平整夯实的方法。

(3) 技术、质量、安全要求及措施。

① 土方开挖次序和平面定位。

第一个阶段为基础障碍物清理，排除基坑内的杂物，将楼内的障碍物拆除并清理干净，并外运至料场堆放(运距 10km)。

第二阶段地下室土方开挖，土方采用机械开挖至承台顶标高，打桩，然后再人工挖至承台底标高，保证承台底原土不被扰动。因承台采用砖模，故此，承台开挖时每边预留300mm 工作面。

② 土方运输。本工程施工现场场地狭小，因此土方开挖过程中土方需全部外运，回填时回运，土方运输采用自卸式汽车运距 25km(运至江北)。因为场地狭窄，无法存土，土方必须回运回填。

③ 边坡与基底标高控制。施工时，严格按照确定的开挖线进行施工，由专人现场监督指挥。随时跟踪指导，及时投放各相应的轴线以确定开挖的下口线，下口线确定后，边坡要处理均匀，以利于边坡的稳定，挖至设计标高时，由专人随挖掘随抄平，夜间施工时，应设置充足的现场照明，避免土方开挖出现超挖现象。

④ 基坑边坡防护。为防止塌方，基坑边 5m 以内不得堆土，基坑土方挖完后，防止造成坑边坍塌。

⑤ 土方开挖完成后，申请建设单位、监理单位、设计单位、地质勘探部门进行地基验槽，并形成文字记录，作为竣工资料留存。

⑥ 回填土施工。

a. 施工程序：基底清理→检验土质→分层填土→人工夯实→找平验收。

b. 回填土施工要在基础的砼达到 50%强度后进行。

c. 回填土料应符合规范规定。

d. 土方回填前应清除基坑中的杂物，测定回填前的标高。

e. 检验各种土料的含水率要在控制范围内，以免影响夯实的质量。

f. 填土时应分层铺填，每层铺填土厚度为 200~250mm。

g. 回填土夯实前应将填土初步平整，夯实应一夯压半夯，夯夯相连，夯实遍数不少于 3 遍，防止漏夯。

h. 夯实后，对每层填土的质量进行检验，采用环刀法取样测定。

2) 桩基础工程

本工程桩为复合载体夯扩桩，桩基础工程施工由专业的施工队伍进行施工。

(1) 桩位放线。由基准点引到桩体附近放轴线桩，按规范要求轴线偏差≥20mm，水准点≤2 个，各轴线固定于龙门桩上以方便施工，桩位线允许偏差 10mm。桩位定好后由项目部技术人与会同监理进行桩位复核，符合无误后方可进行下一道工序施工。

(2) 夯扩桩施工。本工程根据设计要求采用复合载体夯扩桩，桩径 400mm，桩长4000m，桩数为 544 根。混凝土标号为 C25。其工艺流程及施工方案详见《桩基础施工方案》。

(3) 施工试验。桩基础施工试验分为静载试验和动测试验。试验由专业监测公司进行试验，确保试验的准确性。

3) 基础工程

基础部分 6~9 单元有地下室，1~5 单元没有地下室。施工前进行抄平放线及其复核

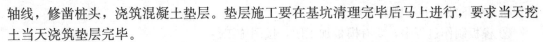

轴线，修凿桩头，浇筑混凝土垫层。垫层施工要在基坑清理完毕后马上进行，要求当天挖土当天浇筑垫层完毕。

承台采用砖模砌筑，钢筋在加工棚下料后，运至现场就地绑扎成型，待有关部门验筋合格后浇筑混凝土，承台混凝土标号为 C30，桩主筋锚入承台 450mm，钢筋绑扎按规范执行。混凝土施工按规范要求施工。

模板、钢筋及混凝土、砌筑施工方法详见模板工程、钢筋工程、混凝土工程、砌筑工程具体施工方案。

4）脚手架工程

（1）施工方法。根据工程的自身特点，外脚手架采用落地式单排脚手架；室内装饰装修工程采用满堂红脚手架。

（2）技术、质量要求。

① 外脚手架底下的回填土必须夯实，以防止架体下沉。

② 外脚手架体立杆下要铺设木方，使垫层受力均匀，减小不均匀沉降。

③ 架体中的立杆、大小横杆及剪刀撑均采用 φ48 壁厚 3.5mm 的钢管搭设，并采用扣件连接。

④ 立杆应相隔对接，接头在同一水平面内不应超过 50％，大横杆要求错缝对接，接头均采用对接扣件。

⑤ 剪刀撑按 60 度仰角架设，每个架体立面均需设置。

⑥ 立杆的垂直度允许偏差≤5mm，水平大横杆垂直度偏差≤7mm。

⑦ 扣件使用前，要对其质量进行全面检查，合格后方可使用，对不合格的扣件要求分别堆放、退库。

⑧ 所有铺设脚手板，均采用 8♯退火线与架体杆件绑扎牢固，严防出现探头跳。

⑨ 使用过程中，应经常对架体进行检查，发现问题及时处理解决。

⑩ 为了满足施工作业面要求，外脚手架体内排立杆距墙体 400mm。

（3）脚手架拆除。

① 在建筑物装饰装修工程完成后，并经验收合格后，脚手架方可拆除。

② 拆除前，对施工作业人员要进行安全技术交底，拆除范围应设警戒区，专人看护，严禁非施工人员进入。

③ 拆除顺序：安全网→脚手板→栏杆、扶手→剪刀撑→大横杆→小横杆→立杆。

④ 拆除时，通道口严禁使用，同一垂直工作面内严禁同时作业。

⑤ 拆除后的脚手架各部件严禁抛扔，要在机械运输处返下，分规格堆放整齐、备用。

⑥ 脚手架的扣件等拆除后，应统一装入箱袋内，经修正后待用。

5）模板工程

（1）施工方法。本工程的主要砼构件形式有基础承台、承台梁、柱、梁、楼板、楼梯等，为保证施工质量及工程工期要求，针对不同砼构件形式采用相应的模板和支撑体系进行施工。

① 基础承台、承台梁等在基础的混凝土构件采用 120mm 厚砖模。

② 梁、板、柱、楼梯采用木模板。

（2）模板及附件的制作和修正。

① 新进场的钢模板及每次使用前，要对其进行校正、修缮，清除表面污垢、杂物，

按规格分别堆放，并涂刷隔离剂。

② 模板制作过程中，要有模板加工图，按图施工。

③ 梁、柱模板间的板肋间距控制在 600mm 以内（中心线距）。

④ 柱子和高度大于 700mm 的梁采用 Φ14 对拉螺栓拉结，间距 600mm；对拉螺栓采用 Φ20PVC 套管，拆模后对拉螺栓可重复使用。

⑤ 梁、柱等定型模板制作完毕后，应标注好构件型号和编号，并按安装操作顺序堆放。

（3）模板安装。

① 柱模板安装。

a. 柱模板安装时，先按图纸对好型号，按设计尺寸进行拼装。

b. 柱模板合模后，按事先放好的线位进行就位、固定。

c. 柱模板根部固定后，开始在柱模上布设加固方，先用 100mm×100mm 黄花松，其间距可根据设计柱截面尺寸确定，通常可采用 500～600mm 布设加固方时，仅在柱肋上虚挂即可，铁钉不需钉牢，四面加固方的对面方，在同一水平面上。

d. 柱模板加固安装后，对拉螺栓稍加固定，防止脱落。

e. 柱模板校正时，按模板中心线挂好线锤，依据施放的线位进行校正模板的平面位置和垂直度，确定无误后，把加固的对拉螺栓拧紧。

f. 柱模板作斜拉联接后，应进行引轴线尺寸校对，确认纵横轴线尺寸无误后，即可转入下道工序施工。

g. 通排的柱，可先安装两端的柱模板，经校正、加固后，拉通线，校正其他的中间柱。

② 梁模板安装。

a. 首先将梁模板按结构尺寸制作编号，把梁模板布置到位。

b. 按结构的轴线开始布设支撑，可根据梁截面的大小采用丁字撑，选用材料为 100mm×100mm 木方，间距@1000mm。

c. 支撑设置完毕后，按结构标高用木楔加固找平后，开始安装水平大楞木方选用 90mm×60mm 木方，在大楞木方上安装 60mm×60mm 的木方；在小楞木方上安放制作好的梁底板和梁侧模板，合模后梁侧模安装立档，间距 600mm，采用 90mm×60mm 木立。立档外侧加放 100mm×100mm 的木方。

d. 梁模板安装加固后，必须把各构件梁模用水平方拉结牢固，并用剪刀撑加固好，保证模板的稳定性。

③ 板模板安装。

a. 板支撑材为 9mm×9mm 木方根据层高计算支撑材高度。

b. 支撑材横向间距为@800，纵向间距@800。

c. 支撑材纵横方向用 25cm 木板，做剪刀撑。

d. 模板下顺方间距为@750。

e. 模板按结构尺寸规格进行铺设。

f. 模板铺设前对木方进行抄测调整。

（4）模板拆除。

① 待混凝土达到设计强度等级时，方可将模板拆除。

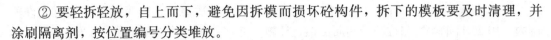

② 要轻拆轻放,自上而下,避免因拆模而损坏砼构件,拆下的模板要及时清理,并涂刷隔离剂,按位置编号分类堆放。

6) 钢筋工程

施工方法及技术质量要求如下。

(1) 钢筋工程采用集中下料,机械加工制作,人工绑扎的方法施工。板钢筋绑扎前弹线,按线绑扎,用竹胶板卡板检查。

(2) 钢筋接头采用绑扎接头和焊接接头,ϕ20 以上的钢筋采用焊接接头,竖向钢筋采用电渣压力焊,钢筋绑扎的搭接长度要满足规范规定,22♯绑线头只许朝内不许朝外,防止铁线生锈影响装修和使用效果。采用塑料定位卡保护层,防止面层返锈。

(3) 设置在同一构件中的接头应相互错开,受拉区在同一截面上接头面积不得大于25％;受压区不得大于50％。接头应分段设置在两个平面上,相邻接头间距大于500mm。基础底板钢筋绑扎采用铁马,每道间距一米。

(4) 钢筋制作过程中,应根据设计要求,按规格分类堆放,并对其标以分类牌,以便使用。

(5) 钢筋绑扎过程中,受力筋、箍筋的间距应满足设计要求,主筋间距的允许偏差为±5mm;箍筋、构造筋的允许偏差为±10mm。漏绑、松绑的数量不得超过总数的10％。

(6) 竖向钢筋采用电渣压力焊,水平对接焊的钢筋沿中心线相对位置偏移不应大于 2mm。

(7) 箍筋绑扎前应事先在主筋上分划出准确位置,然后进行绑扎,保证箍筋间距位置准确。

(8) 钢筋的保护层均采用硬塑的垫块,为保证负弯矩筋位置准确不偏移,采用 ϕ10 铁马垫起,800mm×800mm 间距。

(9) 顶板钢筋遇洞口绕行,当需截断时,若设计无具体要求,可在每侧加 2 根 ϕ20 加强筋。

(10) 板底筋伸入支座的锚固长度不小于 120mm,中间支座的上部钢筋端部平直长度为板厚减掉 15mm。

(11) 钢筋应有出厂合格证和试验报告单,并需进行二次复试合格后方可使用。

7) 混凝土工程

(1) 施工方法。

① 混凝土采用现场搅拌,塔吊运送的方式进行浇筑施工,利用插入式振捣器,随浇筑随振捣。

② 梁与现浇板混凝土标号不同时,在每一施工段内先浇筑梁,梁两侧用 20 目钢丝网和竹胶板固定,浇筑完梁后混凝土变标号浇筑板混凝土。

③ 吊车回转半径达不到柱混凝土采用人工运输浇筑。

(2) 技术、质量要求。

① 根据机械的性能选用符合混凝土原材料及配合比要求的材料规格:石子粒径 2～4cm,粗、细骨料的颗粒级配要连续合理,并根据计量和搅拌系统的工作台能力,调配混凝土的每罐材料用量。

② 根据设计要求,严格控制各构件的混凝土强度等级。

③ 框架柱混凝土分层浇筑,经周密振捣后,再浇筑下一层混凝土,柱混凝土浇筑要浇水湿润并用高标号水泥砂浆(1:1)浇筑 50mm 后再进行混凝土的浇筑。

④ 混凝土振捣器的插点要均匀排列,可采用"行列式"或"交错式"的次序移动,不得混用,防止漏振。

⑤ 混凝土浇筑前，确定浇筑顺序，一个施工段内一次浇筑，施工缝留在规范允许范围内，用 20 目钢丝网和竹胶板侧面围挡，柱施工缝宜留在基础顶面和梁的底面。

⑥ 施工缝处混凝土浇筑前清除表面的水泥薄膜及松动石子和软弱层，并充分湿润清洗干净，在结合处铺 50mm 厚与混凝土内成分相同的水泥砂浆以便使先后浇灌的混凝土结合紧密。

⑦ 浇筑柱、梁和梁交叉处的混凝土时，若钢筋较密集，混凝土投料、下料困难，可采用同强度等级的细石混凝土浇筑。

⑧ 混凝土浇筑过程中，混凝土入模不得过于集中，以免混凝土集中堆放产生胀模现象。

⑨ 混凝土浇筑成型后，对混凝土表面用塑料薄膜覆盖，终凝后对混凝土表面洒水养护。

⑩ 混凝土输送管的布置依据少设弯管，选取最短距离的原则，泵管接头要牢靠，防止混凝土喷出伤人。

(3) 混凝土板裂缝控制措施。

① 混凝土内加入 HN 型砼缓凝剂，掺量为水泥用量的 1%，降低混凝土水化热，防止热应力产生裂缝。

② 混凝土的配制应严格控制各种材料配合比，其重量误差为水泥外掺和料±2%。

③ 混凝土搅拌采用二次投料的砂浆裹石或净浆裹石搅拌，这样可有效地防止水分向石子与水泥砂浆界面集中，混凝土搅拌时间不小于 1.5～2min。

④ 当混凝土的自由倾落度超过 2m 时，为防止混凝土发生离析应采用串筒。

⑤ 混凝土振捣实，振捣棒要做到"快插慢拔"，在振捣过程中，将振捣棒上下略有抽动，以使上下振动均匀。分层浇筑时，振捣棒应插入下层 50mm，以消除两层间的接缝，每振动一次以 10～30s 为宜。

⑥ 混凝土应分层浇筑，分层厚度为 0.6～1m。

⑦ 混凝土成型后用塑料布进行覆盖养护，减少混凝土表面的热扩散和温度梯度，防止产生表面裂缝，同时延长散热时间，使混凝土的平均总温差所产生的拉应力小于混凝土抗拉强度，防止产生贯穿裂缝。

8) 砌筑工程

(1) 砌筑施工工艺流程：测量定位放线→砌块浇水→配制砂浆→砌块排列→砌筑（设拉结筋→勾勒缝。

(2) 砌筑施工前，技术人员依据施工图和规范规定对施工作业人员进行技术交底。

(3) 砌块排列时，必须根据设计尺寸、砌块模数、水平灰缝的厚度和竖向灰缝的宽度，设计皮数和排数，以保证砌体的尺寸。

(4) 灰缝应横平竖直，砂浆饱满，竖向灰缝的宽度不得大于 20mm，水平灰缝的宽度不得大于 15mm。

(5) 排列砌块时，应尽量采用标准规格砌块，少用或不用异型规格砌块。

(6) 外墙转角处和纵横墙交接处的砌块应分皮咬槎，交错搭砌，砌体上下皮砌块应互相错缝搭砌，搭接长度不宜小于砌体长度的 1/3。

(7) 砌体的竖向灰缝要避免与窗洞口边线形成通缝。

(8) 砌体施工应在各层结构施工已完成，采用柱子上植筋方法与墙体进行拉结，植筋的位置经检查合格后方可进行。

(9) 弹好墙身、门窗口位置线，确定地坪标高然后找平，按图纸放出墙身轴线，立好皮数杆。

（10）为防止墙体、装饰踢脚线部位抹灰空鼓，沿楼地面砌筑三皮普通烧结粘红砖（内墙）或空心砌（外墙）。

（11）砌体中的门窗洞口、过梁等处采用标准规格砌块和红砖组砌，防止集中荷载直接作用在陶粒混凝土墙上，也有利于门窗的安装。

（12）填充墙的顶部砌一层斜立砖，与梁或顶底接触紧密，可待下部砌体沉实后再进行斜立砖砌筑。

（13）陶粒混凝土墙与柱连接处设拉结筋，拉结筋为 $2\phi6@500mm$，锚入砼柱内长为 $250mm$；伸入墙内的长度为墙长的 $1/5$，且不小于 $700mm$，且端部设 $90°$ 弯钩。

（14）砌体转角处必须设立皮数杆，必须层层挂通线，随时用吊弹尺检查垂直度，用靠尺检查平整度。

（15）砌筑红砖时，组砌方式要合理，采用"三·一"砌砖法，砂浆灰缝的饱满度和粘灰面积，必须符合质量验收评定标准的规定，并且要对每日的砌筑高度进行控制。

9）屋面工程

（1）屋面工程使用的各种原材料制品、配件及拌和物应符合设计要求及国家标准，使用前应具有出厂合格证，并应进行二次复试。

（2）伸出屋面的管道、设备、预埋件等均应在屋面施工前安装完毕，屋面各层施工完毕后，严禁随意凿眼、打洞。

（3）屋面施工前，楼板基层应清理干净，并刷素水泥浆两道，然后做屋面各种结构层，水泥浆应涂刷均匀。

（4）铺设屋面隔气层、防水层，基层必须牢固、无松动、起砂、脱皮现象。

（5）屋面保温材料进场时应具有质量证明文件，施工时应对材料的密度和含水量进行抽样复查。

（6）屋面找平层应按设计坡度拉线，贴灰饼冲筋开设分格缝，缝宽 $20mm$，纵横间距不大于 $6m$，找平层铺设砂浆宜由远到近，由高到低，应一次性连续施工，充分掌握好坡度和平整度。

（7）屋面边角处，突出屋面管根、埋件、墙根处不得漏抹，漏压，并做成圆，防止倒泛水。

（8）屋面保温水泥珍珠岩铺设后，表面平整不得有松散的混合料（现浇保温层的强度不小于 $0.3MPa$）。

（9）在结构层与防水层之间增加一层低强度等级的砂浆、卷材、塑料薄膜等，起隔离作用，使结构层和防水层变形互不约束。

（10）刚性防水层的分格缝，应用防水胶等注满，缝隙处不得出现渗水现象。

（11）柔性防水施工应先铺贴排水集中的部位及需加设卷材附加层的部位，并按由高到低，先远后近的顺序进行。

（12）隔离层表面浮渣、杂物应清理干净，检查隔离层的质量及平整度，排水坡度，布设好分格缝模板。

（13）材料及混凝土质量要严格保证，随时检查是否按配合比准确计量，并按规定制作检验的试块。

（14）在一个分格区域内的混凝土必须一次浇捣完成，不得留有施工缝。

（15）屋面泛水应严格按设计要求的节点大样施工，若设计无规定泛水高度，不应低于 $120mm$，并与防水层一次浇筑完成，泛水转角处要做圆弧或矩角。

（16）混凝土采用机械振捣，直至密实或表面泛浆，然后用铁抹子压实抹平，并确保防水层的设计厚度和排水坡度。

（17）混凝土缩水初凝后，及时取出分隔缝隔板，用铁抹子进行第二次抹光压实，并及时修补分格缝的缺损部分，做到平直整齐，待混凝土第三次压实赶光后，要求做到表面平光、不起砂、起层，无抹板压痕为止，抹压时不得洒干水泥或干水泥砂浆抹压。

（18）混凝土终凝后，必须立即进行养护，并严禁在养护期间在其上踩踏。

（19）铺贴卷材应平整顺直，搭接尺寸准确，不得扭曲、皱折。卷材的铺贴、搭接、收头都应粘结严密，短边接缝位置应错缝、上线，长边接缝应成线。

（20）沉降缝采用内设苯板，外用镀锌铁皮盖缝。

10）楼地面工程

（1）基本规定。

① 建筑地面工程采用的材料应按设计要求和现行建筑施工规范大全的规定选用，并应符合国家标准的规定。进场材料应有中文质量合格证明文件、规格型号及性能检测报告，对重要材料应有复试报告。

② 建筑地面采用的大理石等天然石材必须符合国家现行行业标准《天然石材产品放射防护分类控制标准》JC 518 中有关材料有害物质的限量规定。进场应具有检测报告。

③ 各类面层的铺设宜在室内装饰基本完工后进行。

④ 建筑地面工程完工后，施工质量验收在建筑施工企业自检合格的基础上由监理单位组织有关单位对分项工程、子分部工程进行检验。

（2）水泥砂浆地面。

① 施工工序（图 10.2）。

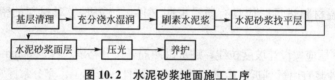

图 10.2 水泥砂浆地面施工工序

② 基层清理必须干净，必须充分浇水湿润，并刷素水泥浆一道。

③ 水泥砂浆面层的厚度应符合设计要求，且不应小于 20mm。

④ 水泥采用普通硅酸盐水泥，其强度等级不应小于 32.5MPa，不同品种、不同强度等级的水泥严禁混用；砂应为中粗砂，当采用石屑时，其粒径应为 1～5mm，且含泥量不应大于 3%。

⑤ 水泥砂浆面层的体积比（强度等级）必须符合设计要求，且体积比应为 1:2，强度等级不应小于 M15。

⑥ 水泥砂浆面层宜在垫层或找平层的砼或水泥砂浆抗压强度达到 1.2MPa 后铺设。

⑦ 水泥砂浆采用机械拌制，搅拌时间不少于 2min，搅拌应均匀，其稠度不应大于 3.5cm。

⑧ 做找平层时，依据楼层的标高线，在施工地面上做灰饼冲筋，间距为 1.5 m，并做出地漏泛水坡度，面积较大的地面可使用水准仪抄平，以便确定标高和厚度，不得有倒泛水和积水现象。

⑨ 面层表面应洁净、无裂纹、脱皮、麻面、起砂现象。

⑩ 水泥砂浆面层施工应随铺随拍，在两条冲筋灰饼间摊铺、刮平拍实，找平层应在初凝前完成，压光应在终凝前完成。

（3）细石混凝土楼地面。

① 混凝土面层的厚度应符合设计要求。

② 混凝土面层铺设不得留施工缝。当施工间隙超过允许时间规定时，应对接槎处进行处理。

③ 混凝土采用的粗骨料，其最大粒径不应大于面层厚度的 2/3，细石混凝土的石子粒径不应大于 15mm。

④ 面层的强度等级应符合设计要求，且不应小于 C20，混凝土垫层兼面层强度等级不应小于 C15。

⑤ 面层与下一层应结合牢固，无空鼓、裂纹。

（4）大理石地面。

① 面层应在结合层上铺设，其水泥类基层的抗压强度不得小于 1.2MPa。

② 大理石的技术等级、光泽度、外观等质量要求应符合国家现行标准的规定。

③ 石材有裂缝、掉角、翘曲和表面有缺陷时应予剔除，品种不同的石材不得混合使用，铺设前，应根据石材的颜色、花纹、图案、纹理等按设计要求试拼编号。

④ 水泥选用普硅 32.5MPa，砂宜采用中粗砂，含泥量不超过 3%。

⑤ 铺设前要仔细排活，弹出控制线，当设计无要求时，应避免出现板块小于 1/4 边长的边角料。

⑥ 铺设大理石前，应将其浸湿，晒干，结合层与板材应分段同时铺设。

⑦ 基层应浇水湿润，并刷素水泥浆一道（水灰比 0.5），如基层有污物，必须清除干净，保证结合层的牢固。

⑧ 铺设顺序一般由内向外挂线逐行铺贴，粘贴牢固后，用水泥颜料填平缝隙并擦净表面残灰。

⑨ 铺贴板材的砂浆，要随伴随用，超过 4h 的砂浆不得使用，并严格控制水泥砂浆的配合比和水灰比。

⑩ 面层的表面应洁净、平整、无磨痕，且应图案清晰、色泽一致，接缝均匀、周边顺直、镶嵌正确、板块无裂纹、掉角、缺楞等缺陷。

11）装饰装修工程

（1）抹 灰工程。

① 工艺流程（图 10.3）。

图 10.3 抹灰工程流程图

② 墙面抹灰前，应将基层表面的尘土、灰垢、油渍等杂物清除干净，并应洒水润湿。

③ 墙面的孔洞应堵塞严密，水暖、电器、通风等管道的洞口处用 1:3 水泥砂浆堵严。

④ 墙体抹灰必须先找好规方，即四角规方，横线找平，立线吊直，弹出基准线和踢脚板线。

⑤ 根据设计要求的抹灰等级，用托线板检查墙体平整度和垂直度，初步确定抹灰厚度，最薄不应小于 7mm，然后进行打点冲筋，当抹灰厚度超过 35mm 时，应采取挂网加强措施。

⑥ 不同基层材料相交处表面的抹灰应先挂铺加强网，以防止开裂。每种基层上的网宽不小于 100mm。

⑦ 抹底灰可在冲筋打点完成 2 天左右进行，先薄抹底子灰一层，然后分层抹填找平，搓毛。

⑧ 抹面层可在底子灰六、七成干时开始进行，罩面灰应两遍成活，厚度约 2mm。

⑨ 室内门窗洞口的阳角应用 1：2 水泥砂浆抹出护角，护角高度不应低于 2m，每侧宽度不小于 50mm。

⑩ 抹灰表面应光滑、洁净、颜色均匀、无抹纹、空鼓，棱角清晰美观。

（2）门窗工程。

① 门窗安装前，对已施工完成的门窗洞口进行严格校对检验，对不符合设计要求的及时进行修正处理。

② 门窗制品的规格、尺寸均应符合设计要求，并对进场的门窗进行实物抽检。

③ 门窗安装前应依据设计要求和相关规定查验出厂合格证，检查门窗的品种、开启方式及配件，并对其外形、平整度等检查合格后方可安装。

④ 外窗同一位置处应由上而下进行垂线，洞口有偏差的应先修正，然后再统一挂线安装。

⑤ 塑钢门窗框扇应粘贴保护膜，防止污染及被破坏。

⑥ 建筑外门窗的安装必须牢固，在砌体上安装门窗严禁用射钉固定。

⑦ 金属门窗框和副框的安装必须牢固，预埋件的数量、位置、埋设方式、与框的连接方式必须符合设计要求。

⑧ 金属门窗扇必须安装牢固，并应开关灵活、关闭严密、无倒翘。

⑨ 金属门窗表面应洁净、平整、光滑、色泽一致、无锈蚀。大面应无划痕、碰伤。漆膜或保护层应连续。

⑩ 门窗装入洞口应横平竖直，外框与洞口应联结牢固，橡胶密封条或毛毡密封条应安装完好，不得脱槽。

（3）涂饰工程。

① 基层表面的残浆、灰尘、油污等必须清理干净。

② 基层必须干燥，要求含水率在 8% 以下，墙面养护期一般为抹灰墙面夏天 7 天，冬天 14 天以上，避免出现粉化和色泽不均现象。

③ 在调制腻子时，掺入的胶液要满足相应规定，不宜过稠或过稀，以使用方便为准，基层腻子应平整、坚实、牢固、无粉化、起皮和裂纹。

④ 刮腻子不得少于三遍，每遍刮涂不宜过厚。

⑤ 刷涂料时，涂刷方向和行程长短应一致，涂刷遍数不得少于两遍，在前一遍表干后，方能进行下一遍涂刷，前后两次涂刷的间隔通常不少于 3 天。

⑥ 刷涂料前必须将墙面用砂纸打磨平整。

⑦刷涂料的环境温度应在 5～35℃ 之间。

⑧ 墙面涂刷后不得有裂纹、砂眼、粗糙掉粉、起皮、透底、溅沫、反碱、落坠、咬色现象发生。

【观察思考】

通过对建筑工程的观察了解，根据《建筑施工组织规范》，应该如何编制施工方案。如果有多个可供选择的方案时，应该怎样选择一个最优的施工方案呢？

10.1.3 施工进度计划

施工进度计划横道图如图 10.4 图所示。

施工进度计划

序号	分项名称	劳动量（工日）	人数	班制	天数
1	土方开挖	80	8	2	10
2	桩基础	440	22	1	20
3	基础梁	520	26	2	10
4	一层钢筋	88	22	1	4
5	一层混凝土	108	18	2	3
6	一层砌筑	105	35	1	3
7	二层钢筋	88	22	1	4
8	二层混凝土	108	18	2	3
9	二层砌筑	105	35	1	3
10	三层钢筋	88	22	1	4
11	三层混凝土	108	18	2	3
12	三层砌筑	105	35	1	3
13	四层钢筋	88	22	1	4
14	四层混凝土	108	18	2	3
15	四层砌筑	105	35	1	3
16	五层钢筋	88	22	1	4
17	五层混凝土	108	18	2	3
18	五层砌筑	105	35	1	3
19	水电工程				
20	其他工程				

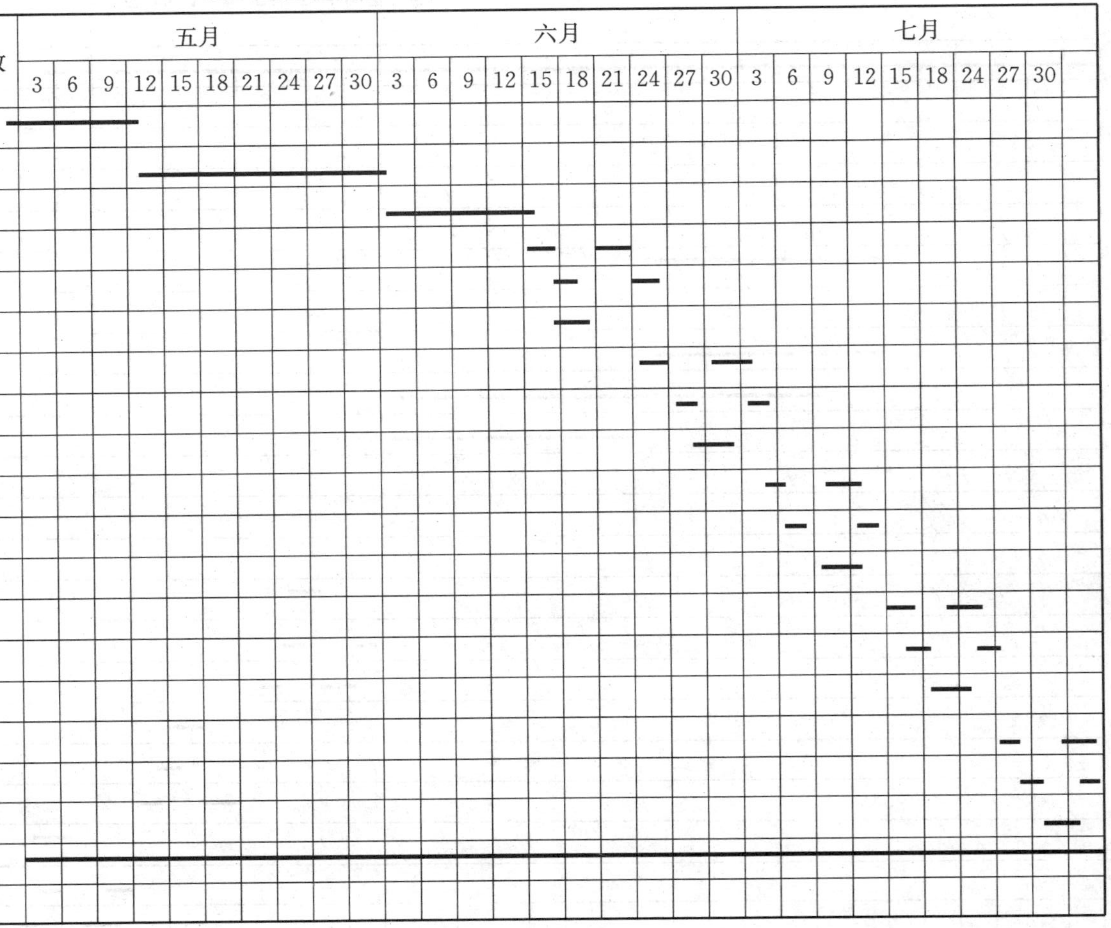

图 10.4 施工进度计划图

序号	分项名称	劳动量	人数	班制	天数
21	六层钢筋	88	22	1	4
22	六层混凝土	108	18	2	3
23	六层砌筑	105	35	1	3
24	七层钢筋	88	22	1	4
25	七层混凝土	108	18	2	3
26	七层砌筑	105	35	1	3
27	阁楼层钢筋	100	25	1	4
28	阁楼层砼	108	18	2	3
29	阁楼层砌筑	105	35	1	3
30	屋面找平层	70	12	1	5
31	屋面保温层	30	10	1	3
32	屋面防水层	50	10	1	5
33	门窗安装	300	15	1	20
34	室内抹灰	1800	45	1	40
35	楼地面工程	600	30	1	20
36	室外抹灰	900	30	1	30
37	外墙装修	500	25	1	20
38	门窗玻璃	80	8	1	10
39	楼梯踏步	225	15	1	15
40	室内涂料	800	20	1	40
41	水电工程				
42	其他工程				

图 10.4 施工进度计划图（续）

10.1.4　施工准备及各种资源需用量计划

1. 施工准备内容

施工准备工作一览表见表 10-2。

表 10-2　施工准备工作一览表

序号	项目	工作内容	责任单位
1	现场准备	临时道路材料规划及施工 临时设施施工 场地平整定位 大型设备进场 组织劳动力进场	项目经理部 项目经理部 项目经理部 项目经理部 项目经理部
2	技术准备	施工图纸会审 完善绘制现场平面布置图 施工方案交底 提出材料质量、规格要求及计划 编制施工图预算	建设单位 项目经理部 项目经理部 项目经理部 项目经理部
3	物质准备	建筑材料进场 施工设备及工机具进场 筹措启动资金	项目经理部 项目经理部 公司财务部

2. 资源计划表

主要机械设备需用计划、劳动力需用计划、主要材料计划见表 10-3～表 10-5。

表 10-3　主要机械设备需用计划表

序号	机械或设备名称	型号规格	数量	进场时间	备注
1	塔吊	QTZ-80	一台	2004.4.25	
2	搅拌机	350	两台	2004.4.25	
3	龙门架		两台	2004.5.10	
4	钢筋切断机		一台	2004.4.25	
5	钢筋弯曲机		一台	2004.4.25	
6	钢筋调直机		一台	2004.4.25	
7	台刨		一台	2004.4.25	
8	电锯		一台	2004.4.25	
9	夯扩桩机及附属设备		两台	2004.4.25	
10	电焊机		一台	2004.4.25	
11	蛙式打夯机		一台	2004.4.25	
12	碾压机		一台	2004.4.25	
13	振捣棒		4 根	2004.4.25	

表 10 - 4 主要机劳动力计划表

序号	工种	人数	进场时间	备注
1	普工	90	2004.4.28	
2	木工	70	2004.4.28	
3	钢筋工	50	2004.4.28	
4	混凝土工	10	2004.4.28	
5	架子工	20	2004.4.28	
6	砌筑瓦工	60	2004.5.30	
7	电焊工	10	2004.4.28	
8	机械工	8	2004.4.28	
9	修理工	4	2004.4.28	
10	维护电工	4	2004.4.28	
11	抹灰工	60	2004.8.30	
12	油工	40	2004.9.20	
13	安装工	20	2004.4.28	
14	水暖工	30	2004.4.28	
15	安装电工	20	2004.4.28	

表 10 - 5 主要材料计划表

序号	材料名称	规格	单位	数量	进场时间
1	水泥	PO32.5	T	700	2004.5.8
2	砂子	中砂粗砂	m³	14000	2004.5.8
3	石子	2~4cm	m³	4000	2004.5.8
4	红砖	240×115×53	万块	350	2004.5.15
5	钢筋	Ⅰ、Ⅱ	T	680	2004.5.5

10.1.5 施工平面布置图

基础施工现场平面布置图如图 10.5 所示，主体施工现场平面布置图如图 10.6 所示，装饰施工现场平面布置图如图 10.7 所示。

10.1.6 技术组织措施

1. 质量保证措施

(1) 建立健全质量保证体系，从上而下形成质量保证网络。

(2) 建立健全各种质量标准和规章制度。

(3) 项目经理部应设置专职质量检查员。

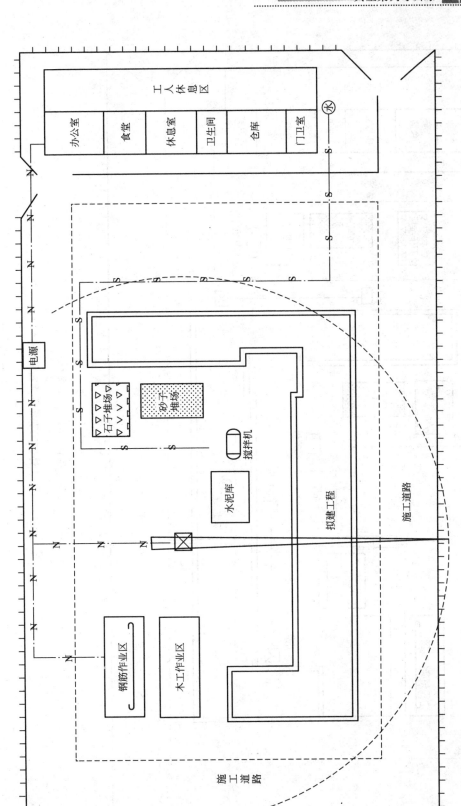

基础施工现场平面布置图

图 10.5 基础施工现场平面布置图

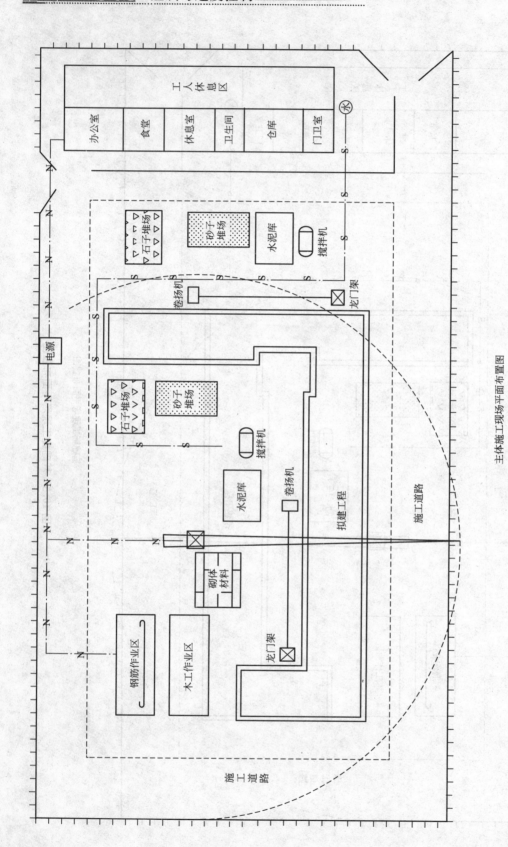

图 10.6　主体施工现场平面布置图

主体施工现场平面布置图

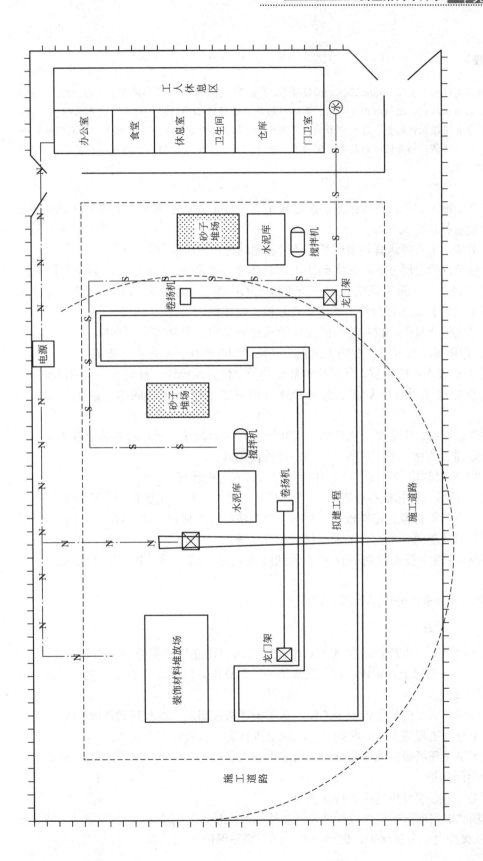

装修施工现场平面布置图

图 10.7　装饰施工现场平面布置图

特别提示

质量保证体系(Quality Assurance System/QAS)是指企业以提高和保证产品质量为目标,运用系统方法,依靠必要的组织结构,把组织内各部门、各环节的质量管理活动严密组织起来,将产品研制、设计制造、销售服务和情报反馈的整个过程中影响产品质量的一切因素统统控制起来,形成一个有明确任务、职责、权限,相互协调、相互促进的质量管理的有机整体。质量保证体系相应分为内部质量保证体系和外部质量保证体系。

(4)严格按施工方案、技术措施组织指导施工,每个分项工程施工前要对各班组进行施工方法、质量标准等交底。

(5)技术员、工长要认真熟悉图纸,及时发现问题,及时处理。

(6)把质量目标层层分解,落实到个人,具体哪一个环节出问题,追查哪一个环节,最后责任落实到个人,施工班组长统一负责成立 QC 小组,设自检员,严把第一道质量关,工序完成后,首先进行自检,然后进行互检、交接检。

(7)严格执行质量否决权和奖罚制度,做到样板起步,严格落实"三检制"和"挂牌制",确保工程质量一次成优,在施工过程中必须做到样板化、程序化、规范化。

(8)提 高检查人员的素质,保证检测数据的科学性、准确性、及时性,本着以预防为主的方针,加强施工过程的检查、监督,及时纠正施工中出现的问题,避免出现返工现象。

(9)加强原材料、半成品、构件的检查和管理,详细做好记录,材料堆放场地要有标牌、产地、数量、规格、是否进行试化验、能否使用等。

(10)加强原材料检验工作,严格执行各种材料的送检制度。

(11)要坚持按内控标准检查验收,严格贯彻"把关"和"积极预防"相结合的管理方法,坚持预先订好标准、定样板、选材料、定做法,进场材料、半成品、加工品执行验收手续,严把试化验关,不符合要求的材料不得进场。

(12)所有装饰工程必须统一进料,做到颜色均匀一致,同一房间颜色和规格必须统一。

(13)有防水要求的分项工程都必须做闭水试验。

2. 安全保证措施

(1)建立健全安全生产管理制度和安全组织机构,建立岗位责任制,增强安全教育,使现场全体人员在思想上真正树立起"安全第一"的意识,形成人人在思想上、行动上时时处处都注意安全。

(2)现场设专职安全员负责安全工作,施工中严格按部颁标准和强制性标准施工。

(3)每个分项工程施工前,必须对工人班组进行安全教育和安全交底。

(4)进入施工现场必须戴好安全帽,高空作业人员必须系好安全带,外脚手架必须采用密目网全封闭保护。

(5)施工人员必须身体健康,持证上岗。

(6)现场临时用电严格按部颁标准和强制性标准执行,采用 TN-S 系统即"三相五线制",实行三级配电,二级保护,做到一机一闸一箱一保护。

（7）施工现场危险地界必须有明显的安全标志，设有警示牌。

（8）加强对"四洞口，五临边"的防护，设置钢筋护栏，电梯井口设置开启式钢筋护栏并设踢脚板。

（9）所有设备必须经检验合格后方可使用。

（10）所有脚手架使用前，必须经安全员或工长验收合格后方可使用，使用过程中严禁超载。

（11）塔吊、客货电梯必须按规范操作，严禁超载运行。

（12）加强机具设备的管理，由专人经常性检修，督促施工操作人员进行保养，发现问题及时处理，严禁带病操作。

（13）临时用电线路采用架空敷设，主干线路采用地埋敷设，并具有防水、防雨、防触电的保护设施。

（14）机械操作人员严禁酒后作业，高空作业时不得说笑打闹、聚堆。

（15）严禁高空向下抛物，出入现场必须走安全通道。

（16）卷扬机棚和安全通道设双层硬防护棚，以保证现场人员和操作人员的安全。

（17）做好安全防火工作，现场设置灭火器和砂箱等防火工具，易燃、易爆品要放入专用库内，远离火源，设专人妥善保管。

（18）生火点必须经防火部门批准，设专人负责。

（19）工人宿舍内不得使用电器，在室内严禁吸烟。

（20）遇六级以上大风时，应暂停室外高空作业。

3. 雨季施工措施

（1）雨季到来之前，首先做好排水通道的疏通，以保证排水通畅，同时准备好雨季施工所需的材料、机具设备，检查现场所有用电设备是否接地良好，电源线的设置是否合理，发现问题及时解决。

（2）雨季施工搅拌站应设防雨棚，电闸箱要有防雨设施，所有机电设备要接地零线，设置漏电保护器。

（3）上人马道、架子、跳板均应绑扎防滑木条，雨后要及时检查脚手架、龙门架、塔吊是否有下沉现象，避免发生倾斜失隐。

（4）砼、砂浆搅拌在雨后应根据砂的实际含水率及时调整配合比，后台设专人计量，确保配合比的准确。

（5）龙门架、塔吊必须有避雷装置，现场电源、电线必须经常认真检查，防止漏电伤人事故发生。

（6）小雨天气浇筑砼，砼表面应覆盖彩条布，大雨天气砼不得施工，对未及时覆盖的新浇筑砼表面被雨水冲刷跑浆的，雨后要及时进行砼补浆处理。

（7）施工人员、其他专业人员施工时，严禁将泥浆带入浇筑的砼中，被泥浆污染的钢筋等雨后应及时清理。

（8）阴雨天室外焊接和外装饰施工暂停，屋面施工不得在雨天进行，如遇雨天施工时，被雨淋湿的分项部分待天晴晾干后，方可进行下道工序施工。

（9）遇到雨天应将室外施工作业暂停，转移到室内，从而保证施工连续进行，加快施工进度。

4. 成品保护措施

(1) 加强成品的保护教育，使全体员工在思想上重视，行动上落实，贯彻成品保护条例。

(2) 成立成品保护领导小组，负责成品保护的落实工作。

(3) 各楼层设专人负责成品保护。

(4) 即将完工或已完工的房间，要及时封闭，由专人掌管钥匙，班组交接时，要对成品保护情况登记验收。

(5) 合理安排施工程序，先上后下，先里后外，先湿后干的施工程序进行施工。

(6) 抹灰施工完毕后，门窗口等用木板做成临时护角，防止其他工序施工时碰撞破坏。

(7) 门窗安装前应入库存放，下边垫起、垫平，码放整齐防止变形；安装后对每户应临时封闭，避免人为损坏。

(8) 外装饰施工时，塑钢窗下边框应设木板保护，脚手架拆除时，应严防擦碰外墙面及门窗等。

(9) 楼地面施工完毕后，严禁在未达到强度前上人踩踏，严禁用硬物碰撞地面。

(10) 把成品保护落实到个人，做到谁出问题谁负责，建立严格的奖罚制度。

5. 消除质量通病措施

(1) 必须严格按照施工组织设计，技术质量交底，规范和操作规程施工。

(2) 内墙砌筑时，必须达到组砌合理，灰浆饱满，垂直平整符合规范规定。

(3) 水泥砂浆地面施工时，必须将基层清理干净，并充分浇水湿润，所用原材料必须符合标准规定，压光不得少于3遍，必须按要求进行养护，防止空鼓，裂纹，起砂现象的发生。

(4) 砼工程严格控制各施工程序的质量，原材料的选择要符合标准，砼的和易性，坍落度，振捣密实程度都要满足要求，适时养护以减少砼的裂缝产生。

(5) 屋面保温层施工时，一定要坡向正确，厚度满足设计要求，防止积水现象的发生。

(6) 屋面防水层施工时，一定要粘结牢固，搭接合理，防止渗漏。

(7) 门窗安装一定精心施工，严格检查，防止缝隙不均匀，开启不灵活等现象的发生。

(8) 面砖、地砖必须严格按要求施工，防止空鼓现象的发生。

6. 降低成本措施

(1) 从管理上要效率，用科学的管理方法严格的规章制度，提高管理人员的素质。

(2) 施工时经常进行严格的安全检查，发现隐患及时处理，杜绝重大事故的发生。

(3) 严格实行科学的生产管理，合理有序的安排施工，严把质量关，做到工程质量一次达标，避免返工浪费现象的发生。

(4) 加快工程进度，提高工人的工作效率，提高大型机具的使用效率，降低工程成本。

(5) 有计划地进行材料进场，尽量减少成品、半成品的二次倒运，减少人工费用。

（6）合理利用新技术新措施新工艺，降低成本。

（7）充分调动发挥技术人员的才智，使其工作中提出合理化建议，使施工操作过程更科学合理。

（8）加强经营核算管理。

7. 文明施工措施

为了加强工程施工管理，做到文明有序，保质、保量地把工程建设地更好，制定如下文明施工管理措施。

（1）文明施工的总体要求。

① 建立文明施工领导小组，主抓现场文明施工。

② 施工现场的主要入口应设规整简朴的安全门，门旁必须设立明显的"五牌一图"。

③ 工地必须制定环境卫生及文明施工的各项管理制度。

④ 工地应有急救药品，设立医务室，配备医务人员及必要的医务设施和洗浴间。

（2）施工现场场容、场貌管理。

① 建立施工现场文明施工责任制，划分区域，明确管理责任人，实行挂牌制，做到现场清洁、整齐。

② 施工现场场地平整，道路通畅（铺设砼路面），有场区排水措施。

③ 现场临时用水用电设施设专人管理，严禁出现长流水、长明灯等现象。

④ 施工现场的临时设施要严格按施工组织设计确定的施工平面布置图布设，整齐有序。

⑤ 工人操作地点和周围必须清洁、整齐，做到工完物清，对落地灰、砼等要及时清理回收，过筛后使用。

⑥ 砂浆、砼的搅拌运输、使用过程中做到不洒、不漏、不剩。

⑦ 要有严格的成品保护措施，严禁损坏污染成品、堵塞管道。

⑧ 高层建筑清除的楼层垃圾，严禁从窗口向外抛掷，必须通过运输工具运下。

⑨ 施工现场不准乱堆垃圾杂物，要到指定的临时位置堆放，并及时外运。

（3）现场机械管理。

① 现场所有机械设备，应按施工平面图规划布置存放，操作人员应遵守机械安全操作规程，经常保持机械本身及周围环境的清洁，机械标记明显，安全装置可靠。

② 清洗机械排放出的污水，要集中排放到污水坑内，不得随意流淌。

③ 高层垂直运输机械，实行挂牌、专人负责制，管理人员进行定期检查机械。

10.2　建筑工程进度控制案例

 引例 2

某广场地下车库工程，建筑面积 18000m²，建设单位和某施工单位根据《建设工程施工合同（示范文本）》（GF-99—2001）签订了施工承包合同，合同工期 130 天。施工单位在编制进度计划时，将施工作业划分为 A、B、C、D 这 4 个施工过程，分别由指定的专业班组进行施工，每天一班工作制，组织无节奏流水施工，流水施工参数见表 10-6。

表 10 - 6   流水施工参数

施工段 \ 施工过程 流水节拍(天)	A	B	C	D
Ⅰ	12	18	25	12
Ⅱ	12	20	25	13
Ⅲ	19	18	20	15
Ⅳ	13	22	22	14

问题：（1）按上述要求进行施工，计划工期为多少天？能够满足合同要求？

（2）若不能满足合同要求，应如何进行调整？

影响建筑工程施工进度的因素有很多，如人的因素，技术因素，设备、材料及构配件因素，机具因素，资金因素，水文、地质与气象因素，以及其他自然与社会环境等方面的因素。其中，人的因素是最大的干扰因素。从产生的根源看，有的来源于建设单位、监理单位本身；有的来源于勘察设计、施工及材料、设备供应单位；有的来源于政府、建设主管部门、有关协作单位和社会；有的来源于各种自然条件。在建筑工程施工过程中，常见的影响因素如下。

工业厂房施工组织安排如图 10.8 所示，原计划工期为 210 天，当第 95 天进行检查时发现，工作④—⑤（垫层）前已全部完成，工作④—⑤（构件安装）刚开工，试进行进度控制。

如图 10.8 所示，箭线上的数字为缩短工期需增加的费用（单位：元/天）；箭线下的括弧外的数字为工作正常施工时间；括弧内数字为工作最快施工时间。

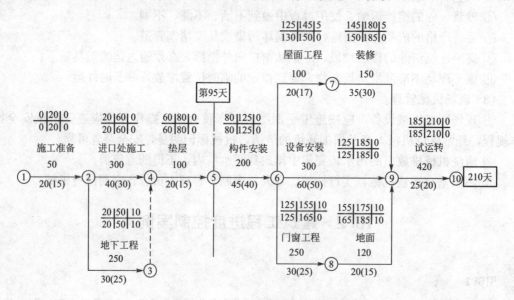

图 10.8   某工业厂房施工组织安排图

分析：因为工作⑤—⑥是关键工作，它拖后 15 天可能导致总工期延长 15 天，应当进行计划进度控制，使其按原计划完成，办法就是缩短工作⑤—⑥及其以后计划工作时间，调整步骤如下。

第一步：先压缩关键工作中费用增加率最小的工作，其压缩量不能超过实际可能压缩值。从图10.8中可见，3个关键工作⑤—⑥、⑥—⑨、⑨—⑩中，赶工费最低是 a⑤—⑥=200，可压缩量=45-40=5(天)，因此先压缩工作⑤—⑥5天，而需要支出压缩费5×200=1000(元)，至此工期缩短5天，但⑤—⑥不能再压缩了。

第二步：删去已压缩的工作，按上述方法压缩未经调整的各关键工作中费用增加率最省者。比较⑥—⑨和⑨—⑩两个关键工作，a⑥—⑨=300元最少，所以压缩⑥—⑨，但压缩⑥—⑨工作必须考虑与其平行作业的工作，它们最小时差为5天，所以只能先压缩5天，增加费用5×300=1500元。至此工期已压缩了10天，而此时⑥—⑦与⑦—⑨也变成关键工作，如再压缩⑥—⑨还需考虑⑥—⑦或⑦—⑨也要同时压缩，不然则不能缩短工期。

第三步：此时可以压缩的工作为：一是同时压缩⑥—⑦和⑥—⑨，每天费用增加为100+300=400元，压缩量为3天；二是同时压缩⑦—⑨和⑥—⑨，每天费用增加为150+300=450元，压缩量为5天；三是压缩⑨—⑩，每天费用增加为420元，压缩量为5天。三者相比较，同是压缩⑥—⑦和⑥—⑨费用增加最少。故工作⑥—⑦和⑥—⑨压缩各压缩3天，费用增加(100+300)×3=1200元，至此，工期已压缩了13天。

第四步：分析仍能压缩的关键工作，此时可以压缩的工作为：一是同时压缩⑦—⑨和⑥—⑨，每天费用增加为150+300=450元，压缩量为5天；二是压缩⑨—⑩，每天费用增加为420元，压缩量为5天。两者相比较，压缩工作⑨—⑩每天费用增加最少。工作⑨—⑩只需压缩2天，费用增加420×2=840元。至此，工期已压缩15天已完成，总费用共增加1000+1500+1200+8400=4540元。

调整后的工期仍为210天，但各工作的开工时间和部分工作作业时间有所变动，劳动力、物资、机械计划及平面布置均按调整后的进度计划作相应调整。调整后的网络计划如图10.9所示。

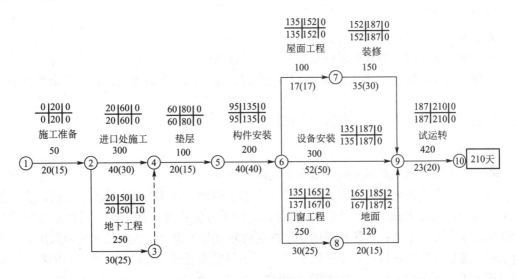

图10.9 调整后的网络计划图

【观察思考】

施工进度计划编制完成后，要进行检查进度计划是否满足合同要求，或者对已编制好的进度计划进行优化，工期控制和优化的方法有多种，要灵活应用。

10.3　真实工程施工组织设计综合应用

10.3.1　工程概况

某大厦位于某市乐坪东街，面临娄底宾馆。由某市某房地产开发有限公司投资新建，总建筑面积 32722m²。本工程为框剪结构，地下二层，地上十五层，建筑物高度 59.15m。

本工程由某省第一工业设计研究院设计，建筑结构安全等级为二级，耐火等级为二级，以主体结构确定的设计合理使用年限为 50 年。抗震设防烈度为 6 度，框架抗震等级为四级。

1. 主要结构形式

本工程结构类型为现浇钢筋砼框架结构，基础采用人工挖孔桩，基础承载力特征值 qpa＝2800kPa。

砼结构的环境类别为一类，负一层车库及四周挡土墙采用 C30 防水抗渗砼，抗渗标号 S8，要求砼中掺膨胀剂，柱下独立基础，桩基础采用 C25，其他现浇构件均采用 C30。

钢筋：梁、柱主筋采用 HRB400 级，箍筋采用 HPB235 级，楼面、屋面采用 HPB235 级。

隔墙材料：本工程四周外围护墙、楼梯间墙采用 240 厚砖砌眠墙；21.60 标高以上墙体采用 240 厚砖墙，其中外墙眠砌，内墙一眠一斗；负一层内墙采用 240 厚砖砌眠墙，外墙为 180 厚钢筋砼挡土墙；1～6 层卫生间采用 120 厚砖墙，砖墙采用 MU10 机制砖，M5.0 混合砂浆砌筑，砖砌体质量控制等级为 B 级。

2. 主要建筑装饰

外装饰：外墙采用墙面砖饰面。

楼地面：除公共部分地面及楼梯间地面按设计图施工外，其余的只做找平层。

顶棚、内墙：除公共部分墙面及楼梯间墙面、顶棚做面层仿瓷涂料外，其余均只做找平层。

屋面：防水等级为二级，刚性防水屋面。

3. 水电安装概况

本工程安装工程主要包括给排水和电气两部分。

本工程给水采用城市自来水，接市政生活给水管网，设 DN100 市政进水管，管道流速 1.00m/s，流量 31m³/h。室内排水采用雨、污水分流系统，污水经生活污水沼气净化池处理后排市政下水道；消防栓消防给水按室内外 20L/S 设计。生活给水室内采用 PP-R 给水管，热熔或管件连接；排水采用 PVC-U 芯层发泡硬聚氯乙烯塑料管，承插粘接；室内埋地采用焊接钢管，DN＞100 时采取焊接或法兰连接，DN≤100 时采用丝接。

本工程高压电源由室外引来，采用 YJV22-10KV 电缆埋地引入，负荷等级为二级，总进线为电缆钢管埋地敷设，消防线穿钢管，其他支线路穿阻燃管暗敷。

本工程为三类防雷建筑物，各种进出户的金属管道、金属构架、电缆金属外壳、伸出屋面的金属物件都与 PE 线相连。防雷接地与重复接地合用接地体，引下线利用各柱子内主钢筋作防雷引下线，并与基础焊成电气通路。

4．投标范围

根据招标文件和招标单位所提供的设计图纸等内容，本工程投标范围为房屋基础工程（人工挖孔桩）、主体工程、屋面防水工程、一般装饰工程、给排水工程、电气工程、消防工程、弱电系统。

5．工程条件

施工现场三通一平已具备，场地能保证现场平面布置，水源、电源均可就近接至现场，施工道路畅通，各种施工设备和材料可直接运抵现场，为按时完工提供了良好的施工条件。

10.3.2　施工组织与部署

1．施工目标

工期目标：确保总工期338天（日历日）。

质量目标：确保合格工程，争创市优良工程。

安全目标：杜绝死亡事故发生，年负伤频率控制在0.5‰以内。

管理目标：对现场进行规范管理，创市文明施工工地。

2．施工组织

我公司将以实现业主目标和企业经营目标为目的，选派具有丰富的类似工程施工经验的同志担任项目经理，并在公司范围内选拔优秀工程技术人员进行施工，同时我们将全面实行项目经理责任制和项目成本核算制，以生产要素的优化配置和动态科学管理为基本特征，对该项目进行全过程、全方位的科学管理。

（1）优选项目经理组建项目管理班子，项目经理部机构图如图10.10所示。

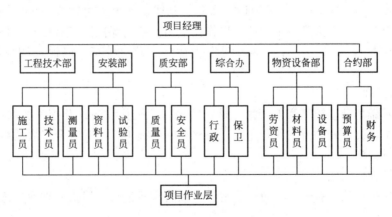

图10.10　项目经理部机构图

（2）项目劳务层。项目经理部根据该工程的工程量、合同工期、施工进度计划，以施工组织设计为依据，绘制劳动力动态需用曲线，编制劳动力需用计划。由我公司据此及时、足额、保质地提供劳动力，劳务层的内部管理由公司和劳务队长负责，外部则由项目经理部进行指导、监督、管理控制。

3. 施工部署

总的施工顺序：先地下，后地上，先结构，后装饰，在结构施工阶段以土建施工为主，安装各种预留预埋穿插进行，装饰施工段各专业工种与土建交叉作业，同步施工。

1）施工总进度布置

考虑到施工现场并不宽敞，而工期紧迫，安排各工种合理交叉作业。每个施工段施工完成后即进行验收，验收合格后才能进行下一道程序施工，由项目经理协调各作业队，保证水电安装穿插施工进展顺利，保证按时交付使用。

2）机械设备部署

施工设备由项目部物资设备部配给公司设备科调配，设备布置详见施工平面布置图，主要设备选择方案如下。

（1）砼、砂浆机械。砼、砂浆均现场搅拌生产，并实行现场见证取样制度，现场设JGC350 砼搅拌机四台，强制式 200L 和灰机四台。

（2）垂直运输。根据项目及周边环境特点，设 QTZ60 塔吊两台，能满足施工材料垂直运输要求。

（3）钢筋机械。现场设钢筋加工棚，布置 1 台 GWB‐40 钢筋弯曲机、1 台 J32‐1 切断机，冷拉卷扬机 1 台，DN1‐75 对焊机 2 台。

（4）木工机械。现场设置木工棚，布置 2P2E 木工多用机 1 台，电钻 1 台。

3）现场安全措施

建立完整的以项目经理为首的安全防护管理体系，安全防护由项目经理安全保证体系负责实施，公司质安科、项目安全员负责检查其实施情况，发现问题及时督促整改。

4. 主要施工方案与方法

1）测量工程

在建筑物四周地面上设置外部控制点，作为建筑物的外部控制网，在施工层楼面设置内部控制点。同时在施工至±0.000 时，将各控制线及 4 个大角轴线引至周边地面上，设置外部控制点，并根据进度向上引弹，以作校核用。各内部控制点既可相互校核，又可通过外部控制点网来校核，以保证能及时发现偏差，及时校正，以保证测量轴线的准确无误。

2）基础工程

本工程基础为独立柱基和人工挖孔桩，其中人工挖孔灌注桩开挖深度大，工期紧张，故以独立人工挖孔桩开展流水作业施工，每完成一个施工段经验收合格后就组织灌注作业组，立即进行砼灌注。

3）钢筋工程

所有钢筋进场均应有出厂质量证明书，进场后应按批量、规格分别取样送检，检验合格后方可使用。

钢筋制作在现场进行，成型后挂牌并分开堆码。

钢筋绑扎：绑扎前，须核对钢筋的级别、型号、直径、形状、尺寸是否与设计相符，如有错漏，及时修补，钢筋采用塔吊运输、人工绑扎，为保证设计所要求的钢筋保护层厚度，钢筋绑扎时，需设置砂浆垫块，板的垫块呈梅花状布置，间距不大于 1000mm×1000mm，梁柱垫块的纵向间距不大于 1000mm，横向每边两块。板上层筋绑扎时，须设

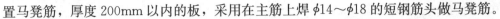

置马凳筋，厚度 200mm 以内的板，采用在主筋上焊 $\phi14\sim\phi18$ 的短钢筋头做马凳筋。

钢筋连接：梁主筋直径<22mm 时连接采用焊接，柱钢筋 $\phi20$ 以下采用搭接焊。钢筋连接接头的位置应按《砼结构工程施工及验收规范》(GB 50204—1992)的要求相互错开。

钢筋代换须取得建设、监理、设计单位的同意。

钢筋绑扎好后应注意成品保护，以免出现钢筋变形，绑扎点松动等。

4）模板工程

（1）剪力墙外模采用钢框定型大模板，内模采用竹胶板和 6cm×8cm 杉木枋制成的定型模板，用 $\phi12$ 止水螺栓坚固，双向间距≤600mm，墙内采用双排钢管架固定外模，外模由墙内双排钢管的顶部钢管平挑，并加墙外斜撑固定。

（2）柱模采用竹胶板制成的定型模板，用短钢管及配套扣件作箍，箍间距≤600mm。

（3）梁底模采用 1.2cm 厚竹胶板用 6cm×8cm 杉木枋配制，梁侧模采用竹胶板，木枋斜撑，先安好一边侧模，待钢筋绑扎好后，再安装另一边侧模。板底模用竹胶板下铺 6cm×8cm 杉木枋，支承间距≤500mm。

（4）模板拆除：柱、墙板砼达到一定强度，即模板拆除不缺棱掉角为度，梁板跨度大于 8m 时，待砼强度达到设计强度 100％方可拆除底模板。

5）砼工程

砼工程为该工程的关键过程，由项目经理负责砼施工阶段的总调度，主要是掌握砼供应运输，批准浇筑计划，组织设备维修，确保砼浇筑的顺利进行。砼施工也是本工程技术管理和质量控制的重点，本工程由项目总工程师全面负责，成立以项目总工牵头的砼质量监控小组，对砼的配合比、砼搅拌、运输、浇筑、养护全过程进行监控，并对现场搅拌站浇筑的有关工程技术人员进行书面技术交底。

6）脚手架工程

根据本工程特点，采用双排钢管脚手架。脚手架必须有足够的承载能力、刚度和稳定性。

7）砌体工程

施工前必须根据施工图和砌体尺寸，垂直灰缝的宽度、水平灰缝的厚度等，计算砌块的皮数和排数，以保证砌体的尺寸。砌筑前，应按施工图放出墙体的边线，将楼面局部找平，并立好皮数杆，检查与混凝土结构连接部位的拉结钢筋，要保证其间距、长度符合设计和抗震要求。

砌体采用砌筑砂浆强度等级应符合设计要求，每层不大于 250m³ 砌体必须留置一组砂浆试块。红砖应提前浇水湿润，其含水率一般不超过 20％，砌筑时，灰缝应横平竖直，砂浆饱满，以保证砌块之间有良好的粘结力。砌体的上下皮砌块应错缝砌筑，当搭接长度小于砌块的 1/3 时，水平灰缝中应设置钢筋加强，临时间断处应砌成阶梯斜槎，不允许留直槎。

8）屋面工程

本工程屋面防水等级二级，设一道刚性防水和一道柔性防水，屋面工程是本工程的关键，施工时必须严格保证质量。

9）一般装饰（室内）

施工程序：坚持先施工上层楼面找平再进行下层室内墙面及顶棚作业，防止雨水浸洗墙面，主体完工后从上至下逐层进行。

建筑施工组织与进度控制

10) 结构预留、预埋

本工程涉及专业工程多，管线复杂，各种预埋、预留不得遗漏。为保证预埋预留准确无误，避免事后打洞凿孔，本方案采取如下措施。

（1）施工前，各专业工长认真阅读图纸，切实领会设计意图，施工时派专人分管预留预埋工作，将各种预留预埋按型号、规格、数量、位置、标高分别标志在工作图上，以利施工安装和检查。

（2）加强土建和安装的配合，在施工前，对预埋预留应共同查对图纸，在施工中，共同进行检查签字验收。

（3）认真做好图纸会审，及时全面地发现，提出并解决图纸上的有关问题。

【观察思考】

施工组织总设计中施工方案的编制和单位工程是不同的，根据所学内容，同学们应注意进行区分。

10.3.3　施工进度计划及保证措施

1. 施工工期

根据公司的施工生产能力和本项目的实际情况，总工期确实为 338 天。施工准备为 5 天；基础工程工期为 70 天；地下室工程为 37 天；主体结构工程为 119 天；屋面工程为 12 天；一般装修工程为 75 天；室外工程为 15 天；竣工交验为 5 天。

2. 工期主要保证措施

1）组织管理措施

（1）本工程由公司委派优秀项目经理担任本工程项目经理，并在全公司范围内优选项目班子，实行现场指挥管理。

（2）公司与项目部、项目部与各作业层层层签订保工期合同，实行重奖重罚，并根据需要撤换责任人或作业队，随时补充优秀的作业人员参战，确保工程顺利进行。

（3）设立 3 个工期控制点，即基础 70 天，主体 119 天，一般装饰装修 75 天，来确保工期目标的实现。

（4）计划统计员每天统计所完成的工作量和形象进度，及时与二级网络计划进行对照，找出差距，并将信息反馈到项目经理及各个部门，由工程管理部牵头分析原因，制订赶超计划措施，落实实施人员，使每周计划按时完成。

（5）坚持施工现场"两会"制度：第一会是每天下午 17 点～18 点施工现场碰头会，由主管生产的项目副经理主持，检查当天的生产完成情况，布置第二天的工作计划；第二会是每周星期五下午的生产调动平衡会，由项目经理主持，针对一周所出现的差距，工程管理部解决不了的问题进行再分析，落实解决问题的办法，确保每周的计划按时完成。

（6）加强季节性施工管理，针对雨、酷热等不同自然条件，采取相应的技术组织管理，为确保工期质量目标而创造条件。

（7）充分发挥经济杠杆作用，将工程结算单价与施工进度计划的完好情况挂钩，促使各作业队从根本上重视施工进度计划，人人都能发挥主观能动性。

2）资源保证措施

（1）充分发挥我公司设备先进、装备精良的优势，实施科学、合理的投入，尽最大可

能提高工程施工的机械化程度。

（2）按本施工组织设计的要求，为该项目配备素质高、作风好的项目管理班子和本公司自有的经验丰富、操作技术水平高、责任心强的作业队伍进场施工。

（3）施工期间遇节假日，我公司将根据节假日的分布情况，预先以项目人员和作业队伍进行合理的轮休、倒休，以保证施工队伍的稳定，施工不受节假日的影响。

（4）现场配备计算机，并由专门人员应用工程项目管理软件，对工期网络和资源优化进行动态控制，使节点工期得到有效的控制，从而确保关键工序和总工期的实现。投入足够数量的周转材料以满足该工程施工进度的需要。

3）技术措施

（1）实施科技示范工程战略，大力推广和应用"四新技术"，施工进度采用"计算机"进行宏观控制，并以先进的技术、工艺、设备来保证工期目标的实现。

（2）充分发挥技术的先导作用，认真做好施工前的技术准备工作。如测量控制网的建立，图纸会审，施工组织设计和作业指导书以及施工方案的编制，砼、砂浆的现场试配等，以充分有效的技术准备工作来保证工期目标的实现。

（3）采取措施，提高机械设备的完好率和利用率，充分发挥施工设备的作用。

（4）在全公司的范围内，挑选经验丰富、技术水平高、责任心强的机操工进场施工。施工设备的主要维修人员在现场24小时值班。

（5）现场配备适量塔吊、搅拌机、砂浆机等主要施工设备中易磨损、易出故障的零配部件。

（6）组织足够的劳力，实现24小时连续作业。

（7）与业主、设计、监理、质监保持联系，及时验收，使主体、装饰、安装层层跟进，及时与设计保持联系，提前解决施工生产中可能存在的问题。

10.3.4 资源安排计划

1．劳动力安排计划

（1）劳动力计划按计划进场日期提早10天落实，施工高峰期，每天按二班作业制进行作业，主要技术工种如木工、泥工、钢筋工、砼工、装修工、水电工、机械工等全部采用公司职工。

（2）全部技术工种人员均参加了湖南省建筑职能技术岗位培训，并通过考试合格，持证上岗。

（3）选择素质好、责任心强的职工作为施工力量。

（4）向社会招聘的普工须考核其素质及施工经验后择优选用，并签订劳务分包合同。

（5）主要劳动力安排计划见表10-7。

表10-7　劳动力安排计划表

序号	工种	单位	基础工程	主体工程	装修工程
1	普工	人	80	80	40
2	木工	人	40	90	30
3	砼工	人	60	20	5

（续）

序号	工种	单位	基础工程	主体工程	装修工程
4	泥工	人	40	100	90
5	钢筋工	人	40	50	5
6	电焊工	人	4	6	6
7	架子工	人	10	20	20
8	机械工	人	10	15	8
9	后勤、保卫	人	4	4	4
10	合计	人	288	385	208

2. 主要材料、构件用量计划

主要工程用材计划措施

材料计划根据施工进度计划计算出月、旬材料和构件用量计划，编制主要材料、构件用量计划表见表 10-8，并提前一个星期交材料采购部门落实。

表 10-8　主要材料、构件用量计划表

序号	名称	规格	单位	数量
1	白水泥		t	1
2	水泥	32.5	t	3500
3	水泥	42.5	t	2650
4	砂	中净砂	m³	2750
5	砂	粗净砂	m³	700
6	红青砖	240×115×53	千块	2100
7	铝合金卷闸门	1mm 厚	m³	400
8	平板玻璃	5mm 厚	m³	810
9	焊接钢管		kg	4510
10	砾石	10mm	m³	378
11	砾石	20mm	m³	310
12	砾石	40mm	m³	1770
13	杉原条		m³	240
14	松原木		m³	80
15	石油沥青	30#	kg	75
16	双飞粉		kg	54000
17	水		t	6100
18	SBS 改性沥青卷材		m²	59

(续)

序号	名称	规格	单位	数量
19	107胶		kg	1500
20	圆钢	$\phi6.5$	t	20
21	圆钢	$\phi8$	t	35
22	圆钢	$\phi10$	t	32
23	螺纹钢Ⅱ级	$\phi12$	t	22
24	螺纹钢Ⅱ级	$\phi14$	t	24
25	螺纹钢Ⅱ级	$\phi16$	t	28
26	螺纹钢Ⅱ级	$\phi18$	t	23
27	螺纹钢Ⅱ级	$\phi20$	t	21
28	螺纹钢Ⅱ级	$\phi22$	t	18
29	螺纹钢Ⅱ级	$\phi25$	t	22
30	PVC塑料排水管	$\phi110$	m	250

材料的消耗额管理：材料核算应以材料施工定额为基础，经常考核和分析定额的执行情况，着重于定额材料与实际用料的差异，不断提高定额管理水平。

材料现场管理：加强材料管理，严禁次品及不合格品材料进入施工现场，进场材料严格实行验品种、验质量、验数量的制度。水泥必须掌握进场时间，严格按先进先用的原则，避免使用过期水泥。开展生产节约活动，对各班组根据其工程量实行限额领料，当日记载、月底结账，节约有奖的制度，使材料计划落到实处。

3. 主要机具使用计划

主要机具使用计划表，见表10-9；主要工器具使用计划表，见表10-10。

表10-9 主要机具使用计划表

序号	机械或设备名称	型号规格	数量	国别产地	制造年份	额定功率(kW)	生产能力	备注
1	塔吊	QTZ-40	2台	湖南	2004年	32		$R=40m$
2	提升机(三柱二篮)		3台	湖南	2004年			
3	砼搅拌机	JZC350	4台	湖南	2003年	10	0.35m³/h	
4	砂浆拌和机	200L	4台	河南	2003年	3	0.2m³	
5	木工多用机	2P2E	2台	威海	2005年	12		
6	钢筋弯曲机	GWB-40	2台	河南	2003年	3		
7	对焊机	DN1-75	2台	湘潭	2003年	40		
8	电焊机	BX6-300	3台	湘潭	2002年	23		
9	水准仪	DS3	1台	南京	2004年			
10	经纬仪	J2	1台	南京	2004年			

（续）

序号	机械或设备名称	型号规格	数量	国别产地	制造年份	额定功率（kW）	生产能力	备注
11	计量装置		1套	长沙	2004年			
12	平板式振动器	ZW-2.2	6台	湘潭	2005年	2.2		
13	插入式振动器	ZX50	10台	湘潭	2004年	1.5		
14	钢筋切割机	J32-1	1台	上海	2002年	11		
15	氧割设备		1套	湘潭	2005年	2.5		
16	装载机		1台	柳州	2005年			上料
17	载重汽车	8t	4辆	上海	2003年			
18	试压泵	电动	2台	柳州	2003年			
19	标养室空调	1.5匹	1台	四川	2005年	1.2		养护
20	加压泵		2台	上海	2005年			
21	蛙式打夯机	BA-215	10台	长沙	2004年	1.5		

表 10-10 主要工器具使用计划表

序号	机械或设备名称	型号规格	数量	国别产地	制造年份	额定功率（kW）	备注
1	空压机	1.5m³	2台	上海	2004年	12.5	
2	风钻	18″	5把	湘潭	2004年	1.5	
3	风镐	G-11	5台	湘潭	2005年	1.2	
4	灌注工具	φ250导管	1套	长沙	2006年		
5	电动葫芦	CD₁	25台	湘潭	2003年	2.2	
6	扒杆	12m	1套	自制			
7	模板		60套	自制			用于桩基
8	潜水泵	30~40m	20台	湘潭	2003年	12	
9	通风机	轴流式	18台	上海	2005年	7.5	
10	翻斗车	F10	10台	涟源	2003年		

10.3.5 平面布置

1. 布置原则

（1）根据本工程施工场地实际情况组织施工，本着"满足需要，尽量缩短材料二次运距"的原则布置。

（2）按照市文明施工工地布置。

（3）综合考虑土建、水电安装两大专业队伍所必需的临建，合理布置，注重功能的协调一致。

（4）注重文明施工，环境保护。

（5）水电布线（管）尽量采用暗敷，避免影响施工。

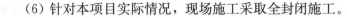

（6）针对本项目实际情况，现场施工采取全封闭施工。

2．生产设施

（1）现场南面布设项目经理部、门卫室、工具库、试验室、监理室，在施工现场北面设立生活区。

① 砼和砂浆：采用机搅机捣搅拌站，现场配备二台砼搅拌机和二台砂浆和灰机。

② 钢筋在现场加工制作，现场设钢筋原材料堆场、钢筋加工棚、钢筋半成品棚。

③ 在现场设木工车间一座，内设模板加工设备二套。

（2）运输设备。

本工程布置二台 QTZ－60 塔吊。

（3）施工临时用水。

进水主管采用 $\phi100$ 钢管从就近接入现场，在场外沿围墙边暗埋。各用水点根据用水量布置设相应直径的给水管，将水送到各用点。

（4）施工临时用电。

主电源从业主指定地点引入工地配电房，工地用电分 3 个回路布置：第一路供塔吊和搅拌机站等设备用电；第二路供钢筋、模板、水电加工及各楼层用电；第三路为照明和生活用电。照明、生活用电与动力用电分开，各设回路。施工用电严格按规范标准执行，采用 TN－S 系统。

（5）灭火器：备泡沫灭火和干粉灭两种灭火器，以应付不同类型的火灾事故，布置（悬挂）于醒目处，间距宜控制在 20～30m。

（6）环卫设施。

① 化粪池：生活区设厕所和淋浴间，设置化粪池一个，沉淀池一个。

② 垃圾处理处：设垃圾桶收集，然后集中处理并运出工地。

③ 沿施工现场四周布置好排水沟，有组织的排水。

（7）道路、围墙、地坪。

① 在南面设立大门，并建立门卫室。

② 围墙：外侧刷白后书写有关宣传标语。

③ 地坪：场平面内采用砼硬化地坪。

④ 正对大门入口处设 CI 标志牌，建议在门处布置本建筑物的外观效果图，以便人们更易于认识本工程。

⑤ 大门入口处布置施工标牌、施工平面图、总设计、现场安全防护宣传、黑板报等。

3．平面布置的管理

平面布置由项目经理全权负责实施与管理，项目部应制订适应的管理办法，如制定分区分段的责任制等。

10.3.6 保证措施

1．质量保证措施

1）工程质量目标

总体质量目标：确保合格工程，争创优良工程。

具体质量目标：确保各分部工程合格率 100%，其中土建 5 个分部（基础工程、主体工程、装饰工程、楼地面工程、屋面工程）全部达到优良。

2）分部分项工程名称质量保证措施

（1）施工测量。根据业主提供的坐标和高程控制点，按测量方案组织现场的测量作业，建立本工程中线、标高控制点，并做好测量成果标识和记录。测量必须经过专职质检员复核检查，并送业主和监理单位代表审核，未经复核的测量记录不得作为测量成果使用。

（2）桩基工程。

① 放点定桩位。必须用经纬仪准确无误地将桩墩形心线、轴线及桩墩位点全部放线，然后打入铁钉桩作标记，并保留永久性标志—桩墩形心线，轴线端点以备随时校验，经复核无误才能动土开挖。

② 桩身斜率的防止措施。每浇灌完三节护壁，校核桩中心位置及垂直度一次，以及时修正桩身斜率及桩的偏差。

③ 成孔坍方的预防措施。挖掘成孔时，遇孔壁垮坍，将护壁高度由 1m 改为 0.5m，并在坍方处用红砖砌外模或钢筋支衬，再支内模浇注护壁砼，若渗水量较大，则在混凝土中加适量水玻璃，促进护壁砼快速凝固。

④ 确保混凝土质量的措施。严格按配比上料，按规定进行搅拌，不合要求的混凝土不能浇注，原则上每灌注一个台班做一组试块，约 28 天养护后送验。

⑤ 确保单桩承载力的措施。

a. 人工清底至底部，不留残渣。

b. 水泥质量必须符合要求，粗骨料采用 20～40mm 碎石，细骨料用天然中砂，水用可饮用的自来水，质量偏差控制在 5% 以内，坍落度保持在 80～100mm，装料时先用碎石再水泥后中砂的装料顺序，搅拌时间为 90s。

c. 砼灌注时，做一漏斗，将砼倒入漏斗中，控制砼落在桩心。砼每升高 1.0m 左右，振捣一次。

（3）挡土墙防渗漏质量措施。

① 所选用材料必须符合规范要求，并选用防水性能好的外加剂。施工前全部按规定送检，配合比由现场取样经试配后开出，采用高性能低水灰比的混凝土配合比，施工中严格讲量配制。

② 采用结构自防水技术，使混凝土结构均匀密实；采用外加剂混凝土，以保证混凝土连续施工，避免出现自然施工缝，确保地下室结构的自防水性能。

③ 模板平整、拼缝严密不漏浆，并有足够的刚度、强度，支撑模板的脚手架牢固稳定，能承受混凝土拌和物侧压力和施工荷载，穿过防水混凝土固定模板的对拉螺栓中间加焊止水环，止水环直径 10cm，每根不少于 1 环。

④ 墙板的施工缝设在距离底板面 500mm 以上的墙板上，接缝采用凹槽形接缝，加 BW 止水条，混凝土振捣时，特别小心，振动棒不要直接碰触止水带，以免损坏，应缓慢均匀地振捣密实。

⑤ 做好施工缝的处理：先将表面松散结构凿除，清洗干净充分洒水湿润，再浇注一层与结构混凝土同成分砂浆（3～5cm 厚）或减半石混凝土，然后进行后续混凝土浇筑施工，以避免施工缝处理不当引起渗水。

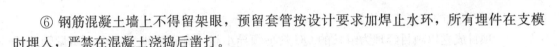

⑥ 钢筋混凝土墙上不得留架眼，预留套管按设计要求加焊止水环，所有埋件在支模时埋入，严禁在混凝土浇捣后凿打。

⑦ 在密集管群穿过处和钢筋稠密处，浇捣混凝土困难时，采用相同抗渗等级的等强度细石混凝土振捣密实。振捣点均匀，严禁出现蜂窝、麻面、漏筋等现象。

⑧ 防水混凝土养护：防水混凝土养护对其抗渗性能影响极大，因此，当混凝土进入终凝即应开始浇水养护，养护时间不少于14天。

（4）模板工程。模板结构的几何尺寸必须准确无误，安装稳固、拼缝严密。针对走模、胀模和梁柱接头不正、不直等质量通病，施工时制定详细的作业指导书，确保模板的制作质量，柱模板确保多次组合不掉棱、不漏浆，模板支撑经过计算，确保有足够的强度、刚度与稳定性，不发生走模、胀模、下沉等现象。梁柱接头制作定型模板，主要构件支模时编制具体方案实施。拆模后模板清理干净涂上脱模剂后按平面图布置堆码整齐。

（5）钢筋工程。钢筋进场有出厂合格证及取样送检合格。钢筋的品种、规格、下料、位置符合设计要求，准确无误。钢筋搭接长度符合设计与规范规定，钢筋绑扎后按规定要求垫好保护层，板面双层钢筋应加撑铁，并避免施工人员在上面践踏。

对焊接头由技术熟练专职人员进行施工，且持证上岗，作业前进行模拟操作，合格后方可施焊，并取样检测，检测合格后方可使用，现场做好详细记录，包括操作者姓名、证件号码、接头部位及数量、试件编号、试件质量情况。

（6）混凝土工程。砼浇筑前应严格检查模板尺寸、钢筋数量及位置。砼施工前对各原材料(水泥、砂、碎石)严把质量关，严格试配。浇捣过程必须安排熟练工细心操作，振点均匀，特别是墙板、柱交接钢筋密集处，应分层振捣，细心捣实。严格按设计与规范要求留设施工缝。砼施工后，采用"0.5～1h快速测强法"对砼强度跟踪控制，及时做好砼施工记录、隐蔽验收记录和施工日志，并按规定留置试块。

（7）砖砌体工程。严格按设计要求选砌块。砌筑前按实地尺寸和砌块规格尺寸进行排列，采用满铺挤砌筑，上下十字错缝。转角处必须同时砌筑，严禁留直槎(特殊情况除外，但必须设阳槎)，交接处应留斜槎，严格按设计和规范要求进行组砌或预埋连结筋。填充墙在相应楼层砼结构施工完拆模后插入进行，施工时预先绘制砌块排列图进行，框架填充墙砌体均分二次砌筑，即第一次砌至梁底留出斜砖位置，待7天砌体无自然沉降后，用红砖斜砌塞紧。

（8）楼地面工程。楼地面施工基层应凿除浮渣，形成毛面后清理干净，找平层用水准仪跟班抄平，控制好平整度。楼地面水泥砂浆应严格按施工程序和操作规程要求进行，表面应平整、干净、粗糙。地砖材质均应符合业主和设计要求，且颜色一致，表面平整、边缘整齐、棱角方正、规格相同，必须有出厂合格证才能进入工地使用。施工时，先选材预排，确认达到设计效果和业主要求后才可进行正式铺贴。基层、面层应严格按施工程序和操作堆积进行，楼地面各层坡度、标高、平整度均应符合设计要求，面层与基层的结合必须牢固、无空鼓、裂缝等缺陷。

（9）一般装饰工程。一般装饰大面积施工前，先施工"样板间"，待业主和监理单位认可达到优良标准后，才能以此作为操作标准进行全面铺开。

（10）屋面工程。屋面防水应把握好施工工序和质量，屋面上的留洞和埋件必须采取防水措施，屋面防水由施工负责监督，严格按工艺标准进行施工。屋面、天沟等防水工程做好蓄水和淋水试验并做好检验记录，以保证屋面无一点渗漏。

3) 确保市优的主要技术措施

(1) 项目成立以项目经理为组长的 QC 管理领导小组，有秩序地开展全面质量管理活动，针对施工过程中质量关键课题进行 PDCA 循环，采取请专家指导与走出去学习相结合方法，不断总结经验提高工程质量。

(2) 明确施工工艺标准与规范，并按此要求结合工程特点编制施工方案及技术交底文件和作业指导书，以便指导施工。

(3) 加强强制性条文的学习，切实按强制性条文的要求施工。

(4) 根据管理程序文件的有关规定，建立计量管理及检测网络，以保证工程施工的精确度。

(5) 执行质量管理责任制，按照谁施工、谁负责的基本原则，明确质量责任制，健全质量奖罚机制，严格执行质量奖罚条例，使技术质量管理工作成为工程建设的龙头。

(6) 根据各个季节的气候特点及所用地方材料，总结我公司多年来施工经验，针对本工程难点、特点，就施工时可能出现的问题，如砼质量、地下室防渗、屋面及厨房、卫生间渗水等质量通病制定详细的技术措施，在施工中加以认真落实，以确保优质完成施工任务。

(7) 装修阶段施工坚持样板引路制度，定材料、定标准、定工艺，经业主、监理、质监方等验收确定后，再逐一铺开，以求装饰质量上水平。

(8) 坚持新产品挂牌制度，即每完成一件产品，将参与产品生产每一道工序的主要操作人员姓名、该产品质量情况记录于木牌上，挂在每一件产品上，以达到落实责任、奖励先进、鞭策后进的作用。

4) 成品保护措施

(1) 管理措施。

① 编制作业计划时，既要考虑工期的需要，又要考虑相互交叉作业的工序之间不至于产生较大的干扰，以满足成品保护的需要。

② 成立项目成品保护小组，组长由主管生产的项目经理担任，组员由五至七名工程技术管理人员和 20 名操作工人组成。

③ 过程产品在检验前，由该工序的作业队伍负责人组织保护，过程产品检验后，如有紧后工序，由紧后工序的作业队伍负责人组织保护，如无紧后工序，则由成品保护小组负责保护，待有作业队伍进入该作业面作业时，再交该作业队伍保护，交替作业的工序由滞后工序的作业队伍负责人组织保护。

(2) 保护措施。

① 重点部位设置围护或覆盖保护。

② 经常向全体施工作业人员宣传成品保护知识，提高全员的成品保护意识。

③ 采用适宜的工艺，精心合理组织安排，为产品保护创造条件。

5) 技术资料管理

(1) 采用工程管理软件对本工程的技术资料实行智能化管理，并按规范要求及 ISO 9001—2001 标准要求对各项资料分类备份保存，方便查阅及修改，减轻劳动强度，提高工作效率。本工程各单项工程均安排 1 名专职人员负责资料收集、整理、归档工作。

(2) 制订本工程技术资料管理制度，并严格执行，明确各部门对资料的职责业务，分门类具体要求，使相关部门人员自觉完成本身需提交的技术资料：材料部门须及时提交进

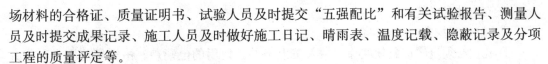

场材料的合格证、质量证明书、试验人员及时提交"五强配比"和有关试验报告、测量人员及时提交成果记录、施工人员及时做好施工日记、晴雨表、温度记载、隐蔽记录及分项工程的质量评定等。

(3) 由项目技术负责人主持技术资料的检查、评定、审核、审定，确保工程完工交验时向建设方提交完整符合标准的竣工资料。

(4) 严格执行中华人民共和国建设部关于房屋建筑工程竣工验收备案管理暂行办法。

2. 保证安全措施

1) 安全生产管理目标

杜绝重大设备损坏事故；杜绝人身伤亡事故；不发生重大火灾事故；不发生同等责任的生产交通事故，轻伤频率控制在 0.5‰以内。

2) 安全生产保证体系

根据"安全第一、预防为主"的安全生产方针，结合本工程特点，建立以项目经理为首的安全生产保证体系，以项目党支部为首的安全生产思想保证体系，以工会主席为首的群众监督保证体系，以主任工程师为首的安全生产技术保证体系，以专职安全部门为首的安全监督检查体系，通过层层落实各级安全岗位责任制，强化安全生产达标管理工作。

3) 组织管理措施

(1) 根据《中华人民共和国安全生产法》和《工程建设安全生产管理条例》及该项目安全生产的需要以及我公司项目施工管理的经验，建立安全监督体系。

(2) 成立由项目经理、项目施工员、技术员、设备员、项目专职安全员、项目兼职安全员组成的安全管理小组，负责本工程的施工管理工作。项目专、兼职安全员在项目经理和公司安全科的领导下负责项目日常安全监督、检查和管理工作。

(3) 制定安全生产岗位责任制，明确各部门和岗位人员的安全职责，使安全生产工作得到全面落实。

(4) 编制各分部分项工程，关键部位安全技术措施，并不折不扣贯彻落实到各施工班组、各操作人员之中。

(5) 施工现场的各项安全管理工作采取专职和兼职相结合，定期和不定期检查相结合的方法，施工高峰与雨季、夏季施工阶段要组织专项检查，检查的重点应围绕高空作业、四口五临边的防护、电气线路、机械动力、违章作业等方面，防止高空坠落、物体打击、触电、机械伤人等事故的发生。对于检查中发现的事故隐患要限期整改，并由项目质安部跟踪检查。

(6) 实行逐级安全技术交底制度，强化职工安全教育，坚持每周一班前一小时和每班前安全交底制，经常开展各种形式的安全活动，提高职工的安全意识和自我防护意识，建立严格的安全管理制度和奖罚条例。

(7) 严禁违章指挥、违章作业，管理人员和各类操作工人戴不同颜色的安全帽，以示区别。

(8) 施工现场设置安全生产宣传标语，在主要施工部位、作业点、危险区、主要通道口挂有安全警示牌，设置安全防护通道。

(9) 施工区域口设门卫值班，防盗及防止非施工人员进入现场，建立门卫制度，设立公告标牌，做好现场保卫工作。

4）安全技术措施

（1）桩基开挖安全技术措施。

① 孔内必须设置应急软爬梯，供人员上下井。使用的电葫芦、吊笼等应安全可靠并配有自动卡紧保险装置。不得使用麻绳和尼龙绳吊挂或脚踏井壁凸缘上下，电葫芦使用前必须检查其安全起吊能力。

② 每日开工前必须检测井下的有害气体情况，并应有足够的安全防护措施。孔开挖深度超过 10m 时，应有专门向井下送风的设备。

③ 孔口四周必须设置护栏，一般加 0.8m 高围栏围护。

④ 挖出的土石方应及时运离孔口，不得堆放在孔口四周 1m 范围内。

⑤ 施工现场的一切电源、电路的安装和拆除必须由持证电工操作，电器必须接地、接零和使用漏电保护器。

⑥ 各孔用电必须分闸，严禁一闸多用，孔上电缆必须架空 2m 以上，严禁拖地埋压土中，孔内电源、电线必须有防磨损、防潮、防断等保护措施。

⑦ 照明应采用安全矿灯或 12V 以下的安全灯。

（2）地下室工程安全技术措施。基坑应按施工方案放坡和组织开挖，基坑边 2m 内不许堆重物或行车。基坑搭设安全斜道供施工人员上下。夜间施工应保证充足照明，坑边设置警示红灯。基坑周边采用钢管搭设 1.2m 高的防护栏杆，并涂刷红白相间油漆。对基坑边坡要经常检查，发现开裂、疏松、坍塌、走动现象，应立即采取措施，处理完毕后，方可进行下面施工。

（3）现浇砼梁板模板施工前，应制订模板支模方案，并验算支模架的刚度、强度、稳定性，确保模板支模安全。模板应视结构构件特性及气候情况，确定砼强度达到规定要求后方可拆除，严禁施工班组擅自拆除。

（4）脚手架等操作安全防护。

① 脚手架的搭设必须按施工组织设计或施工方案的要求进行，并经项目技术负责人、项目专职安全员及专业施工队负责人组织验收合格后，方可使用。

② 上部结构的外脚手架满挂安全网，进行全封闭进行，进料平台临空的三方须设栏杆和安全网封闭，平台支撑须稳固可靠。施工作业范围设置明显标志，非施工人员不准进入施工现场。

③ 脚手架的操作层须满角脚手架，离墙不得大于 20cm，不得有空隙和探头板、跳板、脚手板下层兜设水平网，操作架外侧设两道护身栏和一道挡脚板。

④ 外脚手架外侧边缘与架设电线的距离应符合有关规范要求。

（5）高处作业安全防护。

① 高处作业人员须经医生体验合格，凡患有不适宜从事高空作业疾病的人员，不得进行高处作业。

② 高空作业区域划出禁区，并设置围栏，禁止行人、闲人通行闯入。在建筑场地的出入口，搭设长 3～6m 宽度大于通道两侧各 1m 的防护棚，顶棚满铺脚手板作为安全通道。临近施工区域，对人和物构成威胁的地方，也支搭防护棚。

③ 高空作业应有足够的照明设备和避雷措施。

④ 高空作业所需的料具、设备等，必须根据本工程施工进度随用随运，禁止超负荷。料具应堆放平稳，工具随时放入工具袋内，严禁乱堆乱放和从高处抛掷材料、工具、物

件。楼层垃圾集中堆放，及时清理，倾倒时应有防护设施并设专门区域。

(6) 楼层安全防护。

① 楼层内所有孔口须设置安全防护，尺寸在 1.5m×1.5m 以下孔洞，洞口预埋通长钢筋网或加固定盖板。1.5m×1.5m 以上孔洞，四周设两道护身栏杆，其间地以挂水平安全网。

② 楼梯跑步及休息平台处，设两道牢固护身栏，用安全网立挂防护。

③ 楼层边缘设两道防护栏杆或立挂安全网封闭。

(7) 临时用电安全防护。

① 场内用电按平面图统一布置。临时用电方案由公司质安科和技术科审批后实施，所有动力用电线路均采用三相五线制，并主要采用埋设方式进行暗敷，以确保安全用电。所有机械需有接零接地保护，配电箱设漏电保护器，所有配电箱保证一闸一漏一保险，并派专人管理，夜间有足够的照明。

② 配电线路按用电平面布置图的规定架设整齐，架空线应采用绝缘线，不得采用塑胶软线，不得成束架空敷设或沿地面明敷。

③ 室内、外线路均应与施工机具，车辆及行人至少保持规范规定的最小安全距离。

(8) 塔吊等施工机具安全防护。

① 塔吊必须接相应规程标准安装，经验收合格后方能使用，其安全装置必须齐全、灵敏、可靠，具有足够的承载能力及抗倾覆能力，塔吊等高大设施按规定装设避雷装置。

② 所有机械设备定期进行检查和维护保养，不得"带病"运转和超负荷使用，危险部位设置安全防护装置，塔吊顶尖装夜间红灯。

(9) 季节性施工安全生产措施。

① 雨季安全生产措施。

a. 由项目经理部组织项目工程师负责对全体施工人员进行冬雨季施工技术交底、制定保证安全生产措施，并根据工程的具体情况，落实防冻、防滑、防火、防煤气中毒等防范措施。

b. 由项目经理部编制好雨季需用材料、设备、防寒、防冻物资计划，抓紧采购，保证供应。

c. 组织有关人员对工程生产生活临时设施进行全面检查，对透风、漏雨房屋进行维修，对临时用电线路进行整理和架设。

d. 对工程施工的各种机电设备进行检修、保养，做到运转灵活、接地有效、绝缘良好，外露设备必须搭棚加盖。

e. 施工现场、临建区要修好水沟，排干积水。对主要道路、通道铺垫防滑材料，保证道路畅通。

f. 雨水期间，每天上班前应对脚手架、水电管线、机电设备进行检查，确认安全正常后方可作业，并尽量安排在室内施工。

g. 雨天施工，施工人员应穿好雨衣，砼振捣人员应戴绝缘手套、穿绝缘胶鞋。

② 夏季安全生产措施。

a. 当气温接近或超过人体温度时，需采取降温措施，调整作业和休息时间，后勤部门要及时供应清洁饮料、凉茶和个人防护用品，以防人员中暑。

b. 不准赤膊、赤脚、穿拖鞋和裙子进入施工现场，同时进入施工现场必须戴安全帽，不得戴草帽或其他遮阳帽。

c. 夏季气候干燥，必须做好各项防火工作，配备好灭火器具，不得将施工机具置于太阳下暴晒，尤其是易爆的氧气瓶、乙炔瓶等机具设备。

（10）其他方面技术措施。

① 工地设置足够的消防器材，并加强用火制度的管理，预防火灾的发生，凡明火作业，须经有关部门批准方可实施。对易燃、易爆、有毒物品要分库存放，存放处远离火源、电源，并配有灭火器，每库之间要有一定的安全距离，并由专人保管，严格实施领发料制度。

② 施工场内排水沟、化灰池等坑洞均加盖板或设置围栏，挂设安全警示牌。

3. 文明施工现场措施

文明施工、环保目标：实行标准化管理，争创市文明施工工地，减少污染，防止社会公害确保居民及现场人员身心健康。

1）文明施工措施

（1）实施公司品牌战略，树公司文明施工形象。

（2）文明施工管理目标：推行施工现场标准化管理，确保"省综合考评样板工程"。

（3）设置文明施工管理小组，负责现场的文明施工管理。

（4）公司与项目部、项目部与劳务队伍签订文明施工协议，明确目标与责任。

（5）施工现场的各项临建设设施严格按总平面布置图的要求进行布置。在现场出入口设门卫和临时性建筑牌楼。施工现场围墙，大门和门柱应牢固、美观。高度不低于 2m，大门门柱为 400mm×400mm 的正方形砖柱。

（6）按照《建筑安全检查评分标准》JGJ 59—1999 的要求，施工现场主入口处设"五牌二图"。

（7）施工现场建立生活区、卫生间、淋浴间和化粪池等生活设施，保证施工作业人员的身心健康。

（8）现场的生产用水应进行有组织排放，经过沉淀过滤处理后将污水排到城市下水道。

（9）施工现场的用水、用电线路统一按规划敷设，不得乱拉电线和随意接水管。配电箱统一使用标准铁箱子，禁止使用木箱子。

（10）施工材料进场后，应及时堆放至指定场地上，并堆码整齐，标识清楚，垃圾、废料及时清除回收，做到工完料尽场地清。

（11）场内地面用素砼封闭，施工道路坚实、平坦、整洁，在施工过程中保持畅通，场内建筑材料和施工机具按平面布置图有序堆放，并保持周围清洁，与周围环境协调一致，不影响环境卫生。

（12）现场办公室做到整洁、清爽，墙上挂有岗位责任制、施工总平面图、施工总进度计划、晴雨表。各类图表、资料文件应分类编号存放，并由资料员专人妥善保管，各种记录准确真实，字迹工整清楚。

（13）现场施工人员配戴证明其身份的胸卡。

（14）建筑、生活垃圾定点堆放，即日运走。各楼层的垃圾用蛇皮袋装好，运至垃圾定点堆放处，不准从高处向下抛撒建筑垃圾。禁止将有毒、有害废弃物作回填用。

（15）搅拌机、和灰机等机械搭设临时操作棚，棚内应清爽干净，每天使用后的机具应清洗干净，及时保护。

（16）在定期进行技术、质安检查的同时，对现场文明施工进行综合检查，发现问题及时提出整改意见和制订限期限人整改措施。

（17）施工现场人员必须服从项目部和业主以及政府有关部门的管理，项目部应将施工现场人员的教育纳入日常生产生活之中，杜绝聚众闹事、打牌赌博、偷扒、造遥中伤等现象，做到人人自觉遵纪守法，个个认真努力工作。

2）消防、环保措施

（1）灭火器：备泡沫灭火和干粉灭火丙种灭火器，以应付不同类型的火灾事故，布置（悬挂）于醒目处，间距宜控制在 20～30m 内。

（2）现场设立专职消防员，责任落实到人。

（3）现场所有机械能加消声器的均加消声器以减少机械噪声，特别是振动棒采用环保型振动棒以减少施工噪声，以保证邻近人们的工作和生活。

（4）噪声大的工序避开人员集中和休息时间进行。

（5）凡生产用水、生活污水排出场外前均先经过沉淀后再排入城市下水道。

3）综合治理措施

（1）现场出入口设立门卫并建立门卫制度，派专职保安人员执勤，进入施工现场一律佩戴工作卡，非施工人员不得擅自进入施工现场。

（2）搞好社会治安综合治理，加强对所有施工人员法制教育，提高遵纪守法的自觉性。

（3）积极配合当地居委会搞好外来人员管理、计划生育及消防保卫工作，并接受社会的监督。

（4）与当地派出所、当地居委会一道搞好社会治安治理，对所有施工人员在当地派出所登记造册，加强对所有施工人员法制教育，提高遵纪守法的自觉性。

（5）加强对黄、赌、毒、偷窃行为的打击力度，坚决制止偷窃、斗殴闹事件的发生，确保本项目部施工区域内社会治安的稳定。一旦出现偷窃、黄、赌、毒、斗殴闹事等行为，可根据登记花名册查出违规者，追究责任并坚决清退出场。

4）文明施工重点

（1）成立文明施工领导小组，由生产副经理负责，成员 4～5 人。

（2）出场的车辆必须冲洗干净，以免将污泥带入城市道路，材料进出场处派专人打扫。

（3）现场材料严格按施工平面布置图堆放，井然有序。

（4）施工现场临时道路及排水沟必须保证畅通，并派专人打扫。

（5）现场各办公室每天应打扫卫生，做到窗明几净。

（6）各操作层建筑垃圾用废旧编织袋装好运到专用垃圾堆放场地，严禁高空乱扔垃圾。临建场地要切实做好生活垃圾及废污水处理。工地建筑垃圾必须装在封闭临时专用垃圾容器中及时外运。

4．季节性施工质量保证措施

根据施工进度安排，本工程经历雨、酷热季节，为确保工程施工质量、加快工程施工进度，根据各分部工程施工期内气候特征编制相应的季节性施工方案，并严格遵照实施。

1）雨季施工技术措施

（1）在雨水少的月份加快室外施工作业进度，在雨水较多的月份减小室外作业。雨季施工，应尽量安排雨天施工室内，晴、阴天施工室外。

（2）沿基坑、槽边设排水沟，并及时抽干集水井的余水，基础砼垫层施工时，应及时浇筑砼垫层封闭基底的施工方法，以防雨水浸泡，扰动基底。

（3）认真做好天气预报记录，尽量避免雨天浇筑混凝土，并在现场备足防雨材料，以防突然下雨，刚浇筑的混凝土应及时覆盖。雨季施工时所有粗细骨料必须清洁干净，应增加测定砂、石含水率次数，扣除含水量，调整配合比。

（4）堆放砌体的场地，应有防雨和排水措施，雨后继续砌筑时，必须复核已完砌体的垂直度、平整度和标高，不得用过湿的砌块，以免砌筑时砂浆流失，使砌体滑移和墙体干缩后造成裂缝。

（5）搞好场地排水，雨季应经常对临时施工道路进行维修，加铺碎石、炉渣等，保证路面条件良好。

2）夏季施工措施

（1）钢筋砼工程。严格控制砼从输送至浇筑完毕的延续时间不超过规范规定。砼成型后，为保证水化作用正常进行，应及时洒水养护，防止由于水分过早蒸发而导致砼强度降低，出现干缩裂缝、剥皮起砂等现象。

砼浇筑后采取自然养护，所有砼构件均覆盖草袋、锯木灰。最高气温高于25℃时，浇筑完毕6h内开始浇水养护。浇水养护时间长短由水泥品种而定，对普通硅酸盐水泥、矿渣硅胶酸盐水泥拌制的砼不少于7昼夜。浇水次数应能保持砼具有足够的湿润状态。砼必须养护至其强度达到 $1.20N/mm^2$ 以上，方准在上部施工，但在支模架下必须垫设硬性垫板。

（2）砌体工程。砌体砌筑前应控制含水率，含水率为 $10\%\sim15\%$。砂浆应随拌随用，当气温超过30℃时，水泥砂浆在拌成后2h内，混合砂浆在拌成后3h内必须使用完毕。

在砂浆中加入适量塑化剂或增强剂，以提高砂浆保水性、流动性，增大砂浆稠度。砂浆拌成后和使用时，均应盛入贮灰器内，如砂浆出现泌水现象，应在砌筑前再次拌和。砌体在完工后次日内必须开始浇水养护。

（3）粉刷工程。抹灰前对墙面洒水湿润，并进行基层处理，抹灰时严格控制每遍抹灰厚度不大于规范规定。抹灰后砂浆在凝结过程中应防止暴晒，外墙立面则采取在外架外侧挂设彩条编织布遮盖的方法进行保护，并洒水养护。楼地面水泥砂浆找平层及水泥砂浆地面均应浇水养护，养护时间不少于7昼夜。面层与找平层不能跟得太紧，做下一道工序前，须先洒水湿润。

10.3.7 合理化建议

（1）砌筑砂浆中掺用适量增塑剂，在确保砂浆操作方便和强度的同时，可节约水泥，降低成本。

（2）场内永久性道路和硬化地面与施工时的临时道路及硬化地面相结合，先施工基层，以减少临设费用，可为业主节约道路施工基层费用。

（3）由于地下室砼量大，为了保证防水质量，在混凝土中掺加粉煤灰及粉质复合型外加剂(水泥用量的 0.7%),该外加剂具有减水、缓凝、微膨胀性能,制成缓凝型检收缩砼,可降低混凝土水灰比,使混凝土结构均匀密实,进而确保结构的自防水性能,同时节约 10%水泥。

(4) 建议在砌体施工过程中,采用结构"植"筋的方法,进行拉墙钢筋的施工。该方法可以保证主体结构与填充墙的可靠连接,防止传统的预埋拉墙钢筋位置不当,容易凿坏结构的缺陷,同时可以加快施工进度。

▧ 知识链接

根据《建筑施工组织设计规范》(GB/T 50502—2009);施工组织总设计的内容包括以下几个方面。

4.1 工程概况

4.1.1 工程概况应包括项目主要情况和项目主要施工条件等。

4.1.2 项目主要情况应包括下列内容。

1. 项目名称、性质、地理位置和建设规模。

2. 项目的建设、勘察、设计和监理等相关单位的情况。

3. 项目设计概况。

4. 项目承包范围及主要分包工程范围。

5. 施工合同或招标文件对项目施工的重点要求。

6. 其他应说明的情况。

4.1.3 项目主要施工条件应包括下列内容。

1. 项目建设地点气象状况。

2. 项目施工区域地形和工程水文地质状况。

3. 项目施工区域地上、地下管线及相邻的地上、地下建(构)筑物情况。

4. 与项目施工有关的道路、河流等状况。

5. 当地建筑材料、设备供应和交通运输等服务能力状况。

6. 当地供电、供水、供热和通信能力状况。

7. 其他与施工有关的主要因素。

4.2 总体施工部署

4.2.1 施工组织总设计应对项目总体施工做出下列宏观部署。

1. 确定项目施工总目标,包括进度、质量、安全、环境和成本目标。

2. 根据项目施工总目标的要求,确定项目分阶段(期)交付的计划。

3. 确定项目分阶段(期)施工的合理顺序及空间组织。

4.2.2 对于项目施工的重点和难点应进行简要分析。

4.2.3 总承包单位应明确项目管理组织机构形式,并宜采用框图的形式表示。

4.2.4 对于项目施工中开发和使用的新技术、新工艺应做出部署。

4.2.5 对主要分包项目施工单位的资质和能力应提出明确要求。

4.3 施工总进度计划

4.3.1 施工总进度计划应按照项目总体施工部署的安排进行编制。

4.3.2 施工总进度计划可采用网络图或横道图表示,并附必要说明。

4.4 总体施工准备与主要资源配置计划

4.4.1 总体施工准备应包括技术准备、现场准备和资金准备等。

4.4.2 技术准备、现场准备和资金准备应满足项目分阶段(期)施工的需要。

4.4.3 主要资源配置计划应包括劳动力配置计划和物资配置计划等。

4.4.4 劳动力配置计划应包括下列内容。

1. 确定各施工阶段(期)的总用工量。

2. 根据施工总进度计划确定各施工阶段(期)的劳动力配置计划。

4.4.5 物资配置计划应包括下列内容。

1. 根据施工总进度计划确定主要工程材料和设备的配计划。

2. 根据总体施工部署和施工总进度计划确定主要施工周转材料和施工机具的配置计划。

4.5 主要施工方法

4.5.1 施工组织总设计应对项目涉及的单位(子单位)工程和主要分部(分项)工程所采用的施工方法进行简要说明。

4.5.2 对脚手架工程、起重吊装工程、临时用水用电工程、季节性施工等专项工程所采用的施工方法应进行简要说明。

4.6 施工总平面布置

4.6.1 施工总平面布置应符合下列原则:

1. 平面布置科学合理,施工场地占用面积少。

2. 合理组织运输,减少二次搬运。

3. 施工区域的划分和场地的临时占用应符合总体施工部署和施工流程的要求,减少相互干扰。

4. 充分利用既有建(构)筑物和既有设施为项目施工服务降低临时设施的建造费用。

5. 临时设施应方便生产和生活,办公区、生活区和生产区宜分离设置。

6. 符合节能、环保、安全和消防等要求。

7. 遵守当地主管部门和建设单位关于施工现场安全文明施工的相关规定。

4.6.2 施工总平面布置图应符合下列要求。

1. 根据项目总体施工部署,绘制现场不同施工阶段(期)的总平面布置图。

2. 施工总平面布置图的绘制应符合国家相关标准要求并附必要说明。

4.6.3 施工总平面布置图应包括下列内容。

1. 项目施工用地范围内的地形状况。

2. 全部拟建的建(构)筑物和其他基础设施的位置。

3. 项目施工用地范围内的加工设施、运输设施、存贮设施、供电设施、供水供热设施、排水排污设施、临时施工道路和办公、生活用房等。

4. 施工现场必备的安全、消防、保卫和环境保护等设施。

5. 相邻的地上、地下既有建(构)筑物及相关环境。

本 章 小 结

通过本章的学习,学生应掌握以下内容。

1. 单位工程施工组织设计的步骤和内容,工程概况的内容,施工方案和施工部署的编制,用横道图或网络图编制施工进度计划,劳动力、材料、施工机具需求计划的编制,能够绘制施工平面布置图,制定工程施工保障措施,并能进行技术经济分析。

2. 能够对编制的施工进度计划进行检查、调整,从而对进度计划进行控制,把施工进度计划控制在要求的范围内。

3. 根据所学知识,能够编制完整的施工进度计划,并能进行优化调整和控制。

复习思考题

根据章节导读中的工程案例，完成如下问题，并编制完整的施工组织设计。

1. 编制施工方案。

根据本工程的特点，将其划分为 4 个施工阶段：地下工程、主体结构工程、围护工程和装饰工程。

问题一：请补充完整地下室施工顺序。

定位→护壁施工→挖土→桩基施工→底板垫层→底板外侧砖胎膜→防水及砂浆保护层→绑扎底板钢筋→_____→绑扎墙柱钢筋→_____→_____→立－1.0m 楼板模→_____→浇外墙混凝土→梁板混凝土→立±0.00 梁、板模→绑扎±0.00 梁、板钢筋，浇混凝土。

问题二：请编制主体结构施工顺序。

问题三：请编制围护工程的施工顺序。

不同的分项工程之间可组织平行、搭接、立体交叉流水作业，屋面工程、墙体工程、地面工程应密切配合，外脚手架的架设应配合主体工程，且应在室外装饰之后架设，并在做散水之前拆除。请编制围护工程的施工顺序。

问题四：请编制装饰工程施工顺序。

2. 请编制本工程的施工方法。

问题一：请编制基础工程的施工方法。

问题二：请编制混凝土结构工程的施工方法。

混凝土结构工程主要包括模板工程、钢筋工程、混凝土工程等，各楼层结构混凝土强度等级见表 10-11。

表 10-11 各楼层结构混凝土强度等级

强度等级	剪力墙与柱	板与梁
C50	地下室至 4 层	—
C40	5 层～8 层	—
C30	9 层～16 层	1 层～16 层
C40/P8		－1.05m
C20		

问题三：请编制维护工程的施工方法。

问题四：请编制装饰工程的施工方法。

3. 请补充完整施工机具设备一览表。

主要施工机具见表 10-12，请填写主要机具的计划进场时间。

表 10-12 主要机具一览表

序号	机具名称	规格型号	单位	数量	计划进场时间	备注
1	塔吊	POAINT	台	1		
2	双笼上人电梯	SCD100/100	台	1		
3	井架（配 3 吨卷扬机）	角钢 2×2m	套	2		

（续）

序号	机具名称	规格型号	单位	数量	计划进场时间	备注
4	水泵	扬程120m	台	1		
5	对焊机	B11-01	台	1		
6	电渣压力焊	MHS-36A	台	3		
7	电弧焊机	交直流	台	3		
8	钢筋弯曲机	WJ-40	台	4		
9	钢筋切断机	QJ-40	台	2		
10	冷挤压机	YJH-5-32	台	2		
11	输送泵	HBT-50	台	1		
12	强制式搅拌机	JF-500	台	1		
13	砂石配料机	HP1200	套	1		
14	砂浆搅拌机	150L	台	2		
15	平板式振动器		台	2		
16	插入式振动器		台	8		
17	木工刨床	HB300-15	台	2		
18	圆盘锯		台	3		

4. 请根据资料编制施工进度计划。

本工程±0.00以下施工合同工期为4个月，地上为11个月，比合同工期提前一个月。

问题一：请绘制总进度计划表。

问题二：请绘制标准层混凝土结构工程施工网络计划图。

5. 请绘制施工平面布置图。

地下室施工时，场地内无法设置各种加工工厂，钢筋、模板均须在场地外加工运至现场安装，混凝土采用商品混凝土，所有工人均住在基地，每天用客车接送至施工现场。

当地下室混凝土结构工程完成，室外土方回填结束后，现场设搅拌站，各种加工厂及材料堆场布置，请绘制施工平面布置图。

6. 进行主要技术经济指标分析。

7. 请编制完整的施工组织设计。

参 考 文 献

[1] 中华人民共和国行业标准. 工程网络计划技术规程(JGJ/T 121—1999) [M]. 北京：中国建筑工业出版社，1999.

[2] 张廷瑞. 建筑施工组织与进度控制 [M]. 北京：中国计划出版社，2008.

[3] 毛小玲，危道军. 建筑施工组织 [M]. 2版. 北京：中国建筑工业出版社，2004.

[4] 张华明，毛小玲，杨正凯. 建筑施工组织 [M]. 北京：中国电力出版社，2009.

[5] 张玉祥. 建筑工程施工计划编制和管理 [M]. 北京：机械工业出版社，2005.

[6] 魏鸿汉. 建筑施工组织设计 [M]. 北京：中国建筑工业出版社，2005.

[7] 彭尚银，陈昌华. 施工组织设计编制 [M]. 北京：中国建筑工业出版社，2006.

[8] 项建国. 建筑工程项目管理. [M]. 2版. 北京：中国建筑工业出版社，2008.

[9] 武佩牛. 建筑施工组织与进度控制 [M]. 北京：中国建筑工业出版社，2006.

[10] 翟超，刘伟. 建筑施工组织与管理 [M]. 北京：北京大学出版社，2006.

[11] 全国建筑企业项目经理培训教材编写委员会. 施工组织设计与进度管理(修订版) [M]. 北京：中国建筑工业出版社，2001.

[12] 本书编委会. 工程项目管理 [M]. 北京：中国建筑工业出版社，1998.

[13] 赵香贵. 建筑施工组织与进度控制 [M]. 北京：金盾出版社，2002.

[14] 中华人民共和国标准. 建设工程项目管理规范(GB/T 50326—2006) [S]. 北京：中国建筑工业出版社，2006.

[15] 吴涛，丛培经. 建设工程项目管理实施手册 [M]. 北京：中国建筑工业出版社，2002.

[16] 王志旭. 浅议实施性施工组织设计的贯彻 [J]. 山西：科技情报开发与经济，2007(17).

[17] 杨宝珠. 实施"施工组织设计"的分析与研究 [J]. 天津：天津城市建设学院学报，1997(6).

[18] 代莉芳. 建筑施工中技术与经济的关系 [J]. 北京：建筑技术，2010(5).

[19] 中华人民共和国行业标准. 建筑施工组织设计规范(GB/T 50502—2009) [S]. 北京：中国建筑工业出版社，2009.

[20] 周栩. 建筑工程项目管理手册 [M]. 长沙：湖南科学技术出版社，2004.

[21] 毛小玲，郭晓霞. 建筑工程项目管理技术问答 [M]. 北京：中国电力出版社，2004.

[22] 蔡雪峰. 建筑施工组织 [M]. 3版. 武汉：武汉理工大学出版社，2008.

[23] 蔡雪峰. 建筑工程施工组织与管理 [M]. 北京：高等教育出版社，2011.

[24] 王洪建. 施工组织设计 [M]. 北京：高等教育出版社，2005.

[25] 余群舟，刘元珍. 建筑工程施工组织与管理 [M]. 北京：北京大学出版社，2006.

[26] 邓学才. 施工组织设计的编制与实施 [M]. 北京：中国建材工业出版社，2006.

北京大学出版社高职高专土建系列规划教材

序号	书名	书号	编著者	定价	出版时间	印次	配套情况
			基础课程				
1	工程建设法律与制度	978-7-301-14158-8	唐茂华	26.00	2012.7	6	ppt/pdf
2	建设法规及相关知识	978-7-301-22748-0	唐茂华等	34.00	2014.9	2	ppt/pdf
3	建设工程法规(第2版)	978-7-301-24493-7	皇甫婧琪	40.00	2014.12	2	ppt/pdf/答案/素材
4	建筑工程法规实务	978-7-301-19321-1	杨陈慧等	43.00	2012.1	4	ppt/pdf
5	建筑法规	978-7-301-19371-6	董伟等	39.00	2013.1	4	ppt/pdf
6	建设工程法规	978-7-301-20912-7	王先恕	32.00	2012.7	3	ppt/ pdf
7	AutoCAD 建筑制图教程(第2版)	978-7-301-21095-6	郭 慧	38.00	2014.12	7	ppt/pdf/素材
8	AutoCAD 建筑绘图教程(第2版)	978-7-301-24540-8	唐英敏等	44.00	2014.7	1	ppt/pdf
9	建筑 CAD 项目教程(2010 版)	978-7-301-20979-0	郭 慧	38.00	2012.9	2	pdf/素材
10	建筑工程专业英语	978-7-301-15376-5	吴承霞	20.00	2013.8	8	ppt/pdf
11	建筑工程专业英语	978-7-301-20003-2	韩薇等	24.00	2014.7	2	ppt/ pdf
12	★建筑工程应用文写作(第2版)	978-7-301-24480-7	赵立等	50.00	2014.7	1	ppt/pdf
13	建筑识图与构造(第2版)	978-7-301-23774-8	郑贵超	40.00	2014.12	2	ppt/pdf/答案
14	建筑构造	978-7-301-21267-7	肖 芳	34.00	2014.12	4	ppt/ pdf
15	房屋建筑构造	978-7-301-19883-4	李少红	26.00	2012.1	4	ppt/pdf
16	建筑识图	978-7-301-21893-8	邓志勇等	35.00	2013.1	2	ppt/ pdf
17	建筑识图与房屋构造	978-7-301-22860-9	贠禄等	54.00	2015.1	2	ppt/pdf/答案
18	建筑构造与设计	978-7-301-23506-5	陈玉萍	38.00	2014.1	1	ppt/pdf/答案
19	房屋建筑构造	978-7-301-23588-1	李元玲等	45.00	2014.1	2	ppt/pdf
20	建筑构造与施工图识读	978-7-301-24470-8	南学平	52.00	2014.8	1	ppt/pdf
21	建筑工程制图与识图(第2版)	978-7-301-24408-1	白丽红	29.00	2014.7	1	ppt/pdf
22	建筑制图习题集(第2版)	978-7-301-24571-2	白丽红	25.00	2014.8	1	pdf
23	建筑制图(第2版)	978-7-301-21146-5	高丽荣	32.00	2015.4	5	ppt/pdf
24	建筑制图习题集(第2版)	978-7-301-21288-2	高丽荣	28.00	2014.12	5	pdf
25	建筑工程制图(第2版)(附习题册)	978-7-301-21120-5	肖明和	48.00	2012.8	3	ppt/pdf
26	建筑制图与识图	978-7-301-18806-2	曹雪梅	36.00	2014.9	1	ppt/pdf
27	建筑制图与识图习题册	978-7-301-18652-7	曹雪梅等	30.00	2012.4	4	pdf
28	建筑制图与识图	978-7-301-20070-4	李元玲	28.00	2012.8	5	ppt/pdf
29	建筑制图与识图习题集	978-7-301-20425-2	李元玲	24.00	2012.3	4	ppt/pdf
30	新编建筑工程制图	978-7-301-21140-3	方筱松	30.00	2014.8	2	ppt/ pdf
31	新编建筑工程制图习题集	978-7-301-16834-9	方筱松	22.00	2014.1	2	pdf
			建筑施工类				
1	建筑工程测量	978-7-301-16727-4	赵景利	30.00	2010.2	12	ppt/pdf/答案
2	建筑工程测量(第2版)	978-7-301-22002-3	张敬伟	37.00	2015.4	6	ppt/pdf/答案
3	建筑工程测量实验与实训指导(第2版)	978-7-301-23166-1	张敬伟	27.00	2013.9	2	pdf/答案
4	建筑工程测量	978-7-301-19992-3	潘益民	38.00	2012.2	2	ppt/ pdf
5	建筑工程测量	978-7-301-13578-5	王金玲等	26.00	2011.8	3	pdf
6	建筑工程测量实训（第2版）	978-7-301-24833-1	杨凤华	34.00	2015.1	1	pdf/答案
7	建筑工程测量(含实验指导手册)	978-7-301-19364-8	石 东等	43.00	2012.6	3	ppt/pdf/答案
8	建筑工程测量	978-7-301-22485-4	景 铎等	34.00	2013.6	1	ppt/pdf
9	建筑施工技术	978-7-301-21209-7	陈雄辉	39.00	2013.2	4	ppt/pdf
10	建筑施工技术	978-7-301-12336-2	朱永祥等	38.00	2012.4	7	ppt/pdf
11	建筑施工技术	978-7-301-16726-7	叶 雯等	44.00	2013.5	6	ppt/pdf/素材
12	建筑施工技术	978-7-301-19499-7	董伟等	42.00	2011.9	2	ppt/pdf
13	建筑施工技术	978-7-301-19997-8	苏小梅	38.00	2013.5	3	ppt/pdf
14	建筑工程施工技术(第2版)	978-7-301-21093-2	钟汉华等	48.00	2013.8	5	ppt/pdf
15	数字测图技术	978-7-301-22656-8	赵 红	36.00	2013.6	1	ppt/pdf
16	数字测图技术实训指导	978-7-301-22679-7	赵 红	27.00	2013.6	1	ppt/pdf
17	基础工程施工	978-7-301-20917-2	董伟等	35.00	2012.7	2	ppt/pdf
18	建筑施工技术实训(第2版)	978-7-301-24368-8	周晓龙	30.00	2014.12	2	pdf
19	建筑力学(第2版)	978-7-301-21695-8	石立安	46.00	2014.12	5	ppt/pdf

序号	书名	书号	编著者	定价	出版时间	印次	配套情况
20	★土木工程实用力学(第2版)	978-7-301-24681-8	马景善	47.00	2015.7	1	pdf/ppt/答案
21	土木工程力学	978-7-301-16864-6	吴明军	38.00	2011.11	2	ppt/pdf
22	PKPM 软件的应用(第2版)	978-7-301-22625-4	王 娜等	34.00	2013.6	2	Pdf
23	建筑结构(第2版)(上册)	978-7-301-21106-9	徐锡权	41.00	2013.4	2	ppt/pdf/答案
24	建筑结构(第2版)(下册)	978-7-301-22584-4	徐锡权	42.00	2013.6	2	ppt/pdf/答案
25	建筑结构	978-7-301-19171-2	唐春平等	41.00	2012.6	4	ppt/pdf
26	建筑结构基础	978-7-301-21125-0	王中发	36.00	2012.8	2	ppt/pdf
27	建筑结构原理及应用	978-7-301-18732-6	史美东	45.00	2012.8	1	ppt/pdf
28	建筑力学与结构(第2版)	978-7-301-22148-8	吴承霞等	49.00	2014.12	5	ppt/pdf/答案
29	建筑力学与结构(少学时版)	978-7-301-21730-6	吴承霞	34.00	2013.2	4	ppt/pdf/答案
30	建筑力学与结构	978-7-301-20988-2	陈水广	32.00	2012.8	2	pdf/ppt
31	建筑力学与结构	978-7-301-23348-1	杨丽君等	44.00	2014.1	1	ppt/pdf
32	建筑结构与施工图	978-7-301-22188-4	朱希文等	35.00	2013.3	2	ppt/pdf
33	生态建筑材料	978-7-301-19588-2	陈剑峰等	38.00	2013.7	2	ppt/pdf
34	建筑材料(第2版)	978-7-301-24633-7	林祖宏	35.00	2014.8	1	ppt/pdf
35	建筑材料与检测	978-7-301-16728-1	梅 杨等	26.00	2012.11	9	ppt/pdf/答案
36	建筑材料检测试验指导	978-7-301-16729-8	王美芬等	18.00	2014.12	7	pdf
37	建筑材料与检测	978-7-301-19261-0	王 辉	35.00	2012.6	5	ppt/pdf
38	建筑材料与检测试验指导	978-7-301-20045-2	王 辉	20.00	2013.1	3	ppt/pdf
39	建筑材料选择与应用	978-7-301-21948-5	申淑荣等	39.00	2013.3	2	ppt/pdf
40	建筑材料检测实训	978-7-301-22317-8	申淑荣等	24.00	2013.4	1	pdf
41	建筑材料	978-7-301-24208-7	任晓菲	40.00	2014.7	1	ppt/pdf /答案
42	建设工程监理概论(第2版)	978-7-301-20854-0	徐锡权等	43.00	2014.12	5	ppt/pdf /答案
43	★建设工程监理(第2版)	978-7-301-24490-6	斯 庆	35.00	2014.9	1	ppt/pdf /答案
44	建设工程监理概论	978-7-301-15518-9	曾庆军等	24.00	2012.12	5	ppt/pdf
45	工程建设监理案例分析教程	978-7-301-18984-9	刘志麟等	38.00	2013.2	2	ppt/pdf
46	地基与基础(第2版)	978-7-301-23304-7	肖明和等	42.00	2014.12	2	ppt/pdf/答案
47	地基与基础	978-7-301-16130-2	孙平平等	26.00	2013.2	3	ppt/pdf
48	地基与基础实训	978-7-301-23174-6	肖明和等	25.00	2013.10	1	ppt/pdf
49	土力学与地基基础	978-7-301-23675-8	叶火炎等	35.00	2014.1	1	ppt/pdf
50	土力学与基础工程	978-7-301-23590-4	宁培淋等	32.00	2014.1	1	ppt/pdf
51	建筑工程质量事故分析(第2版)	978-7-301-22467-0	郑文新	32.00	2014.12	3	ppt/pdf
52	建筑工程施工组织设计	978-7-301-18512-4	李源清	26.00	2014.12	7	ppt/pdf
53	建筑工程施工组织实训	978-7-301-18961-0	李源清	40.00	2014.12	4	ppt/pdf
54	建筑施工组织与进度控制	978-7-301-21223-3	张廷瑞	36.00	2012.9	3	ppt/pdf
55	建筑施工组织项目式教程	978-7-301-19901-5	杨红玉	44.00	2012.1	2	ppt/pdf/答案
56	钢筋混凝土工程施工与组织	978-7-301-19587-1	高 雁	32.00	2012.5	2	ppt/pdf
57	钢筋混凝土工程施工与组织实训指导(学生工作页)	978-7-301-21208-0	高 雁	20.00	2012.9	1	ppt
58	建筑材料检测试验指导	978-7-301-24782-2	陈东佐等	20.00	2014.9	1	ppt
59	★建筑节能工程与施工	978-7-301-24274-2	吴明军等	35.00	2014.11	1	ppt/pdf
60	建筑施工工艺	978-7-301-24687-0	李源清等	49.50	2015.1	1	pdf/ppt/答案
61	建筑材料与检测(第2版)	978-7-301-25347-2	梅 杨等	33.00	2015.2	1	pdf/ppt/答案
62	土力学与地基基础	978-7-301-25525-4	陈东佐	45.00	2015.2	1	ppt/ pdf/答案
	工 程 管 理 类						
1	建筑工程经济(第2版)	978-7-301-22736-7	张宁宁等	30.00	2014.12	6	ppt/pdf/答案
2	★建筑工程经济(第2版)	978-7-301-24492-0	胡六星等	41.00	2014.9	2	ppt/pdf/答案
3	建筑工程经济	978-7-301-24346-6	刘晓丽等	38.00	2014.7	1	ppt/pdf/答案
4	施工企业会计(第2版)	978-7-301-24434-0	辛艳红等	36.00	2014.7	1	ppt/pdf/答案
5	建筑工程项目管理	978-7-301-12335-5	范红岩等	30.00	2012.4	9	ppt/pdf
6	建设工程项目管理(第2版)	978-7-301-24683-2	王 辉	36.00	2014.9	1	ppt/pdf/答案
7	建设工程项目管理	978-7-301-19335-8	冯松山等	38.00	2013.11	3	pdf/ppt
8	★建设工程招投标与合同管理(第3版)	978-7-301-24483-8	宋春岩	40.00	2014.12	2	ppt/pdf/ 答案 /试题/教案
9	建筑工程招投标与合同管理	978-7-301-16802-8	程超胜	30.00	2012.9	2	pdf/ppt

序号	书名	书号	编著者	定价	出版时间	印次	配套情况
10	工程招投标与合同管理实务(第2版)	978-7-301-25769-2	杨甲奇等	48.00	2015.7	1	ppt/pdf/答案
11	工程招投标与合同管理实务	978-7-301-19290-0	郑文新等	43.00	2012.4	2	ppt/pdf
12	建设工程招投标与合同管理实务	978-7-301-20404-7	杨云会等	42.00	2012.4	2	ppt/pdf/ 答案 / 习题库
13	工程招投标与合同管理	978-7-301-17455-5	文新平	37.00	2012.9	1	ppt/pdf
14	工程项目招投标与合同管理(第2版)	978-7-301-24554-5	李洪军等	42.00	2014.12	2	ppt/pdf/答案
15	工程项目招投标与合同管理(第2版)	978-7-301-22462-5	周艳冬	35.00	2014.12	3	ppt/pdf
16	建筑工程商务标编制实训	978-7-301-20804-5	钟振宇	35.00	2012.7	1	ppt
17	建筑工程安全管理	978-7-301-19455-3	宋 健等	36.00	2013.5	4	ppt/pdf
18	建筑工程质量与安全管理	978-7-301-16070-1	周连起	35.00	2014.12	8	ppt/pdf/答案
19	施工项目质量与安全管理	978-7-301-21275-2	钟汉华	45.00	2012.10	2	ppt/pdf/答案
20	工程造价控制(第2版)	978-7-301-24594-1	斯 庆	32.00	2014.8	1	ppt/pdf/答案
21	工程造价管理	978-7-301-20655-3	徐锡权等	33.00	2013.8	3	ppt/pdf
22	工程造价控制与管理	978-7-301-19366-2	胡新萍等	30.00	2014.12	4	ppt/pdf
23	建筑工程造价管理	978-7-301-20360-6	柴 琦等	27.00	2014.12	4	ppt/pdf
24	建筑工程造价管理	978-7-301-15517-2	李茂英等	24.00	2012.1	4	pdf
25	工程造价案例分析	978-7-301-22985-9	甄 凤	30.00	2013.8	2	pdf/ppt
26	建设工程造价控制与管理	978-7-301-24273-5	胡芳珍等	38.00	2014.6	1	ppt/pdf/答案
27	建筑工程造价	978-7-301-21892-1	孙咏梅	40.00	2013.2	1	ppt/pdf
28	★建筑工程计量与计价(第3版)	978-7-301-25344-1	肖明和等	65.00	2015.7	1	pdf/ppt
29	★建筑工程计量与计价实训(第3版)	978-7-301-25345-8	肖明和等	29.00	2015.7	1	pdf
30	建筑工程计量与计价综合实训	978-7-301-23568-3	龚小兰	28.00	2014.1	2	pdf
31	建筑工程估价	978-7-301-22802-9	张 英	43.00	2013.8	1	ppt/pdf
32	建筑工程计量与计价——透过案例学造价(第2版)	978-7-301-23852-3	张 强	59.00	2014.12	3	ppt/pdf
33	安装工程计量与计价(第3版)	978-7-301-24539-2	冯 钢等	54.00	2014.8	3	pdf/ppt
34	安装工程计量与计价综合实训	978-7-301-23294-1	成春燕	49.00	2014.12	3	pdf/素材
35	安装工程计量与计价实训	978-7-301-19336-5	景巧玲等	36.00	2013.5	4	pdf/素材
36	建筑水电安装工程计量与计价	978-7-301-21198-4	陈连姝	36.00	2013.8	3	ppt/pdf
37	建筑与装饰工程工程量清单(第2版)	978-7-301-25753-1	翟丽旻等	36.00	2015.5	1	ppt
38	建筑工程清单编制	978-7-301-19387-7	叶晓容	24.00	2011.8	2	ppt/pdf
39	建设项目评估	978-7-301-20068-1	高志云等	32.00	2013.6	2	ppt/pdf
40	钢筋工程清单编制	978-7-301-20114-5	贾莲英	36.00	2012.2	2	ppt/pdf
41	混凝土工程清单编制	978-7-301-20384-2	顾 娟	28.00	2012.5	1	ppt/pdf
42	建筑装饰工程预算(第2版)	978-7-301-25801-9	范菊雨	44.00	2015.7	1	pdf/ppt
43	建设工程安全监理	978-7-301-20802-1	沈万岳	28.00	2012.7	1	pdf/ppt
44	建筑工程安全技术与管理实务	978-7-301-21187-8	沈万岳	48.00	2012.9	2	pdf/ppt
45	建筑工程资料管理	978-7-301-17456-2	孙 刚等	36.00	2014.12	5	pdf/ppt
46	建筑施工组织与管理(第2版)	978-7-301-22149-5	翟丽旻等	43.00	2014.12	3	ppt/pdf/答案
47	建设工程合同管理	978-7-301-22612-4	刘庭江	46.00	2013.6	1	ppt/pdf/答案
48	★工程造价概论	978-7-301-24696-2	周艳冬	31.00	2015.1	1	ppt/pdf/答案
49	建筑安装工程计量与计价实训(第2版)	978-7-301-25683-1	景巧玲等	36.00	2015.7	1	pdf
	建 筑 设 计 类						
1	中外建筑史(第2版)	978-7-301-23779-3	袁新华等	38.00	2014.2	2	ppt/pdf
2	建筑室内空间历程	978-7-301-19338-9	张伟孝	53.00	2011.8	1	pdf
3	建筑装饰CAD项目教程	978-7-301-20950-9	郭 慧	35.00	2013.1	2	ppt/素材
4	室内设计基础	978-7-301-15613-1	李书青	32.00	2013.5	3	ppt/pdf
5	建筑装饰构造	978-7-301-15687-2	赵志文等	27.00	2012.11	6	ppt/pdf/答案
6	建筑装饰材料(第2版)	978-7-301-22356-7	焦 涛等	34.00	2013.5	2	ppt/pdf
7	★建筑装饰施工技术(第2版)	978-7-301-24482-1	王 军	37.00	2014.7	2	ppt/pdf
8	设计构成	978-7-301-15504-2	戴碧锋	30.00	2012.10	2	ppt/pdf
9	基础色彩	978-7-301-16072-5	张 军	42.00	2011.9	2	pdf
10	设计色彩	978-7-301-21211-0	龙黎黎	46.00	2012.9	1	ppt
11	设计素描	978-7-301-22391-8	司马金桃	29.00	2013.4	2	ppt
12	建筑素描表现与创意	978-7-301-15541-7	于修国	25.00	2012.11	3	Pdf
13	3ds Max 效果图制作	978-7-301-22870-8	刘 晗等	45.00	2013.7	1	ppt

序号	书名	书号	编著者	定价	出版时间	印次	配套情况
14	3ds max 室内设计表现方法	978-7-301-17762-4	徐海军	32.00	2010.9	1	pdf
15	Photoshop 效果图后期制作	978-7-301-16073-2	脱忠伟等	52.00	2011.1	2	素材/pdf
16	建筑表现技法	978-7-301-19216-0	张 峰	32.00	2013.1	2	ppt/pdf
17	建筑速写	978-7-301-20441-2	张 峰	30.00	2012.4	1	pdf
18	建筑装饰设计	978-7-301-20022-3	杨丽君	36.00	2012.2	1	ppt/素材
19	装饰施工读图与识图	978-7-301-19991-6	杨丽君	33.00	2012.5	1	ppt
20	建筑装饰工程计量与计价	978-7-301-20055-1	李茂英	42.00	2013.7	3	ppt/pdf
21	3ds Max & V-Ray 建筑设计表现案例教程	978-7-301-25093-8	郑恩峰	40.00	2014.12	1	ppt/pdf
	规 划 园 林 类						
1	城市规划原理与设计	978-7-301-21505-0	谭婧婧等	35.00	2013.1	2	ppt/pdf
2	居住区景观设计	978-7-301-20587-7	张群成	47.00	2012.5	1	ppt
3	居住区规划设计	978-7-301-21031-4	张 燕	48.00	2012.8	2	ppt
4	园林植物识别与应用	978-7-301-17485-2	潘利等	34.00	2012.9	1	ppt
5	园林工程施工组织管理	978-7-301-22364-2	潘利等	35.00	2013.4	1	ppt/pdf
6	园林景观计算机辅助设计	978-7-301-24500-2	于化强等	48.00	2014.8	1	ppt/pdf
7	建筑·园林·装饰设计初步	978-7-301-24575-0	王金贵	38.00	2014.10	1	ppt/pdf
	房 地 产 类						
1	房地产开发与经营(第2版)	978-7-301-23084-8	张建中等	33.00	2014.8	2	ppt/pdf/答案
2	房地产估价(第2版)	978-7-301-22945-3	张 勇等	35.00	2014.12	2	ppt/pdf/答案
3	房地产估价理论与实务	978-7-301-19327-3	褚菁晶	35.00	2011.8	2	ppt/pdf/答案
4	物业管理理论与实务	978-7-301-19354-9	裴艳慧	52.00	2011.9	2	ppt/pdf
5	房地产测绘	978-7-301-22747-3	唐春平	29.00	2013.7	1	ppt/pdf
6	房地产营销与策划	978-7-301-18731-9	应佐萍	42.00	2012.8	2	ppt/pdf
7	房地产投资分析与实务	978-7-301-24832-4	高志云	35.00	2014.9	1	ppt/pdf
	市 政 与 路 桥 类						
1	市政工程计量与计价(第2版)	978-7-301-20564-8	郭良娟等	42.00	2015.1	6	pdf/ppt
2	市政工程计价	978-7-301-22117-4	彭以舟等	39.00	2015.2	1	ppt/pdf
3	市政桥梁工程	978-7-301-16688-8	刘 江等	42.00	2012.10	2	ppt/pdf/素材
4	市政工程材料	978-7-301-22452-6	郑晓国	37.00	2013.5	1	ppt/pdf
5	道桥工程材料	978-7-301-21170-0	刘水林等	43.00	2012.9	1	ppt/pdf
6	路基路面工程	978-7-301-19299-3	偶昌宝等	34.00	2011.8	1	ppt/pdf/素材
7	道路工程技术	978-7-301-19363-1	刘 雨等	33.00	2011.12	1	ppt/pdf
8	城市道路设计与施工	978-7-301-21947-8	吴颖峰	39.00	2013.1	1	ppt/pdf
9	建筑给排水工程技术	978-7-301-25224-6	刘 芳等	46.00	2014.12	1	ppt/pdf
10	建筑给水排水工程	978-7-301-20047-6	叶巧云	38.00	2012.2	1	ppt/pdf
11	市政工程测量(含技能训练手册)	978-7-301-20474-0	刘宗波等	41.00	2012.5	1	ppt/pdf
12	公路工程任务承揽与合同管理	978-7-301-21133-5	邱 兰等	30.00	2012.9	1	ppt/pdf/答案
13	★工程地质与土力学(第2版)	978-7-301-24479-1	杨仲元	41.00	2014.7	1	ppt/pdf
14	数字测图技术应用教程	978-7-301-20334-7	刘宗波	36.00	2012.8	1	ppt
15	水泵与水泵站技术	978-7-301-22510-3	刘振华	40.00	2013.5	1	ppt/pdf
16	道路工程测量(含技能训练手册)	978-7-301-21967-6	田树涛等	45.00	2013.2	1	ppt/pdf
17	桥梁施工与维护	978-7-301-23834-9	梁 斌	50.00	2014.2	1	ppt/pdf
18	铁路轨道施工与维护	978-7-301-23524-9	梁 斌	36.00	2014.1	1	ppt/pdf
19	铁路轨道构造	978-7-301-23153-1	梁 斌	32.00	2013.10	1	ppt/pdf
	建 筑 设 备 类						
1	建筑设备基础知识与识图(第2版)	978-7-301-24586-6	靳慧征等	47.00	2014.12	2	ppt/pdf/答案
2	建筑设备识图与施工工艺	978-7-301-19377-8	周业梅	38.00	2011.8	4	ppt/pdf
3	建筑施工机械	978-7-301-19365-5	吴志强	30.00	2014.12	5	pdf/ppt
4	智能建筑环境设备自动化	978-7-301-21090-1	余志强	40.00	2012.8	1	pdf/ppt
5	流体力学及泵与风机	978-7-301-25279-6	王 宁等	35.00	2015.1	1	pdf/ppt/答案

如您需要更多教学资源如电子课件、电子样章、习题答案等，请登录北京大学出版社第六事业部官网 www.pup6.cn 搜索下载。

如您需要浏览更多专业教材，请扫下面的二维码，关注北京大学出版社第六事业部官方微信（微信号：pup6book），随时查询专业教材、浏览教材目录、内容简介等信息，并可在线申请纸质样书用于教学。

感谢您使用我们的教材，欢迎您随时与我们联系，我们将及时做好全方位的服务。联系方式：010-62750667，yangxinglu@126.com，pup_6@163.com，lihu80@163.com，欢迎来电来信。客户服务 QQ 号：1292552107，欢迎随时咨询。